## 中等职业教育染整技术专业规划教材

# 编审委员会

中等职业教育染整技术专业规划教材

# 纺织材料性能及识别

郭葆青　陈莉菁　主编
马振　主审

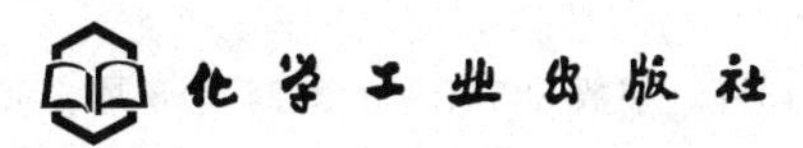

·北京·

本书采用通俗易懂的语言及丰富的图片使学习者能较容易地了解和掌握纺织材料的品种、性能及其鉴别方法，并根据实际工作当中常遇到的纺织材料问题进行分析，从而提高学习者解决实际问题的能力，使之更适应企业工作的要求。

全书共分为纤维篇、纱线篇、织物篇、实践篇四大部分，共十章，内容简洁明了，注重生产实际和应用。可作为中职、高职染整技术专业学生的教科书，也可作为印染、纺织企业一线技术工人的纺织专业基础知识的培训教材及相关人员的参考书。

**图书在版编目（CIP）数据**

纺织材料性能及识别/郭葆青，陈莉菁主编．—北京：化学工业出版社，2011.8（2024.8重印）

中等职业教育染整技术专业规划教材

ISBN 978-7-122-12018-2

Ⅰ．纺…　Ⅱ．①郭…②陈…　Ⅲ．纺织纤维-中等专业学校-教材　Ⅳ．TS102

中国版本图书馆CIP数据核字（2011）第152470号

责任编辑：旷英姿　李姿娇

责任校对：边　涛　　　装帧设计：王晓宇

出版发行：化学工业出版社（北京市东城区青年湖南街13号　邮政编码100011）

印　　装：北京天宇星印刷厂

787mm×1092mm　1/16　印张13¼　字数325千字　2024年8月北京第1版第10次印刷

购书咨询：010-64518888　售后服务：010-64518899

网　　址：http：//www.cip.com.cn

凡购买本书，如有缺损质量问题，本社销售中心负责调换。

**定　　价：32.00元**

# 前 言

我国中等职业教育发展形势好、速度快，中职染整技术专业培养目标是在纺织染整行业从事产品工艺的制定、实施、生产操作及生产现场管理等工作的初、中级专门人才。之前中职染整技术专业课程设置沿袭了大学本科的教学学科体系，用同样的教学体系，教学内容，来培养不同层次和岗位的人才，显然是不妥的，与中职染整技术专业培养目标不相适应，与中职学校学生毕业以后所从事的工作岗位脱节。因此，化学工业出版社组织有关专家与中职学校一线教师，着力解决目前中等职业教育教材中比较突出的问题，形成新的职业教育课程理念，编写具有特色的中等职业教育教材。

本书语言表达力求精练、通俗易懂，尽可能配以纺织品，设备等相关图片，方便教学及学生对纺织材料的品种、性能及其鉴别方法等知识点的理解；内容实用，不过分强调知识的系统性，注重内容的实用性和针对性。同时增加了近几年纺织材料发展的新技术内容，便于学习者了解最新的纺织材料知识。本书可作为中职、高职染整技术专业学生的教科书，也可作为印染、纺织企业一线技术工人的纺织专业基础知识的培训教材或相关人员的参考书。

全书共分为纤维篇、纱线篇、织物篇、实践篇四大部分，共十章。绪纶、第六章由广西纺织工业学校郭葆青编写，第一章、第二章第一节及第三章由绍兴县职业教育中心陈莉菁编写，第二章第二节由绍兴县职业教育中心王芳芳编写，第四章由织兴县职业教育中心王芳编写，第五章、第九章由广西纺织工业学校石树莲编写，第七章、第八章由广西纺织工业学校陈卫红编写，第十章由广西纺织工业学校石树莲、陈卫红、郭葆青编写。本书由郭葆青、陈莉菁主编，郭葆青统稿，绍兴县职业教育中心马振主审。

本书在编写过程中，得到了相关学校和企业的大力支持；湖南东信集团旷卫红对本书提出了宝贵的意见，在此一并表示衷心地感谢！限于编者能力、水平，书中难免有不足与疏漏之处，敬请专家及读者批评指正。

**编 者**

**2011 年 6 月**

# 目　录



## 纤 维 篇

# 纱 线 篇

## 织 物 篇



## 实 践 篇

# 绪　论

## 一、纺织材料的发展历史

用以加工制成纺织品的纺织原料、纺织半成品以及纺织成品统称为纺织材料，它包括各种纤维、纱线、织物等。

人类对纺织材料的发现和使用的过程是人类文明发展和人类科技进步的过程，不同时期的纺织品是衡量当时人类进步和文明发达的尺度之一。

中国是世界上最早生产纺织品的国家之一。早在原始社会，人们已经采集野生的葛、麻、蚕丝等，并且利用猎获的鸟兽毛羽，搓、绩、编、织成为粗陋的衣服，以取代蔽体的草叶和兽皮。原始社会后期，随着农、牧业的发展，逐步学会了种麻索缕、养羊取毛和育蚕抽丝等人工生产纺织原料的方法，并且利用了较多的工具，使劳动生产率有了较大的提高。在浙江余姚河姆渡遗址（距今约7000年）发现有苘麻的双股线，在出土的牙雕盅上刻划着4条蚕纹，同时出土了纺车和纺机零件。江苏吴县草鞋山遗址（距今约6000年）出土了编织的双股经线的罗（两经绞、圈绕起菱纹）地葛布，这是最早的葛纤维纺织品。浙江吴兴钱山漾遗址（距今5000年左右）出土了精制的丝织品残片，同时出土的多块苎麻布残片，比草鞋山葛布的麻纺织技术更进一步。新疆罗布泊遗址出土的古尸身上裹着粗毛织品，新疆哈密五堡遗址（距今3200年）出土了精美的毛织品，说明毛纺织技术已有进一步发展。上述的以麻、丝、毛、棉的天然纤维为原料的纺织品实物，表明中国新石器时代纺织工艺技术已相当进步。

随着人类社会的发展，各类天然纺织原料的使用几经更迭，夏代以后直到春秋战国，纺织生产无论在数量上还是在质量上都有很大的发展。在周代，大麻、苎麻和葛已成为主要的植物纤维原料，发明了沤麻（浸渍脱胶）和煮葛（热溶脱胶）技术。周代的栽桑、育蚕、缫丝已达到很高的水平，束丝（绕成大绞的丝）成了规格化的流通物品。在商代遗迹已发现织有几何花纹和采用强拈丝线的丝织物；周代遗物则已有提花花纹；青海诺木洪和新疆许多地方出土彩色的毛织物，年代不晚于西周初。到春秋战国，丝织技术突出发展，丝织物已经十分精美，有绡、纱、纺、縠、缟、纨、罗、绮、锦等，有的还加上刺绣，在这些纺织产品中，锦和绣已非常精美。从汉到唐，葛逐步为麻所取代；从秦汉到清末，蚕丝一直作为中国的特产闻名于世，汉代纺织品以湖南长沙马王堆汉墓和湖北江陵秦汉墓出土的丝麻纺织品数量最多，花色品种最为齐全，有仅重49克的素纱单衣、耳杯形菱纹花罗、对鸟花卉纹绮、隐花孔雀纹锦、凸花锦和绒圈锦等高级提花丝织品，这些都是当时纺织水平的物证。由隋唐到宋织物组织由变化斜纹演变出缎纹，使“三原组织”（平纹、斜纹、缎纹）趋向完整。束综提花方法和多综多蹑机构相结合，逐步推广，纬线显花的织物大量涌现。宋朝的纺织业已发展到全国的43个州，重心南移江浙，丝织品中尤以花罗和绮绫为最多。南宋后期，一年生棉花在内地的种植技术有了突破，棉花在全国广大地区逐渐普及，棉纺织生产技术突出发展，到明代已超过麻纺织而占据主导地位，棉织品也得到迅速发展，取代麻织品而成为大众衣料。

由于人口的增长和人类需求的增加，棉、毛、丝、麻等天然纺织纤维的产量渐渐满足不了人类的需求，特别是近代纺织工业化生产迅速扩大，促使人们不断地去探索新的纺织原料。

1664年，英国人R. 胡克在他所著的《微晶图案》一书中，首次提到人类可以模仿食桑蚕吐的丝而用人工方法生产纺织纤维。经过200多年的不断探索，终于在1891年首次用人工的方法工业生产了化学纤维，由此开始了化学纤维工业的历史。

1905年黏胶纤维问世，它因原料（纤维素）来源充分、辅助材料价廉、穿着性能优良，而发展成为人造纤维的最主要品种。继黏胶纤维之后，又实现了醋酯纤维（1916）、再生蛋白质纤维（1933）等人造纤维的工业生产。由于人造纤维原料受自然条件的限制，人们试图以合成聚合物为原料，经过化学和机械加工，制得性能更好的纤维。1939年杜邦公司首先在美国特拉华州的锡福德实现了聚酰胺-66纤维（见聚酰胺纤维）的工业化生产。20世纪60年代，石油化工的发展，促进了合成纤维工业的发展，合成纤维产量于1962年超过羊毛产量，1967年又超过人造纤维，在化学纤维中占主导地位，成为仅次于棉的主要纺织原料。

在生产技术方面，20世纪70年代以后，合成纤维技术开发的重点，从创制新的成纤聚合物，转向通过改性或纺丝加工去改进纤维的性能。通过化学和物理改性，纤维的使用性能，如染色、光热稳定、抗静电、防污、抗燃、抗起球、蓬松、手感、吸湿等都有较大改进。各种仿棉、仿毛、仿丝、仿麻的改性品种逐步开发，并投入生产。化学纤维的应用领域不断扩大，开发了一些具有特殊性能的合成纤维品种。1957年，杜邦公司生产了耐腐蚀的聚四氟乙烯纤维；1967年，又生产了耐高温纤维和高强高模量纤维、作为增强材料的碳纤维等，同时，对现有的化学纤维品种的改性也取得了明显成效，出现了改变纤维性能的抗静电、吸湿、吸汗、抗起球、耐热、阻燃、高卷曲、高收缩、高蓬松纤维，有改变纤维形状的异形、中空、超细、特殊立体卷曲纤维，还有仿棉、仿毛、仿麻、仿丝类纤维，在人造纤维中也生产了三超、四超黏胶纤维等。此外，用于“三废”处理的反渗透膜、离子交换纤维以及高分子光导纤维、导电纤维、医用纤维、超细纤维等也纷纷投入使用。近十年来，莱赛尔纤维、莫代尔（Modal）、大豆纤维、竹纤维、玉米纤维等新型环保再生纤维的出现，更加丰富了纺织原料的市场。

**二、纺织材料的分类**

纺织材料包括纺织纤维、纺织纱线以及纺织成品。通常我们把直径几微米到几十微米，长度比直径大许多倍的物体称为纤维，其特征是细而长。不是所有的纤维都能作为纺织纤维用于纺织。为了满足加工和使用要求，纤维必须具备以下两个条件才能用于纺织：一是固体，具有一定的化学、物理性能；二是要具有一定的强度、弹性、可塑性、柔曲性和可纺性，并具有服用性能和产业用性能。

1. 纺织纤维的分类方法

按来源和化学组成分类、按形态结构分类、按色泽分类、按性能特征分类。

（1）按来源和化学组成分类　纺织纤维可分为天然纤维和化学纤维两大类（见表0-1），天然纤维是指自然界生长或形成的可以用于纺织的纤维材料。用天然的或人工合成的高聚物为原料经过化学和机械加工制得的纤维称为化学纤维。

**表 0-1 纺织纤维按来源和化学组成分类**

<table>
<tr><th colspan="3">分类</th><th>来源和化学组成</th></tr>
<tr><td rowspan="12">纺织纤维</td><td rowspan="7">天然纤维</td><td rowspan="4">植物纤维</td><td>种子纤维:棉、木棉、彩色棉</td></tr>
<tr><td>果实纤维:椰壳纤维</td></tr>
<tr><td>韧皮(茎)纤维:苎麻、亚麻、大麻、荨麻、罗布麻</td></tr>
<tr><td>叶纤维:剑麻、蕉麻、菠萝麻、马尼拉麻</td></tr>
<tr><td rowspan="2">动物纤维</td><td>毛发纤维:绵羊毛、山羊绒、马海毛、兔毛、牦牛绒、驼毛</td></tr>
<tr><td>丝纤维:桑蚕丝、柞蚕丝、天蚕丝</td></tr>
<tr><td>矿物纤维</td><td>石棉</td></tr>
<tr><td rowspan="4">化学纤维</td><td rowspan="3">再生纤维</td><td>再生纤维素纤维:黏胶纤维、铜氨纤维、莱赛尔纤维、莫代尔纤维、醋酯纤维</td></tr>
<tr><td>再生蛋白质纤维:牛奶纤维、大豆纤维、花生纤维、仿蜘蛛纤维</td></tr>
<tr><td>再生无机纤维:玻璃纤维、金属纤维、岩石纤维、矿渣纤维</td></tr>
<tr><td>合成纤维</td><td>聚酯纤维(涤纶)、聚酰胺纤维(尼龙)、聚丙烯腈纤维(腈纶)、聚乙烯醇缩甲醛纤维(维纶)、聚丙烯纤维(丙纶)、聚氨酯纤维(氨纶、莱卡)等</td></tr>
</table>

(2) 按形态结构分类

① 短纤维 长度几十毫米到几百毫米的纤维称为短纤维。

② 长丝 长度较长(几百米到几千米)的纤维称为长丝。

③ 异形纤维 通过非圆形的喷丝孔加工的、具有非圆形截面形状的化学纤维。

④ 中空纤维 通过特殊喷丝孔加工的、在纤维轴向中心具有连续管状空腔的化学纤维。

⑤ 复合纤维 由两种及两种以上聚合物或具有不同性质的同一类聚合物,经复合纺丝法制成的化学纤维。

⑥ 薄膜纤维 高聚物薄膜经纵向拉伸、撕裂、原纤化或切割后拉伸而制成的化学纤维。

⑦ 超细纤维 比常规纤维线密度小得多(0.4dtex以下)的化学纤维。

(3) 按色泽分类

① 本白纤维 自然形成或工业加工的、颜色呈白色系的纤维。

② 有色纤维 自然形成或工业加工时人为加入各种色料而形成的具有色牢度的纤维。

③ 有光纤维 生产时未经消光处理而制成的光泽较强的化学纤维。

④ 消光(无光)纤维 生产时经过消光处理制成的光泽暗淡的化学纤维。

⑤ 半光纤维 生产时经过部分消光处理(消光剂加入较少)制成的光泽中等的化学纤维。

(4) 按性能特征分类

① 普通纤维 天然纤维和常用的化学纤维的统称,其在性能表现、用途范围上为大众所熟知,且价格较便宜。

② 差别化纤维 属于化学纤维,在性能和形态上区别于以往,是在原有的基础上通过物理或化学的改性处理,使其性能得以增强或改善的纤维。主要表现在对织物手感、服用性能、外观保持性、舒适性及化纤仿真等方面的改善。阳离子可染涤纶,超细、异形、异收缩纤维,高吸湿、抗静电纤维以及抗起球纤维等属于此类。

③ 功能性纤维 在某一或某些性能上表现突出的纤维,主要指在热、光、电的阻隔与传导,在过滤、渗透、离子交换和吸附,在安全、卫生和舒适等特殊功能及特殊应用方面的

纤维。

④ 高性能纤维（特种功能纤维） 用特殊工艺加工的、具有特殊或特别优异性能的纤维。如超高强度、高模量纤维，耐高温、耐腐蚀、高阻燃纤维等。对位或间位的芳纶、碳纤维、聚四氟乙烯纤维、陶瓷纤维、碳化硅纤维、聚苯并咪唑纤维、高强聚乙烯纤维、金属（金、银、铜、镍、不锈钢等）纤维等属此类。

⑤ 环保纤维（生态纤维） 是天然纤维、再生纤维和可降解纤维的统称。环保纤维必须具备：种植生产时环保、加工使用时环保、废弃时可自然降解三个条件。如天然的彩色棉花、彩色羊毛、彩色蚕丝制品无须染色；如莱赛尔纤维、莫代尔纤维、大豆纤维和甲壳素纤维等，纺丝加工时对环境污染降低或消除。

2. 纺织纱线分类

(1) 普通纱线 是用较短的纤维，利用传统纺纱的方法使纤维排列、加捻形成连续的细长物体。可按结构特征分为单纱和股线。可由各种天然短纤维或化学短纤维纯纺或混纺制成。

(2) 长丝 分为单丝和复丝。单丝是天然的（如蚕丝）或化学纤维的单根长纤维，复丝是多根单丝合并制成的连续细长物体。

(3) 新型纱线 是采用新型纺纱方法（如转杯纺纱、静电纺纱、喷气纺纱、尘笼纺纱、包缠纺纱、自捻纺纱等）用短纤维或夹入部分长丝纺成的单纱或并合成的股线；也包括用特种加工方法（如收缩膨体、刀边刮过变形、气流吹致变形等方法）制造的长丝变形纱，特种纱线与普通纱线并合形成的新型股线等。

3. 织物的分类

组成织物的原料、形态、花色、结构千变万化，所以织物种类极其繁多，其分类方法也很多。如按原料构成可以分为纯纺、混纺、交织、涂层，按色相可以分为本白、漂白、染色印花、色织，按用途可以分为服用、装饰用、产业用、特种环境用等。通常所指的纺织品其实是服用纺织品的简称，它是指日常生活所使用的纺织品，如面料、里料、衬料、绒线、被单、毛巾、袜子等衣着用纺织品，范畴比较窄。最常用的是按基本结构与构成方法来分类，分为以下五大类。

(1) 机织物 用两组纱线（经纱和纬纱）互相垂直（即经纬）交错织成的片状纺织品。

(2) 针织物 用一组或多组纱线，自身之间或相互之间采用套圈的方法钩连成片的织物。可以生产一定宽幅的坯布，也可以生产一定形状的成品件。针织物按生产方式不同又可分为纬编和经编两类。

(3) 编结物 用一组或多组纱线，用自身之间或相互之间钩编串套或打结的方法形成片状的织物，如网罟、花边、窗帘装饰织物等。

(4) 非织造布 由纤维（或加部分纱线）形成纤维网片而制得的织物，并具有稳定的结构和性能。按加工方法、原料等不同又可分为毡制品、热熔黏合制品、针刺制品、缝合制品等。

(5) 特种织物 如由两组（或多组）经纱、一组纬纱用梭织方法生产的三向织物、三维织物以及其他新型织物等。

**三、纺织材料的基本性能**

纺织纤维的性能包括机械物理性能和化学性能，纤维性能的好坏，对纱线、织物性能和产品的使用性能影响很大。

1. 长度

纤维长度对蚕丝和化纤长丝来说，由于纤维可以很长，所以一般不予考虑，化纤短纤的长度可根据需要切成任意长度，但对棉、麻、毛纤维来说，它是一项重要指标。纤维的长度是指纤维伸直而未伸长时两端的距离，单位一般用 mm 来表示。

常用的长度指标有平均长度、主体长度、品质长度、短纤维率、长度标准差和变异系数。平均长度是指纤维长度的平均值；主体长度是指纤维中含量最多的纤维的长度；品质长度又称右半部平均长度，是指比主体长度长的那部分纤维的平均长度，比主体长度长 2.5～3.5mm 左右，在确定工艺参数时采用。短纤维率是指长度短于某一长度界限的短纤维重量占纤维总重量的百分率，在棉纤维中称为短绒率（长度界限细绒棉为 16.5mm，长绒棉为 20.5mm），在毛纤维中称为短毛率（长度界限为 30mm）。长度标准差和变异系数表示纤维长度的整齐程度。

2. 细度

纤维的细度指标分为直接指标和间接指标两大类。直接指标有直径、截面宽度和截面积，其中直径使用较多，它的单位为 $\mu$m。间接指标有定长制和定重制之分，它们是利用纤维长度和重量间的关系来间接表示纤维细度的。因为长度和重量测试比较方便，所以生产上都采用间接指标来表示纤维的细度。定长制包括线密度和旦尼尔，其值越大，纤维越粗；定重制包括公制支数，其值越大，纤维越细。

（1）线密度（$T_t$，特克斯）　线密度是指 1000m 长的纤维在公定回潮率时的质量（g），单位为特克斯（简称特，符号 tex），为我国法定计量单位。其计算式如下：

$$T_t = \frac{1000G_k}{L}$$

式中　$T_t$——纤维的线密度，tex；

$L$——纤维的长度，m；

$G_k$——纤维在公定回潮率时的质量，g。

由于纤维较细，所以常采用分特（dtex）表示，1dtex＝0.1tex。

（2）纤度（$N_{den}$，旦尼尔）　旦尼尔是指 9000m 长的纤维在公定回潮率时的质量（g），单位为旦（符号为 D）。在我国为非法定单位，但目前在对外贸易中还常用于化纤和蚕丝。其计算式为：

$$N_{den} = \frac{9000G_k}{L}$$

式中　$N_{den}$——纤维的旦数，旦；

$L$——纤维的长度，m；

$G_k$——纤维在公定回潮率时的质量，g。

（3）公制支数（$N_m$）　公制支数是指在公定回潮率时每克重的纤维所具有的长度（m）。在我国为非法定单位，但在对外贸易中有时仍有使用。其计算式为：

$$N_m = \frac{L}{G_k}$$

式中　$N_m$——纤维的公制支数，公支；

$L$——纤维的长度，m；

$G_k$——纤维在公定回潮率时的质量，g。

（4）英制支数（$N_e$）　英制支数是指 1 磅重的纱线在英制公定回潮率下所具有的 840 码的长度倍数。其计算式为：

$$N_e = \frac{L_e}{840G_{ek}}$$

式中　$N_e$——英制支数，英支；

$L_e$——纱线的英制长度，码（1码＝0.9144m）；

$G_{ek}$——纱线英制公定回潮率下的质量，lb（1lb＝453.6g）。

（5）纤维细度指标间的换算　线密度和公制支数的换算：$T_t N_m = 1000$；线密度和纤度的换算：$N_{den} = 9T_t$

3. 强力

强力是纤维拉伸到断裂时所能承受的最大拉伸外力，其法定计量单位为牛顿（N）或厘牛（cN）。强力与纤维的粗细有关，所以对不同粗细的纤维，强力没有可比性，于是就引入了强度（也叫比强度）的概念，纤维的强度表示纤维单位截面上所能承受的断裂负荷。强度可以准确地表示纤维断裂的性能。单纤维强度的法定计量单位为牛/特（N/tex）或cN/tex。

4. 断裂长度

断裂长度是假设将纤维连续地悬吊起来，直到它因自身重量而断裂时的长度，也是纤维本身重量与其断裂强力相等时的纤维长度，单位为千米（km）。

5. 断裂伸长

断裂伸长指纤维拉伸到断裂时所产生的伸长，它是纺织纤维重要物理指标之一，分为以下两种：

（1）绝对伸长　指纤维拉伸断裂时的试样长度与拉伸前试样长度之差，以mm表示；

（2）相对伸长　又称断裂伸长率，指绝对伸长与试样长度之比，常以百分率表示。

6. 弹性恢复率

又称弹性，是纤维重要的一项物理指标，是指纤维变形的恢复能力。纤维被外力拉伸后，再去除外力后，纤维能恢复变形的能力。服装穿着时会因身体动作而变形，如果纤维弹性不好，形变后不易恢复原状，这样的服装穿在身体会很不舒服和不美观，所以纺织纤维要有较好的弹性和形变恢复能力。另一方面，弹性恢复率好的织物具有较好的强力和耐磨性。纺织材料的变形可分为急弹性变形、缓弹性变形和塑性变形三种：

（1）急弹性变形　指瞬间能恢复的变形；

（2）缓弹性变形　指经一定时间后能恢复的变形；

（3）塑性变形　指受拉伸力作用时能伸长，但拉力去除后不能回缩的变形，也称为永久性形变。

7. 初始模量

初始模量是表示纤维拉伸特性的指标。当其他条件相同时，纤维初始模量小，织物就柔软；反之，初始模量大，织物硬挺。纤维的初始模量取决于纤维的内部结构。

8. 密度

密度是指单位体积内纤维的质量，单位为$g/cm^3$。各种纺织纤维的密度各不相同，其大小与其内部结构和组成物质有关。

9. 吸湿性

表示纤维吸湿性的指标有回潮率和含水率两种。

（1）回潮率是纤维的吸湿指标，是纤维中所含水分质量对纤维干重的百分比。即

$$回潮率 = \frac{纤维试样湿重 - 纤维试样干重}{纤维试样干重} \times 100\%$$

回潮率的大小影响纺织纤维的质量、性能及工艺加工性。因此，在原料、半制品和成品的品质检验中都要进行回潮率的测定。

(2) 含水率是指纤维中所含水分质量对其湿重的百分比。即

$$含水率=\frac{纤维试样湿重-纤维试样干重}{纤维试样湿重}\times 100\%$$

为了消除因回潮率不同而引起的质量不同，国家对各种纺织材料的回潮率作统一规定，称为公定回潮率，而纺织材料在公定回潮率时的质量称为公定质量，它在日常的贸易、计价和计划报表中都有广泛的应用。

假设纺织纤维的回潮率为 $W$，含水率为 $M$，$G$ 为纤维湿重，$G_0$ 为纤维干重，则：

$$G=\frac{G_0}{1-M} \qquad G=G_0(1+W)$$

$$M=\frac{W}{1+W}\times 100\% \qquad W=\frac{M}{1-M}\times 100\%$$

10. 热学性能

它包括纤维比热、导热和耐热性等方面。纤维比热是使质量为 1g 的纤维温度变化 1℃ 时所吸收或放出的热量，单位为 J/(g·℃)。

纤维是多孔性物体，在纤维内部和纤维之间存在许多孔隙，其间充满了空气，于是就产生了热的传导过程。材料的导热性越低，它的热绝缘性或保暖性就越高。

纤维的耐热性是指纤维在升温后仍能保持其在常温下原有的物理机械性质的能力。

11. 耐光性

纺织品在使用过程中会因日光的照射，纤维分子发生不同程度的裂解，其强度和耐用性会下降，并会造成变色、变脆等外观变化。我们把纤维在日光下抵抗其性质变化的性能称为纤维的耐光性。

12. 电学性能

纺织纤维的电学性能包括相对介电系数、电阻和静电等。这些性能是相互联系的，如电阻的大小与介电系数有关，静电积累的可能性与电阻的大小有关。电阻是物体对电流起阻碍作用的物理量，常用比电阻表示纤维的电阻，在纺织纤维中，毛纤维和合成纤维的比电阻较大，静电现象较严重，纺纱前必须对纤维加抗静电剂。日常穿着服装时，当环境湿度相同的情况下，不同的纤维产生静电的程度是不同的，这种静电严重时会因放电而产生火花，引起火灾。当人们晚上脱衣服时，有时会发出火花并伴随“哔啪”响声，干燥的天气下有时开门锁时会有触电的感觉，这些都是衣服上带有静电造成的。

13. 化学稳定性

指纺织纤维对酸、碱、有机溶剂等化学物质具有的抵抗能力。不同的纤维由于化学组成、分子结构不一样，化学稳定性也不同。如天然纤维素纤维耐碱性好，但在热浓硫酸作用下会迅速降解；蚕丝则耐酸性较好，但如果在碱性液体里会使丝蛋白水解，强力下降。合成纤维中涤纶、腈纶的耐碱性较差，尼龙、维纶、丙纶、氯纶等耐碱性较好。在纺织印染加工中常会应用纤维的化学稳定性来进行产品加工，以达到需要的加工效果。

14. 染色性能

不同的纺织纤维要使用相对应的染化料进行染色加工，一般常用纺织纤维的染色性都较好，如棉纤维、黏胶纤维等，但也有一些纤维如涤纶、丙纶等，需要较剧烈的染色条件才能顺利上染。

# 纤维篇

# 第一章　天然纤维素纤维

天然纤维素纤维来自植物，最常见的有棉纤维和麻纤维，现在也有一些较新型的天然纤维素纤维如竹原纤维、菠萝纤维等，它们的主要组成物质是纤维素。本章主要介绍天然纤维素纤维的结构及其性能。

## 第一节　棉　纤　维

**知识与技能目标**

- 了解棉纤维的应用；
- 了解棉纤维的分类方法；
- 了解棉纤维的形态结构；
- 掌握棉纤维的物理和化学性能。

由于棉纤维具有较好的皮肤接触性、穿着舒适性、生理安全性、良好的吸湿性和易整理性等一系列合成纤维无法完全具有的特性，所以它常用来制作服装及家用纺织品的面料。消费者喜爱穿棉质的衣服、裤子，特别是全棉的内衣裤，家纺用品如床单、毛巾、窗帘布等，很多都是用棉来制作的。彩棉是棉家族的新成员，由于具有更好的环保性，多用在内衣和婴幼儿服饰。

棉纤维在非织造布领域中也有广泛应用，在医疗、卫生、护理、化妆用品以及其他工业领域也有着独特的用途。在欧美等一些发达国家，纤维素纤维已作为一种重要的非织造布原料得到广泛应用。棉纤维在橡胶工业中的用量曾占主要地位，但目前它仅占纤维总用量的5%左右。棉纤维的强度较低，但延伸度、耐疲劳性及耐热性等较好，而且与橡胶的黏合比合成纤维容易，因此作为一种常见材料用于特殊用途。棉纤维可用作胶带及胶管等的骨架材料，还可用于布面鞋、聚乙烯基布的凉鞋、化学鞋，以及皮包、雨具等胶带制品的材料。

**一、棉纤维的种类**

1. 按栽培种分

棉纤维是最常见的天然纤维素纤维之一。棉花在植物学上属被子植物门，双子叶植物纲，锦葵目，锦葵科棉属。按栽培种主要有陆地棉、海岛棉、亚洲棉和非洲棉。

（1）陆地棉　纤维长而细，又称为细绒棉，高原棉。因最早在美洲大陆种植而得名，是世界上的主要栽培种。19世纪末输入我国，是我国南北棉区的主要栽培品种，其栽培面积占全国棉田总面积的98%以上。棉株较大，产量较高，衣分高，适应性较广，抗逆性较强。陆地棉纤维长品质好，手扯长度23～33mm，细度1.54～2.0dtex（6500～5000公支），单纤维强力3～5cN，纤维断裂长度19～27km，可纯纺或混纺10～100tex（60～6英支）纱。

（2）海岛棉　纤维特别细长，又称为长绒棉，产于南美洲大西洋沿岸及群岛，后传入北美洲东南沿海岛屿种植，故名海岛棉。它是世界次要栽培种，我国原来在新疆、云南等地种植外，近年来在广东、四川、江苏等地培育推广或形成陆海杂交的陆地长绒棉。海岛棉棉株较大，产量不及陆地棉高，衣分低，海岛棉是棉纤维中品质最好的，纤维细而长，可纺很细的纱，生产高档织物或特种工业用纱。手扯长度33～45mm，细度1.11～1.43dtex（9000～7000公支），单纤维强力4～6cN，纤维断裂长度33～40km，天然转曲80～120个/cm，适宜纺4～12tex（120～48英支）精梳纱。

（3）亚洲棉　又称粗绒棉（中棉），为一年生草本植物。原产于印度，因最早产于亚洲而得名，是中国利用较早的天然纤维之一，已有2000多年历史，故又称中棉。棉株较小，早熟，产量低，纤维粗短，品质较差，长度15～25mm，细度2.5～4dtex，强力4.41～6.86cN，只能纺28tex以上的中、粗特棉纱。

（4）非洲棉　又称草棉、小棉。原产非洲而得名，是中国利用较早的天然纤维之一，已有2000多年，棉株小，产量低，纤维粗短，仅用于织造粗厚棉织物，品质与亚洲棉接近，现已淘汰。

2. 按原棉色泽分

按原棉色泽可分为白棉、黄棉、灰棉、彩棉。

（1）白棉　正常成熟的棉花，不管其颜色是洁白还是有点泛黄，都称为白棉，不做任何标示。一般情况下，纺织厂基本使用这种棉花，为纺用棉。

（2）黄棉　又称霜黄棉，在生长过程中，由于各种原因，使铃壳上的色素染到纤维上，使原棉颜色发黄，以Y标示。属低级棉，极少使用。

（3）灰棉　又称雨灰棉，生长在多雨地区的棉纤维，棉铃开裂时由于日照不足或雨淋、潮湿、霜等原因造成，原棉呈灰白色。灰棉强力低，质量差，很少使用。

（4）彩棉　用缘远杂交、转基因等技术，使棉花具有天然色彩。天然彩棉色泽自然，穿着舒适，保持了普通棉纤维的松软、舒适、透气等特点，并且制成的棉织品无须染色，能节约能源，降低损耗，避免对环境污染，被称为“绿色纤维”特别适于制成贴身的内衣、婴幼儿用品等。目前主要有棕色、绿色、褐色三大系列色彩。

3. 按棉花初加工分

按棉花初加工可分为锯齿棉、皮辊棉

（1）锯齿棉　采取锯齿轧棉机加工后得到的皮棉。加工出来的皮棉呈松散状，棉杂质少，短绒率低而纤维长度整齐度较好。由于锯齿轧棉机作用剧烈，因此易损伤较长纤维，使原棉长度偏短，并且易轧工疵点较多，带棉结、索丝和纤维籽屑，锯齿轧棉机产量高，细绒棉多用此方法。

（2）皮辊棉　采取皮辊轧棉机加工后得到的皮棉。加工出来的皮棉是片状，含杂、短绒较多，纤维长度整齐度较差。由于皮辊棉轧棉作用缓和，不易损伤纤维，棉结、索丝少，轧工疵点少。

## 二、棉纤维的组成、结构及物理性能

1. 棉纤维的组成及结构

（1）棉纤维的组成物质　棉纤维的主要组成物质是纤维素，约占总含量的94.5%，其余为纤维素伴生物，主要有果胶物质约占1.2%，蜡质与脂肪约占0.6%，蛋白质1.2%，灰分1.2%，其余约占1.3%。

（2）分子结构　纤维素是一种天然高分子化合物，它的分子式为（$C_6H_{10}O_5$）$_n$，其中$n$

为聚合度，其大分子结构式是：

（3）形态结构

① 棉纤维的纵向形态　正常成熟的棉纤维是细而长的中空物体，一般长约 23～33mm，长在棉籽的一端封闭，另一端开口，中间稍粗，两头较细，呈纺锤形。纵向呈扁平带子状，其宽度比较均匀，一般为 12～20$\mu$m，有不规则的天然螺旋形扭曲。天然扭曲以单位长度纤维扭转 180°的个数表示，一般正常成熟的棉纤维的扭曲数陆地棉约为 39～65 个/cm，海岛棉约为 80～120 个/cm。棉纤维的纵向结构见图 1-1。

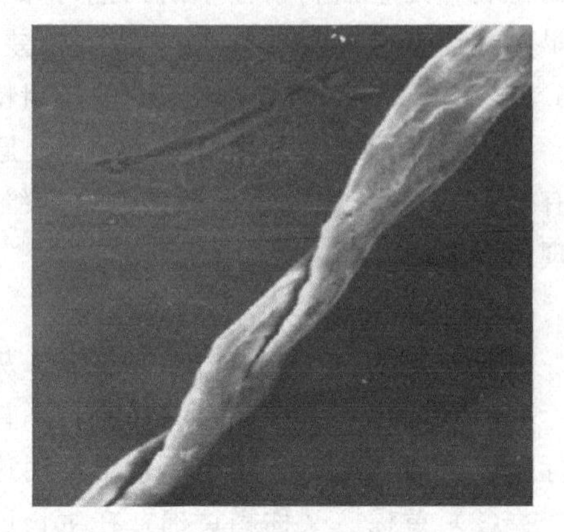

图 1-1　棉纤维的纵向结构

② 棉纤维的断面结构　棉纤维的断面呈不规则的腰圆形，有中腔，由较薄的初生胞壁、较厚的次生胞壁和中空的胞腔组成，如图 1-2 所示。

将棉纤维经过适当的处理和溶胀后，在显微镜下进一步观察发现，棉纤维的截面从外到内分为三层，最外面是初生层，中间是次生层，次生层分为三个基本层，$S_1$、$S_2$、$S_3$ 依次向内。次生层有明显的“日轮”结构，也是棉纤维的主体部分，最里面的是中腔，是一层中空的胞壁。具体见图 1-3 所示。

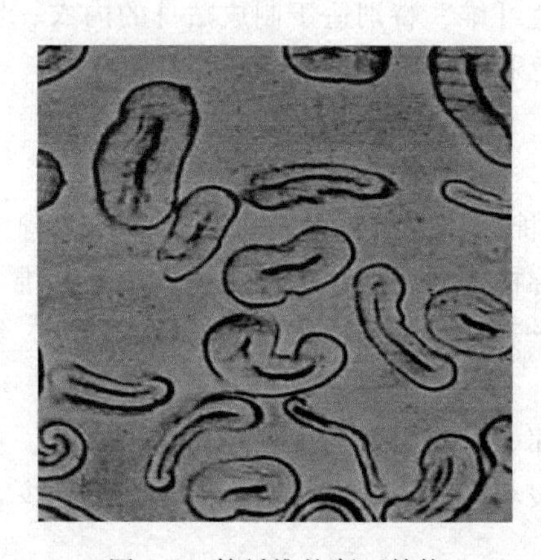

图 1-2　棉纤维的断面结构

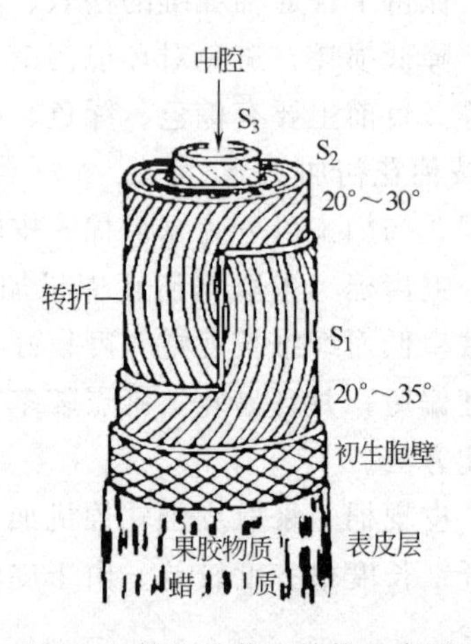


图 1-3　棉纤维截面结构示意图

彩棉的纵向和横截面形态和本色棉纤维类似。彩色棉的色彩主要分布在纤维次生胞壁内靠近胞腔部位，色彩不够鲜艳，透明度较差。它的截面结构见图 1-4 和图 1-5 所示。

（4）超分子结构　超分子结构主要是指结晶和取向，也就是指大分子在空间的位置和排列的规整性。通过对纤维素纤维的 X 射线衍射图像中衍射强度的分析，可推算出棉纤维的结晶度，结晶度是指结晶部分所占的百分数。除了结晶区，余下的就是无定形区，这两者是交叉相间的，也就是说一个纤维大分子可以贯穿许多结晶区和无定形区。一般认为棉纤维的结晶度约为70%，麻纤维约为90%。当对纤维素纤维进行染色或其他处理时，认为水分只进入纤维的无定形区，不进入结晶区。

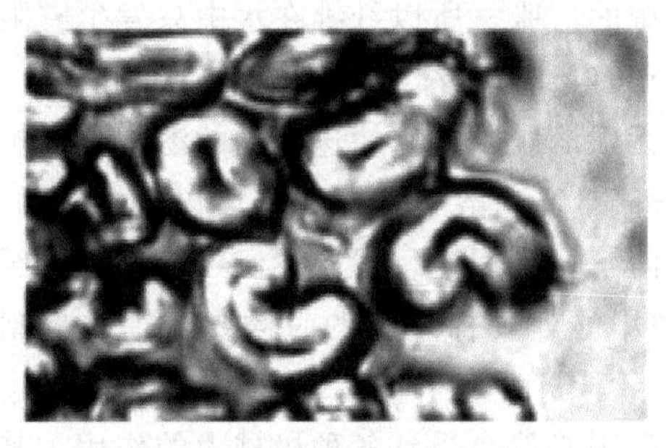

图1-4　生态整理后天然彩棉的横截面结构

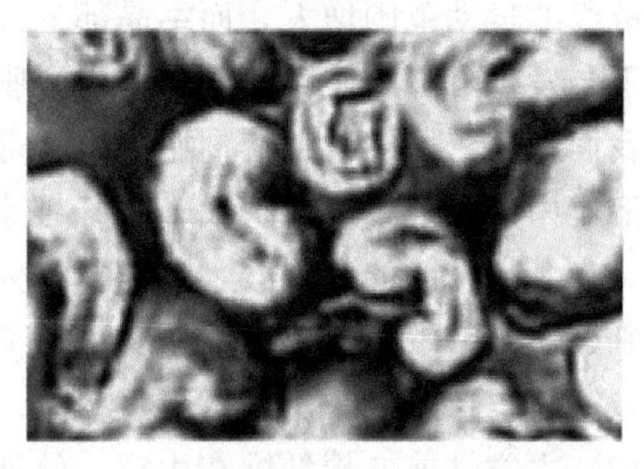

图1-5　碱处理后天然彩棉的横截面结构

2. 棉纤维的物理性能

(1) 吸湿性　吸湿性是指在空气中吸收或放出气态水的能力。棉纤维具有良好的吸湿性，这使棉织物具有优良的服用性能。

① 回潮率与含水率　原棉吸湿的多少用回潮率与含水率表示，这是棉纤维的吸湿性指标。棉纤维的回潮率用$W$表示，它指的是纺织纤维内所含水分质量占绝对干燥纤维质量的百分率，含水率用$M$表示，它指的是纺织纤维内所含水分质量占未经干燥纤维质量的百分率。

$$W=\frac{G-G_0}{G_0}\times 100\%$$

$$M=\frac{G-G_0}{G}\times 100\%$$

式中，$G$为棉纤维的湿重；$G_0$为棉纤维的干重干的棉纤维置于大气中很容易吸收水分，它的公定回潮率达8.5%。

② 影响棉纤维吸湿性的因素　影响棉纤维吸湿性的因素主要有内部因素和外部因素，内部因素主要是棉纤维的化学组成，内部结构和形态尺寸以及吸附在表面的其他物质的吸湿能力。外部因素主要是纺织材料测试时的温湿度以及测试前的环境条件。

a. 亲水性基团的作用　棉纤维的大分子中有许多羟基（—OH），而羟基是亲水性基团，对水具有很强的亲和力，所以吸湿性较好。一般情况下，纤维分子中亲水性基团的多少和亲水性的强弱是影响纤维吸湿性的最本质的因素。最常见的亲水性基团有羟基（—OH）、酰氨基（—CONH—）、氨基（—$NH_2$）、羧基（—COOH）等。

b. 结晶度的大小　一般情况下，纤维的结晶度越低，无定形区越高其吸湿性就越好，因为水分子只能进入到无定形区，无法进入结晶区。而棉纤维的结晶度约为70%，其结晶度不算高，所以吸湿性较好。

c. 纤维中的伴生物和杂质　纤维中的伴生物和杂质对吸湿性也有一定影响。而棉纤维中的一些蜡质、脂肪等均会影响水分的吸收，因此棉纤维脱脂程度越高，其吸湿性越好。

d. 其他因素　另外纤维的比表面积、环境条件、空气的流速等均会影响棉纤维的吸湿性。

(2) 溶胀与溶解 纤维在吸湿的同时伴随着体积增大的现象称溶胀或膨化。纤维在溶胀时，直径增大的程度远远大于长度增大的程度，称纤维溶胀的异向性。

棉纤维在水中或在碱溶液中很容易发生溶胀，溶胀后截面积可增大约40%～70%。长度增加约1%～2%。但溶胀是可逆的，纤维溶胀使无定形区的分子间联系削弱，因而其大分子链段的运动范围增大，而结晶部分又限制了纤维的溶胀，所以纤维在水中只发生有限溶胀，不会发生无限溶胀。我们可借助溶胀现象实现很多染整工序。

我们把高分子在某种溶剂中的溶解可以看成是无限溶胀，首先快速运动的溶剂分子扩散进入溶质中开始进入溶胀阶段，当纤维素无限溶胀时即出现溶解。棉纤维可以用72%的浓硫酸、40%～42%的浓盐酸、77%～83%的磷酸来溶解，利用这一现象我们可以作为棉纤维的鉴别方法之一。由于棉纤维的这种溶解性，在利用酸处理棉纤维的时候要合理地控制好工艺。

(3) 力学性能 棉纤维在生产、处理和使用过程中必然会受到各种机械力的作用，其中最常见的就是拉伸作用，它与纺织品的服用性能、耐磨性能、抗皱性以及尺寸稳定性均有密切的联系。因此我们要专门来研究棉纤维的力学性能。

① 棉纤维的断裂强度和断裂延伸度 断裂强度是指单位线密度的纤维或纱线所能承受的最大应力，单位为牛/特（N/tex）。纤维在拉力作用下将伸长，随拉力作用时间的延长，纤维会不断伸长直到断裂。纤维断裂时的长度 $L_R$ 与原长 $L$ 之差称为断裂伸长（$\Delta L$）。断裂伸长与纤维原长之比称为断裂延伸度。不同的纺织纤维具有不同的断裂强度和断裂延伸度，一般结晶度和取向度较高的纤维，强度较高但断裂延伸度较低，脆性大，韧性小，反之则脆性小，韧性大。棉纤维比麻纤维强度低，但断裂延伸度却较大，它们湿强度大于干强度。表1-1列出了棉纤维和亚麻纤维的断裂强度和断裂延伸度。

**表 1-1 几种纤维的断裂强度和断裂延伸度**

| 纤 维 | 断裂强度/(N/tex) | 断裂延伸度/% |
|---|---|---|
| 棉纤维 | 0.32～0.44 | 6～8.6 |
| 亚麻纤维 | 0.53 | 3 |

② 棉纤维的初始模量 初始模量也称弹性模量，它指纤维所受应力与其相应形变之比，一般指使纤维产生1%伸长所需的力，以牛/特（N/tex）表示。同一类纤维，如果结晶度和取向度高则初始模量大，因此棉纤维比麻纤维初始模量小。初始模量越小，纤维越易变形，柔性好；反之，则表示织物不易变形，穿着挺括不易起皱。

③ 应力-应变曲线 纤维的应力-应变曲线是指将纤维随着应力的增大逐渐发生应变的情况绘成的曲线。几种纤维的应力-应变曲线如图1-6所示。

从图1-6可以看出，几种纤维素纤维的应力-应变曲线都近似直线，只是麻纤维的初始模量高，硬而脆，而棉纤维则显得软而韧。

④ 棉纤维的弹性 纤维在外力作用下产生形变，当外力取消后，纤维从形变中回复原状的能力称为纤维的弹性。弹性高的纤维织成的织物外观挺括不易起皱，棉纤维弹性较差，织成的织物易起皱，但经过防皱整理后，尺寸的稳定性明显增强。

## 三、棉纤维的化学、染色性能

### 1. 热对棉纤维的作用

棉纤维在染整加工过程中不可避免地会受到热的作用，如烧毛、煮练、染色、烘干、拉

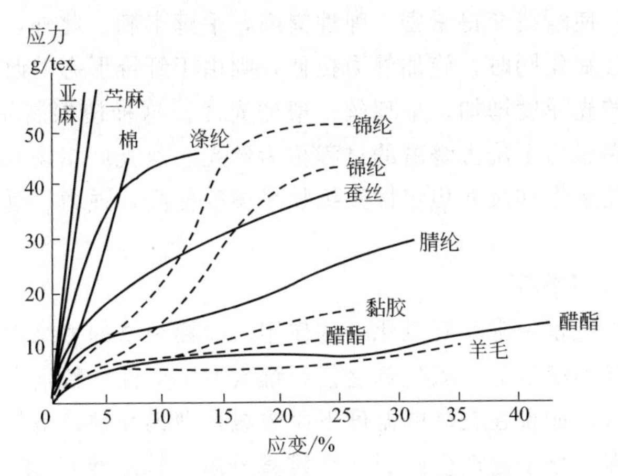


图 1-6　几种纤维的应力-应变曲线图

幅等。棉纤维的抗热性较好，热对棉纤维的作用有两种情况，一种是热裂解温度以上的热裂解，另一种是热裂解温度以下的热作用。100℃以下，棉纤维稳定，纤维素不发生明显变化，但随着温度的升高和作用时间的延长，纤维素会发生明显的热退化现象，同时伴随纤维素的氧化及水解；在加热到 140℃以上，纤维素中的葡萄糖基开始脱水，出现聚合度降低，羰基和羧基增加等化学变化；温度超过 180℃，纤维热裂解逐渐增加；温度超过 250℃，纤维素剧烈分解形成树胶状物，并逐渐碳化成形成石墨结构。纤维素在高温干馏时，例如在 270～350℃棉纤维的分解产物主要是水、二氧化碳、一氧化碳、乙酸以及少量乙烯、甲烷等气体，而剩留下来的多数是碳。长期高温作用会使棉布遭受破坏，但其耐受 125～150℃短暂高温处理。

2. 酸对棉纤维的作用

棉纤维在染整加工过程中也常用酸来作用，如碱酸退浆、酸洗、涤棉烂花印花等。一般情况下，棉纤维大分子中的苷键对酸的稳定性很低。因此在酸处理时，必须对工艺进行严格控制，以免造成棉纤维的损伤。

酸对棉纤维的作用影响主要表现在酸的性质、酸的浓度、反应温度以及作用时间等。

(1) 酸的性质　一般情况下，在其他条件（浓度、温度、时间）相同时，酸性越强作用越剧烈，并且无机酸比有机酸作用剧烈。如硫酸、盐酸、硝酸比磷酸、硼酸作用剧烈，蚁酸、醋酸等作用较缓和，但有机酸在加热条件下作用也较强烈，必须注意。

(2) 酸的浓度　酸的浓度较低时，纤维素的水解速率与酸的浓度几乎成正比。当酸的浓度较高时，纤维素的水解速率比酸的浓度增大的速率更快。

(3) 反应温度　如果酸的浓度确定，温度越高则纤维素水解速率越快。当温度在 20～100℃范围内，温度每升高 10℃，纤维素的水解速率可提高 2～3 倍。

(4) 作用时间　一般情况下，当其他条件相同时，纤维水解程度与作用时间成正比，也就是说时间越长则棉纤维水解程度越强烈。

3. 碱对棉纤维的作用

棉纤维在染整加工过程中常受到碱的作用，如退浆、精炼、丝光、甚至漂白等都有可能用到碱，在常温下，用 9%以下的碱溶液处理棉纤维时，基本不发生变化，但当浓度高于 10%，纤维开始膨化，直径变大，纵向开始收缩，如果浓度提高到 17%～18%，处理 0.5～1.5min 后，即引起纤维横向膨化，使纤维变形能力增加，这种情况称为碱缩。碱缩虽不能使织物光泽提高，但可使纱线变得紧密，弹性提高，手感丰满。此外，强力及对染料的吸附能力提高。如果在纤维膨化同时，施加外力拉伸，则由于纤维形态的改变，截面变圆，天然转曲消失，纤维表面的光泽度增加，呈现丝一般的光泽。这种使棉制品在有张力的条件下，用浓烧碱处理，然后在张力下洗去烧碱的过程称为丝光。丝光后织物光泽提高，吸附能力和化学反应能力增强，缩水率和尺寸稳定性及织物平整度提高，强力、延伸性等服用力学性能有所改变。

4. 氧化剂对棉纤维的作用

棉纤维在染整加工过程中常受到氧化剂的作用，如棉织物的煮练漂白、染色、拔染印花等。棉纤维对氧化剂是不稳定的，氧化剂会使纤维素发生变性，特别在碱性条件下甚至可以使纤维素发生严重降解，如果在较高的温度下用浓碱处理棉纤维，空气中的氧易使纤维素氧化，而引起聚合度下降，分子键产生断裂，纤维素分解，棉纤维经碱处理后生成碱纤维素。因此我们要选择适当的氧化剂，并严格控制工艺条件，把纤维的损伤程度降低到最低限度。

5. 还原剂对棉纤维的作用

棉纤维在染整加工过程中常受到还原剂的作用，如前处理、染色、印花和后整理中都要用到还原剂。常用的还原剂有保险粉、雕白粉、亚硫酸氢钠、甲醛、二氧化硫脲、氯化亚锡等。纤维素对还原剂较稳定，纤维素一般不受还原剂影响，印染厂一般用保险粉和烧碱对染色布进行剥色，棉纤维几乎不受损伤；用雕白粉或氯化亚锡进行拔染印花，棉布也几乎不受影响；而其他还原剂的作用也基本不会损伤棉纤维。

6. 液氨对棉纤维的作用

液氨对棉纤维的作用与浓碱类似，它不仅能迅速进入棉纤维的无定形区，还能进入棉纤维的结晶区，使棉纤维发生剧烈的小程度的溶胀，截面积增大，长度减小。由于液氨分子小，因而其在棉纤维中扩散速率快，溶胀迅速而均匀。棉纤维经液氨处理后结晶度降低为54%，并且一般情况下生成氨纤维素Ⅰ，氨纤维素Ⅰ经蒸发去氨后，转变成纤维素Ⅲ，使棉纤维具有良好的尺寸稳定性。

7. 棉纤维的染色性能

由于棉纤维的吸湿性较好，因此其染色性能也较好。可用于棉织物染色的染料很多，如直接染料、活性染料、还原染料、硫化染料、酞菁染料等，染色方法也不拘泥于一种，既可用浸染方法又可用轧染方法，并且染色时的染色工艺简单，条件较温和，浸染的染色温度一般在100℃以下，轧染时的汽蒸温度也只要103℃左右。染后色光均匀，各项牢度较好。

## 第二节 麻 纤 维

**知识与技能目标**

- 了解麻纤维的应用；
- 了解麻纤维的种类；
- 了解各类麻纤维的形态结构；
- 掌握麻纤维的物理和化学性能。

麻纤维的吸湿透气性好，能吸收并扩散蒸发皮肤排出的汗液和污气，给人干爽舒适。它与皮肤接触时可帮助皮肤排汗，并将人体的热量和汗液均匀传导出去，因此作为服装纺织面料是非常好的选择，如果进行手感整理，也可作为内衣。苎麻纤维洁白、有光泽，拉力和耐热力强，用它纺织高支轻薄的麻布，是理想的夏秋季衣料，衣服不会粘在身上，出汗后不会觉得冰凉，也不会像其他合成纤维那样有闷热有汗臭感，穿着舒适、卫生。近年来采取先进的染整工艺处理，已基本解决了苎麻织物易皱、刺痒等问题。由于苎麻纤维吸湿散热、防腐抑菌等优点突出，被用于高档面料、服装鞋帽、床上用品、家居装饰和医用包装等方面的开发，纤维用量逐年上升。

麻类纤维具有天然的防霉抑菌能力，在生长过程中不需浇农药，因此在医用卫生方面也有广泛的应用。通过对麻类纤维成分的研究，发现麻类纤维不仅普遍含有抗菌性的麻甾醇等有益物质，且不同的麻纤维还含有不同的有助卫生保健的化学成分，可制成手术服、口罩、绷带等，能有效地防止病菌传播和细菌感染，使用卫生，消毒方便。床单、被套、枕巾等长期与人体皮肤直接接触，容易导致细菌滋生，利用麻类纤维具有天然的防霉抑菌能力，制成各种床上用品，不仅使人体感觉到舒适，还能抑制细菌对人体的侵袭，润肤护发，舒适爽身，保健抗静电。

麻纤维在产业中的应用也很广泛，如黄麻、剑麻、大麻等用于树脂、橡胶、基布等增强材料；还可以代替玻璃纤维，用来制造隔热隔音产品，汽车和建筑用产品。剑麻还可制成各种热固性、热塑性复合材料，应用非常广泛。现开发的剑麻地毯，在国际市场上很受欢迎，已成为中国麻类重要的出口创汇项目。

**一、麻纤维的种类**

麻纤维也是最常见的天然纤维素纤维之一，大部分麻纤维生长于麻类植物茎的韧皮部分，属于韧皮纤维；还有一些属于叶纤维，所以麻纤维是韧皮纤维和叶纤维的总称。

韧皮纤维主要是双子叶植物茎的韧皮层内部丛生成束的纤维，其质地柔软，适合纺织加工。如苎麻、亚麻、黄麻、大麻、苘麻、荨麻、罗布麻等。而叶纤维则是单子叶植物的叶鞘和叶身内的管束纤维，其质地较硬，被称为“硬质纤维”，如剑麻、蕉麻、菠萝麻等。

麻的种类虽多，但适宜衣着材料的主要是苎麻、亚麻，它们品种优良、强度高、伸长率小并且柔软而细长，因此纺织性能好，是织造夏季衣料的良好材料，用它们织成的织物挺括、吸汗、不贴身、透气、凉爽。而其他的麻类中，剑麻和蕉麻纤维比较粗硬、强度高、耐腐蚀、耐海水浸泡，适合制作航船和矿井用的绳缆、包装布及麻袋等。黄麻、大麻、洋麻等纤维较粗且短，适宜于包装材料、麻袋、麻绳等。

**二、麻纤维的组成、结构及物理性能**

1. 麻纤维的组成

麻纤维的主要成分也是纤维素，但其含量较棉纤维低，另外还含有半纤维素、木质素、果胶、水溶性物质、脂蜡质、灰分等，这些共生物含量比棉纤维高。各种常见麻纤维的化学组成见表 1-2。

2. 麻纤维的形态结构

(1) 苎麻纤维的形态结构　苎麻是麻类中的最长者，长宽比达 2000 以上，就目前来看，苎麻是唯一能够制成单纤维而实现纺织加工的麻纤维原料。苎麻的纤维形态不规则，有时显竖纹，有时显横纹，两端形状有的显圆形，有的呈长矛。具体形态分别见图 1-7 和图 1-8。

表 1-2 各类麻纤维的化学组成

| 化学组成 \ 麻纤维 | 苎麻/% | 亚麻/% | 黄麻/% | 洋麻/% | 大麻/% | 苘麻/% | 蕉麻/% | 剑麻/% |
|---|---|---|---|---|---|---|---|---|
| 纤维素 | 65～75 | 70～80 | 57～67 | 70～76 | 77 | 66.1 | 70.2 | 73.1 |
| 半纤维素 | 14～16 | 12～15 | 13～19 | 16～19 | | | 21.8 | 13.3 |
| 木质素 | 0.8～1.5 | 2.5～5 | 11～15 | 13～20 | 10.4(包括蛋白质) | 13～20 | 5.7 | 11.0 |
| 果胶 | 4～5 | 1.4～5.7 | 1.1～1.3 | 7～8 | | | 0.6 | 0.9 |
| 水溶性物质 | 4～8 | | | | 3.8 | 13.5 | 1.6 | 1.3 |
| 脂蜡质 | 0.5～1.0 | 1.2～1.8 | 0.3～0.7 | | 1.3 | 2.3 | 0.2 | 0.3 |
| 灰分 | 2～5 | 0.8～1.3 | 0.6～1.7 | 2 | 0.9 | 2.3 | | |
| 其他 | | 0.3～1.6 含氮物 | | | | | | |

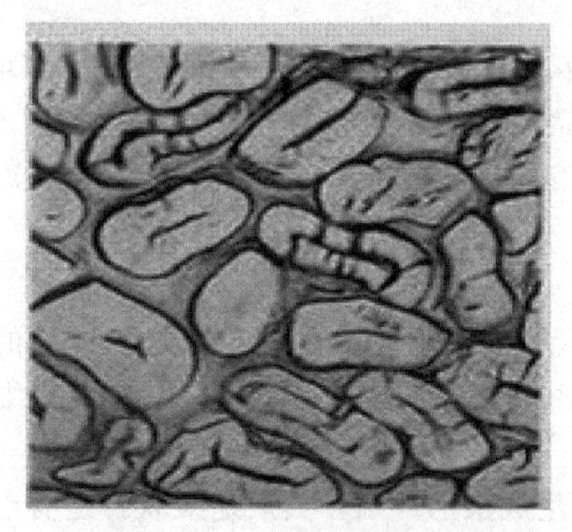

图 1-7 苎麻纤维横截面结构

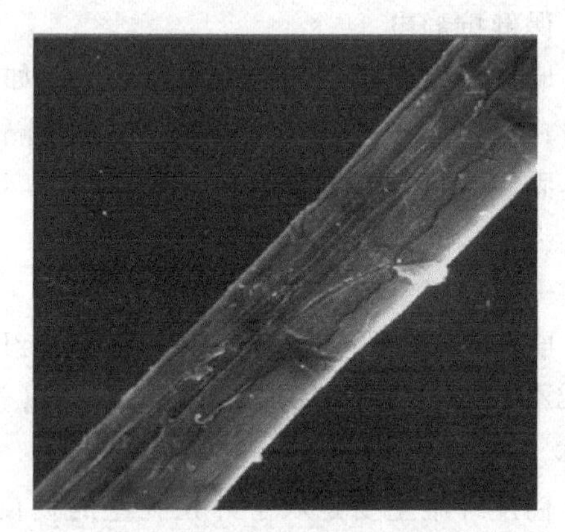

图 1-8 苎麻纤维纵向结构

(2) 亚麻纤维的形态结构 亚麻纤维也很长，长径比达 1000 以上，纤维的外表面平滑，两端渐细，胸腔很小，胞壁较厚，腔壁上有明显的节纹有较少的纹孔。具体形态分别见图 1-9 和图 1-10。

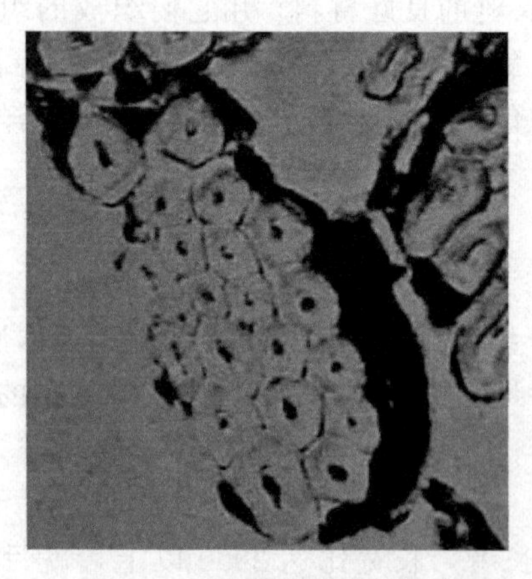

图 1-9 亚麻纤维横截面结构

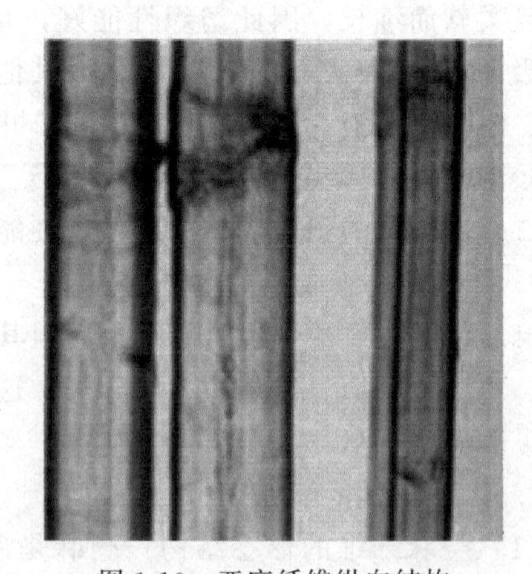

图 1-10 亚麻纤维纵向结构

(3) 黄麻纤维的形态结构 黄麻纤维细胞互相黏结成束，每束由 20～30 根纤维细胞黏结而成，纤维束长达 2～5m，单根纤维长度为 2～5mm，直径为 15～25mm，长径比为 100

左右。纤维表面光滑无节，横截面为多角形，内腔呈圆形，清晰可见，细胞壁厚薄不均。具体形态见图 1-11 和图 1-12。

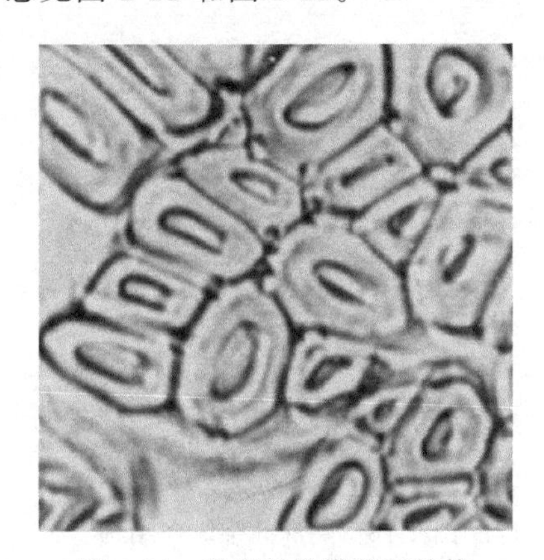

图 1-11　黄麻纤维横截面结构

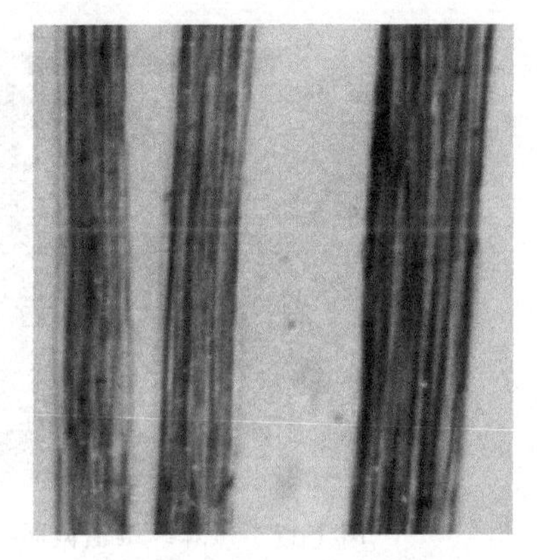

图 1-12　黄麻纤维纵向结构

（4）洋麻纤维的形态结构　洋麻纤维与黄麻相似，其单纤维长度很短，约 2～6mm，平均 5mm；宽度 14～33μm，平均 21μm；横截面不同于黄麻而呈不规则的多角形，也有圆形者；有中腔，呈圆或卵圆形；细胞大小和壁厚均不一致；纤维表面光滑无转曲。具体形态分别见图 1-13 和图 1-14。

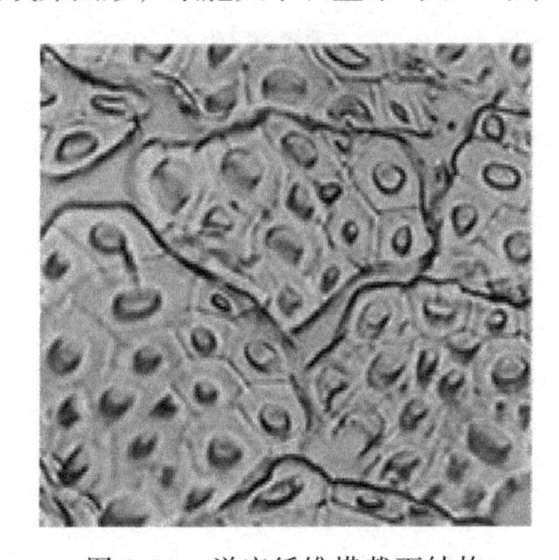

图 1-13　洋麻纤维横截面结构

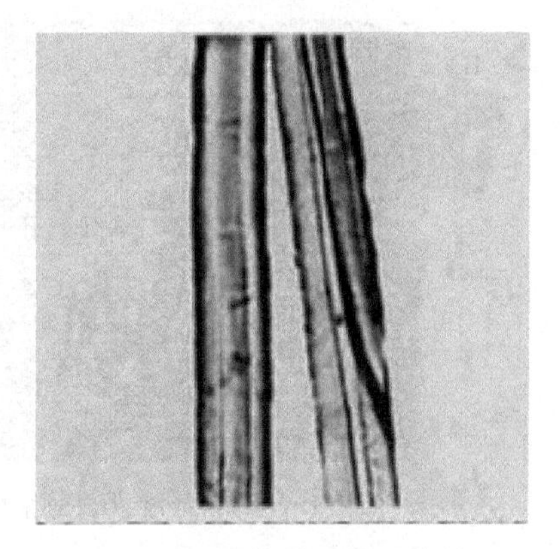

图 1-14　洋麻纤维纵向结构

（5）大麻纤维的形态结构　大麻纤维与亚麻纤维相似，长径比为 1000，长度稍短。纤维表面有明显的竖纹和横节，纹孔少，胞壁厚，胸腔小，纤维整体中段最粗两端渐细，尖端为尖锥形。具体形态分别见图 1-15 和图 1-16。

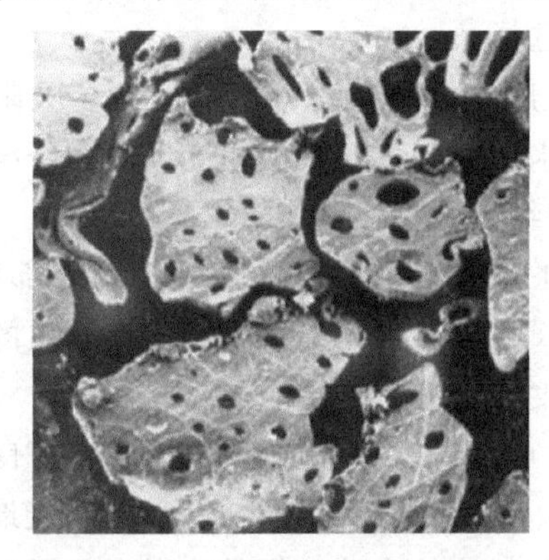

图 1-15　大麻纤维横截面结构

图 1-16　大麻纤维纵向结构

（6）蕉麻 蕉麻纤维长一般为1～3m，纤维表面光滑，纵向呈圆筒形，末端为尖形；横截面呈不规则的椭圆形或多边形。具体形态分别见图1-17和图1-18。

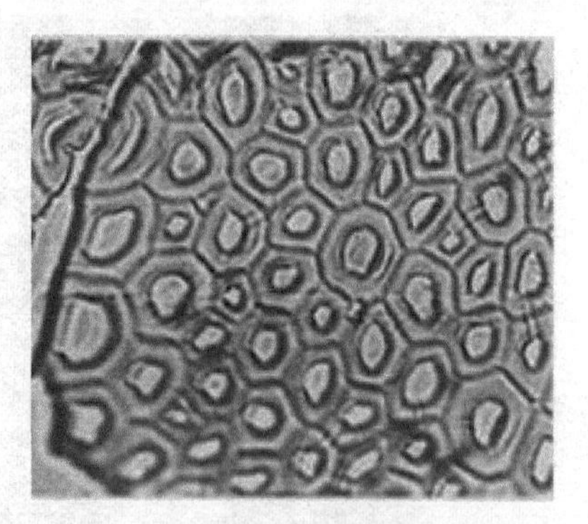

图1-17 蕉麻纤维横截面结构

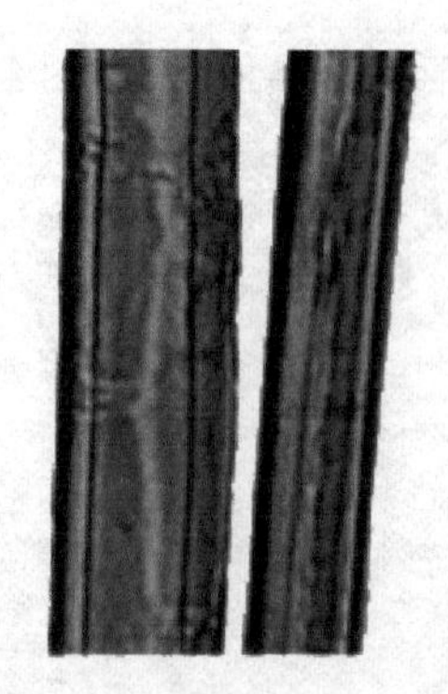

图1-18 蕉麻纤维纵向结构

（7）剑麻 剑麻的长度一般在120～150cm，纤维纵向略呈圆筒形，中间略宽，两端厚钝或呈尖形或分叉；纤维横截面呈多角形，有明显中腔，中腔呈大小不一的卵圆形或较圆的多边形。具体形态分别见图1-19和图1-20。

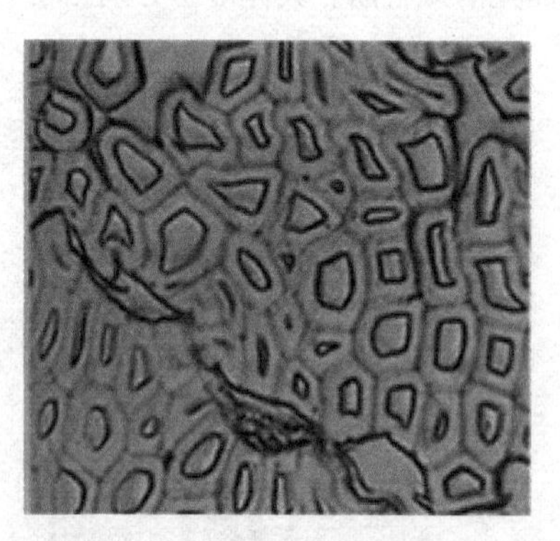

图1-19 剑麻纤维横截面结构

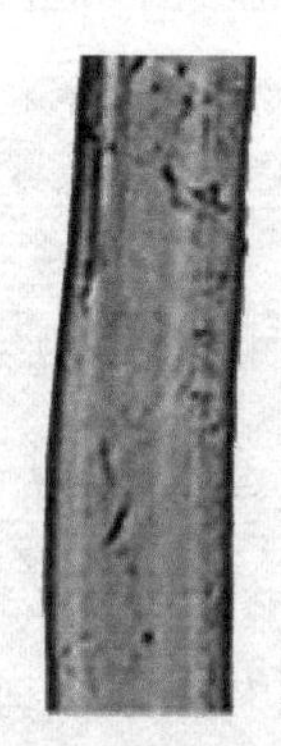

图1-20 剑麻纤维纵向结构

3. 麻纤维的物理性能

在麻纤维中，亚麻在纺织工业中具有非常悠久的历史，具有非常好的吸水、吸湿和透气性能，是现代纺织品中使用最广泛的品种。下面主要介绍亚麻纤维的物理性能。

（1）吸湿性能 亚麻纤维放置在空气中，会不断地吸收和释放空气中的水分，因此亚麻纤维的吸湿性好，有良好的服用性能，是夏衣的理想选择。

① 回潮率与含水率 在大气中，干燥的麻纤维一般并没有绝对干燥，而常会吸附一定的水分。纤维中的水分通常用吸湿率或回潮率以及含水率来衡量。一般情况下，麻纤维在相对湿度为65%，温度为20℃的标准状态下的回潮率大约为8%～10%。

② 影响麻纤维吸湿性的因素 影响麻纤维吸湿性的因素主要有内部因素和外部因素。内部因素主要是麻纤维的化学组成、内部结构和形态尺寸以及吸附在表面的其他物质的吸湿能力；外部因素主要是纺织材料测试时大气的相对湿度和温度。

a. 亲水性基团的作用 亚麻纤维分子中含有大量羟基，这些亲水性的羟基具有良好的吸湿性，可直接吸附水分子，先是形成单分子层吸湿，然后水分子层层加厚，再间接地吸收水分子，而且其吸收水分的速度也比棉纤维、绸缎以及其他的人造丝织品快得多。因此麻纤维吸湿、吸汗、透气、比其他织物能减少人体的出汗，穿着凉爽舒适。

b. 结晶度的大小　虽然亚麻纤维的结晶度约为90%，其结晶度较高，但由于麻纤维本身是由许多单纤维集合而呈束纤维的网状，在纤维间有许多微细管的空隙，而微空隙也能吸收水分，在麻纤维上形成毛细管凝结水，因此其吸湿性较好。

c. 纤维中的伴生物和杂质　麻纤维中的纤维伴生物中含有羟基，纤维表面的含氮物质及果胶等都有吸附空气中水分子的能力，因此麻纤维的吸湿性较好。

d. 麻纤维的结构　亚麻纤维具有天然的纺锤形结构和果胶质斜边孔结构，因此它吸湿和脱湿的速度很快，能及时调节人体皮肤表层的生态温度环境。它与皮肤接触时可帮助皮肤排汗，并将人体的热量和汁液均匀传导出去，使人体皮肤温度下降。

（2）溶胀性能　亚麻纤维吸湿会发生溶胀，溶胀各向异性，其径向溶胀远大于纵向溶胀，溶胀后纤维素的质量最高约为原纤维素质量的200%，并且其吸湿溶胀基本上是可逆的。麻纤维吸湿后发生溶胀主要是因为麻分子中亲水性基团吸湿后，削弱了无定形区分子间的联系，使分子链段运动范围增大，由于溶胀只发生在麻纤维的无定形区，结晶部分不发生溶胀，因此麻纤维在水中只能发生有限溶胀，不会发生无限溶胀——溶解。纤维发生溶胀后，染料或化学药剂就能顺利进入纤维内部，从而使纤维的处理能顺利进行。

（3）力学性能　亚麻纤维的强度很高，比其他纤维素纤维和化学纤维都要高，这与其微结构有关，它的结晶度和取向度越大，则断裂强度越大，断裂延伸度越小。表1-3是几种麻纤维的力学性能。

**表1-3　麻纤维的力学性能**

| 成　分 | 品　种 | | |
|---|---|---|---|
| | 苎麻 | 亚麻 | 黄麻 |
| 密度/(g/cm$^3$) | 1.51～1.53 | 1.46 | 1.21 |
| 单纤维长度/mm | 20～250 | 17～25 | 2～4 |
| 单纤维细度1①/μm | 40 | 12～17 | 15～18 |
| 单纤维细度2②/公支 | 1100～2200 | 3500 | — |
| 单纤维强度/(N/tex) | 0.67 | — | — |
| 断裂伸长率/% | 3.8 | 3 | 2～4 |

① 单纤维细度1为直接指标，如截面直径。

② 单纤维细度2为间接指标，如线密度、纤度、公制支数、英制支数等。实际应用时一般采用间接指标。

（4）防霉抑菌能力　麻类纤维具有天然的防霉抑菌能力，在生长过程中不需浇农药，具有良好的自我保护性。利用麻纤维的这一性能，可制成很多对人类有用的产品。

## 三、麻纤维的化学、染色性能

### 1. 热对麻纤维的作用

亚麻纤维受热后会分解，主要有三个阶段：第一阶段是温度在低于105℃时，纤维中一些葡萄糖单元的脱水和一些吸附水的蒸发所引起的质量的损失，大约有10%；第二阶段温度在260～400℃，主要是纤维素结构中的苷键开始断裂，产生一些新的产物；第三阶段温度高于400℃，纤维素结构的残余部分进行分解。因此在麻纤维的加工处理过程中，要合理制定工艺，以免因温度过高而造成纤维强度的损失。

### 2. 酸对麻纤维的作用

在化学加工过程中经常用酸来处理麻纤维，如脱胶和漂白后的酸洗，麻纤维对酸比较敏感，如果工艺条件控制不当或酸洗不净，会引起纤维损伤，甚至导致强度下降，影响其性能。

酸对麻纤维的作用主要是使麻纤维分子中的苷键发生水解断裂，导致纤维素的聚合度下降。但是在一定条件下，麻纤维对酸也有一定稳定性。酸对麻纤维的作用影响主要表现在酸的性质、酸的浓度、反应温度以及作用时间等。

（1）酸的性质　一般情况下，在其他条件（浓度、温度、时间）相同时，强的无机酸如硫酸、盐酸等最为剧烈，磷酸较弱，硼酸更弱；无机酸比有机酸作用剧烈，如甲酸、醋酸等作用较缓和。

（2）酸的浓度　当酸的浓度在 3mol/L 以下时，麻纤维水解的速率与酸的浓度几乎成正比。当酸的浓度大于 3mol/L 时，麻纤维的水解速率比酸的浓度增大的速率更快。

（3）反应温度　如果酸的浓度确定，温度越高则纤维素水解速率越快。当温度在 20～100℃范围内，温度每升高 10℃，麻纤维的水解速率可提高 2～3 倍。

（4）作用时间　一般情况下，当其他条件相同时，麻纤维的水解程度与时间成正比。

总之，在化学加工过程中使用强无机酸处理时我们要特别重视，要避免在带酸的情况下进行干燥，否则对麻纤维的性能将产生非常大的影响。

3. 碱对麻纤维的作用

在麻的化学加工中，经常会利用烧碱进行处理，如麻纤维的退浆、煮练和丝光等。一般认为麻纤维本身对碱是相当稳定的，但在一定条件下，也会使麻纤维发生降解。

利用浓烧碱可对麻纤维进行丝光，来达到改善纤维性能的目的。一般来讲，纤维在浓碱中会发生剧烈膨化，碱液不仅进入无定形区，而且进入结晶区，部分地克服晶体内的结合力，使之发生有限溶胀，导致麻纤维结晶度和取向度下降；经水洗后，这种溶胀不能完全回复到原来的形态，是不可逆的；麻纤维在高度溶胀情况下具有较大的可塑性；利用这种性质可改善麻纺织品进行各种整理来改善其各项性能。

当碱的浓度和温度都较高（1.0mol/L 氢氧化钠，170℃）时，碱对麻纤维逐步侵蚀降解。这种侵蚀降解非常迅速和强烈，使麻的聚合度逐步降低。因此这种情况我们应特别重视，特别要注意避免带碱的纤维长时间与空气接触，以免受到损伤。

除了烧碱外，其余碱金属氢氧化物也能引起麻纤维的溶胀，但溶胀程度由它们的水化能力决定，碱金属离子的水化能力的大小是：Li＞Na＞K＞Rb＞Cs。

4. 氧化剂、还原剂对麻纤维的作用

在亚麻的化学加工中，经常会受到氧化剂的氧化作用，如漂白等。一些氧化剂可以使亚麻纤维发生氧化作用变成氧化纤维素。从元素组成上看，亚麻纤维由碳、氢、氧组成，最终的氧化产物是二氧化碳和水。从亚麻的分子结构变化来看，亚麻在氧化剂的作用下，可得到两种类型的氧化纤维素，一种是还原性氧化纤维素，另一种是酸性的氧化纤维素。还原剂对麻纤维一般没影响。

5. 液氨对麻纤维的作用

液氨对麻纤维的作用与液氨对棉纤维的作用类似，用液氨处理后能改善麻纤维的弹性、手感、尺寸稳定性等，能大大改善麻纤维的服用性能。

6. 麻纤维的染色性能

麻纤维的染色性能较差，上染率和固色率较低，色牢度差。

纤维的染色性能与麻纤维的成分含量有关。麻纤维的基本成分是纤维素，这虽然与棉纤维相似，但含量却有很大的差别。麻纤维中非纤维素成分的含量较高，而棉纤维则较低。其中非纤维素中含量较多的木质素和半纤维素会对麻纤维的染色性能产生很大的不良影响。表1-4中列出了亚麻纤维中木质素和半纤维素含量对亚麻纤维的染色性能的影响，可知，亚麻纤维中木质素和半纤维素含量越高，上染率就越低。因为这些物质的存在，阻碍了染料在纤维中的扩散，从而影响了上染率。

**表1-4　亚麻纤维中木质素和半纤维素含量对亚麻纤维的染色性能的影响**

| 化学处理 | 木质素含量/% | 半纤维素含量/% | 活性染料上染百分率/% |
| --- | --- | --- | --- |
| 原纱 | 5.67 | 16.32 | 36.9 |
| 碱煮 | 4.28 | 14.52 | 37.2 |
| 碱煮＋双氧水漂白 | 3.84 | 11.03 | 37.5 |
| 碱煮＋亚氯酸钠漂白 | 2.78 | 10.11 | 37.9 |
| 双氧水＋亚氯酸钠漂白 | 2.62 | 9.32 | 38.1 |
| 亚氯酸钠＋双氧水漂白 | 1.26 | 7.34 | 38.3 |

其次，麻纤维的染色性能较差还与麻纤维的结构有关。一般麻纤维的结晶度和取向度较高，分子排列紧密规整，纤维溶胀困难，因此染料难以扩散，从而影响染料的上染百分率。

麻纤维的染色性能较差还与其非纤维素（木质素和半纤维素）的含量有关，因为这些非纤维素的存在能阻碍染料与纤维素的反应，导致染料扩散困难，从而影响了上染率。

麻纤维作为纤维素纤维一般可用直接染料、活性染料、还原染料、可溶性还原染料、硫化染料、不溶性偶氮染料等进行染色。通过控制染色工艺，大部分染料品种可获得较好的染色牢度、染色均匀性及鲜艳度，但也有各自的优缺点。

## 思考与练习

1. 棉纤维有哪几种不同的分类方法？
2. 棉纤维的形态结构如何？
3. 回潮率和含水率的含义是什么？
4. 影响棉纤维吸湿性的因素有哪些？
5. 分析说明酸、碱、氧化剂对棉纤维的作用情况。
6. 分析说明棉纤维的染色性能。
7. 说明各类麻纤维的形态结构。
8. 影响麻纤维吸湿性的因素有哪些？
9. 分析说明酸、碱、氧化剂对麻纤维的作用情况。
10. 分析说明麻纤维的染色性能。

# 第二章　蛋白质纤维

蛋白质纤维是指基本组成物质是蛋白质的一类纤维，分为天然蛋白质纤维和再生蛋白质纤维。其中天然蛋白质纤维最常见的有蚕丝和羊毛，再生蛋白质纤维有大豆纤维和蚕蛹纤维等，本章主要介绍天然蛋白质纤维。

## 第一节　蚕丝纤维

知识与技能目标

- 了解蚕丝纤维的种类；
- 掌握蚕丝纤维的性能；
- 了解各类蚕丝纤维的形态结构；
- 掌握蚕丝纤维的物理和化学性能。

蚕丝是自然界唯一可供纺织用的天然长丝，它具有柔软的手感、纤细的质地、轻盈的外观、柔和的光泽。由于它是多孔性物质，有很好的吸湿性，穿着舒适滑爽，是高档的纺织原料之一，因而被称为纤维中的“皇后”。

蚕丝制品风格各异，有的轻薄如纱，有的厚实如绒，除了用在衣着外，还可以织成各种装饰品，如围巾、头巾、被面、窗帘、裱装等。

蚕丝纤维是一种蛋白质纤维，由丝素和丝胶组成，这两种物质的基本组成单元是氨基酸。氨基酸是高质量的营养品，因此蚕丝纤维具有很强的抗氧化能力，可制成人造皮肤和人造血管，不会使人体过敏或产生其他疾病，与人体具有很好的相容性。作为构成蚕丝成分的丝素和丝胶，通过浓硫酸处理，能获得与肝磷脂相同的物质，具有抗凝血活性、延缓血液凝固时间的作用，可开发血液检查用器材或抗血栓性材料；通过化学处理之后，也可开发人工肌腱或人工韧带，以蚕丝为原料的丝素膜，还可制成治疗烧伤或其他皮伤的创面保护膜。

在工业领域中，蚕丝中含有对人体具有营养价值的氨基酸，可把蚕丝加工成微粒的丝粉，除用于化妆品或保健食品的添加剂外，还可制成含丝粉的绢纸或食品保鲜用的包装材料和具有抗菌性的丝质材料。将丝粉调入某些涂料中制成的高级涂料，用来喷涂家具用品，能增加器物的外观高雅与触感良好的效果，广泛用于各种室内装潢。

### 一、蚕丝的种类

根据蚕的种类来分，分家蚕和野蚕两种。家蚕在家饲养，以吃桑叶为主，吐出的丝是桑蚕丝；野蚕在野外饲养，吐出的丝有柞蚕丝、蓖麻蚕丝、天蚕丝、木薯蚕丝等。由于丝中以桑蚕丝产量最高，应用最广，因此本节重点讨论桑蚕丝。

### 二、蚕丝纤维的组成、结构及物理性能

1. 蚕丝纤维的组成

蚕丝主要由丝素和丝胶组成，总含量占70％～90％以上，另外还含有少量的色素、油脂、蜡质、糖类和无机物等。桑蚕丝和柞蚕丝的化学组成见表2-1。丝素的基本结构单元是

氨基酸，不同品种的蚕丝所含的氨基酸比例不同，桑蚕丝主要由乙氨酸、丙氨酸和丝氨酸等组成，三者约占总组成的85%。柞蚕丝素中主要的氨基酸是丙氨酸，另外还含有二氨基酸和二羧基酸。丝素属于有机含氮高分子化合物。桑蚕丝和柞蚕丝丝素的元素组成见表2-2。

**表 2-1　桑蚕丝和柞蚕丝的化学组成**

| 组成物质 | 桑蚕丝/% | 柞蚕丝/% |
|---|---|---|
| 丝蛋白 | 70～75 | 80～85 |
| 丝胶 | 25～30 | 12～16 |
| 蜡质、脂肪 | 0.75～1.50 | 0.50～1.30 |
| 灰分 | 0.50～0.80 | 2.50～3.20 |

**表 2-2　桑蚕丝和柞蚕丝丝素的元素组成**

| 元　素 | 桑蚕丝/% | 柞蚕丝/% |
|---|---|---|
| 碳 | 48～49 | 47.18 |
| 氢 | 6.5 | 6.3 |
| 氧 | 26.8～27.9 | 29.67 |
| 氮 | 17.6 | 16.85 |

2. 蚕丝纤维的结构

(1) 分子结构　据资料分析，桑蚕丝的分子链由两种类型的链段嵌段连接而成。一部分链段主要由乙氨酸、丙氨酸和丝氨酸剩基组成，这些氨基酸侧链较小，结构简单，链间整齐而排列紧密，形成许多氢键，组成了纤维中的结晶区。另一部分由含有侧链大而复杂的氨基酸剩基组成，支链的阻碍作用使结构中形成松散的无定形区。而柞蚕丝中除了丙氨酸，还有二氨基酸和二羧基酸，它们带有庞大的支链，造成多缩氨酸分子链的弯曲，使结构更松散，因此它的结晶度和取向度比桑蚕丝更低。蚕丝分子结构见图2-1。

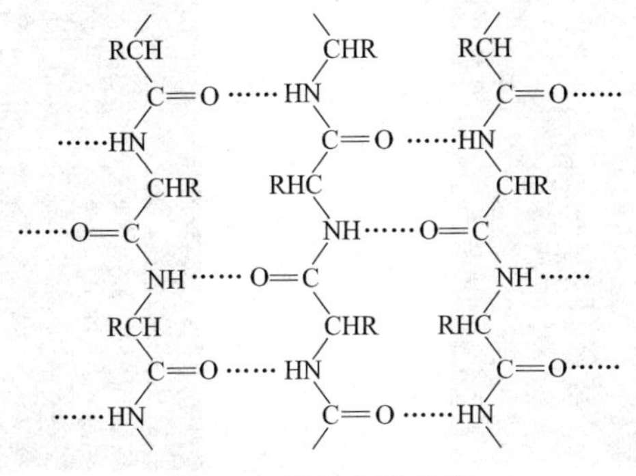


图 2-1　蚕丝分子结构

(2) 形态结构　蚕丝是蚕体内的丝液经吐丝口吐出后凝固而成的纤维，称为茧丝。每一根茧丝由两条平行单丝组成，它的主体是丝素（亦称丝朊、丝质，fibroin），丝素的外面被丝胶包围。桑蚕丝的横截面略呈三角形，三边相差不大，角略圆钝，具体形态结构见图2-2、

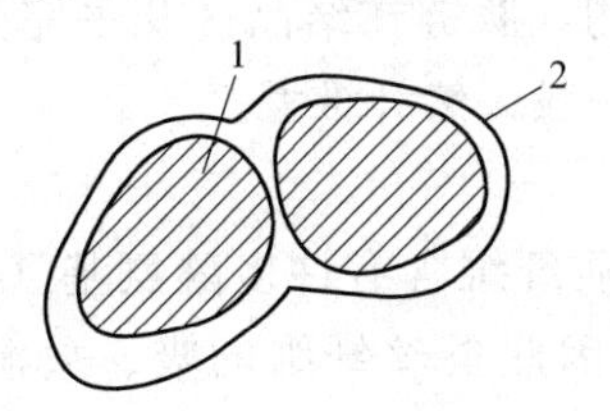


图 2-2　桑蚕丝截面形态示意图

1—丝素；2—丝胶

图 2-3 和图 2-4。

图 2-3 桑蚕丝横截面结构

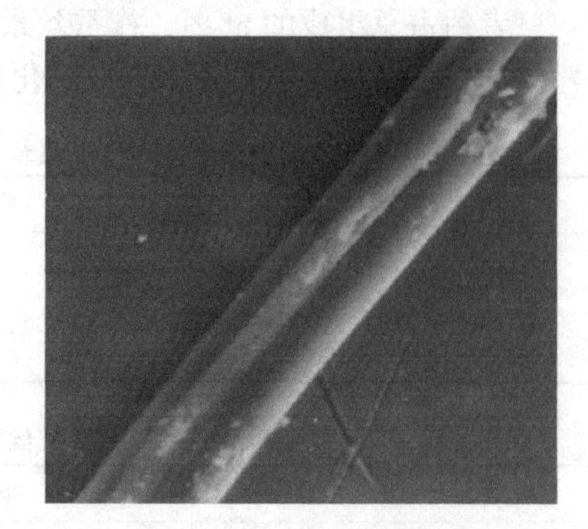

图 2-4 桑蚕丝纵向结构

柞蚕丝也是由两根丝素合并组成的，比桑蚕丝粗，蚕茧的个子大、颜色深，呈淡黄色，横截面基本上与桑蚕丝相同，只是更狭长而扁平，角比较尖锐，纵向卷曲有条纹。具体形态结构见图 2-5、图 2-6 和图 2-7。

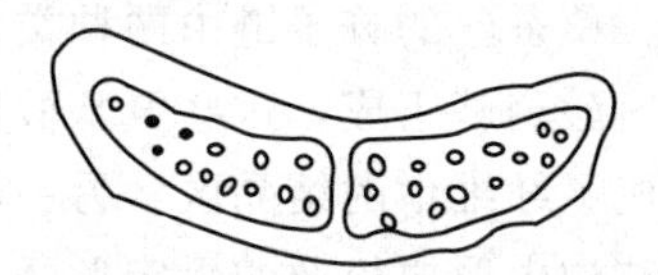

图 2-5 柞蚕丝截面形态示意图

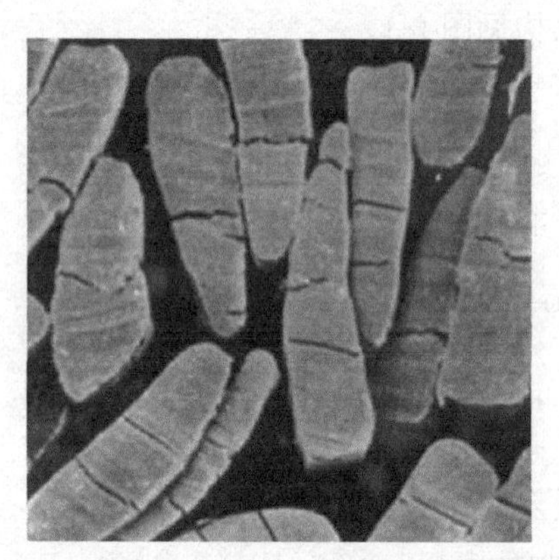

图 2-6 柞蚕丝横截面结构

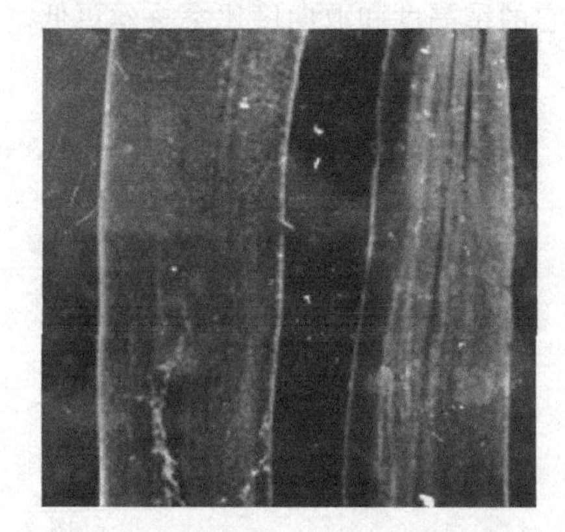

图 2-7 柞蚕丝纵向结构

(3) 超分子结构 蚕丝纤维主要由丝素构成，丝素蛋白的超分子结构一般认为由结晶区和无定形区两大部分组成，结晶度约为 50%～60%。在丝素的结晶结构中，丝素分子链即多肽链，含有许多—CONH—结构，肽链在结晶区几乎完全伸直，由于大分子链间氢键数多，间距短，因此分子间引力比一般天然纤维大。

3. 蚕丝纤维的物理性能

(1) 吸湿性 由于蚕丝蛋白质纤维含有许多酰氨基（—CHNH—）、氨基（—$NH_2$—）等亲水性基团，又具有多孔性，因此蚕丝纤维的吸、放湿的能力比较强，在标准状态下(20℃，相对温度 65%)，丝素的吸湿率在 9%以上，而含有丝胶的桑蚕丝吸湿率为 10%～11%。因此，丝胶比丝素的吸湿性高。柞蚕丝比桑蚕丝的吸湿性好。丝素的吸湿量随湿度的

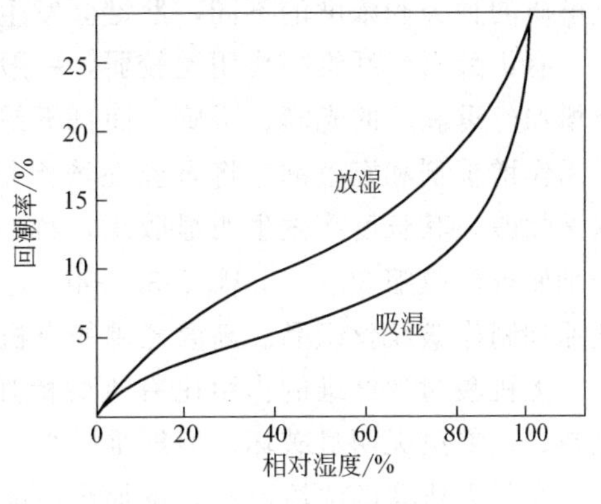

图 2-8　吸湿滞后现象图

提高而增加，在相对湿度100%的条件下，吸湿量可达30%。丝素的吸湿等温线与纤维素的吸湿等温线相仿，也有吸湿滞后现象。见图2-8所示。

(2) 溶胀　丝素吸收水分后发生溶胀，并表现出各向异性。如在18℃水中，丝素直径可增加16%～18%，而长度仅增加1.2%。丝素在水中只能溶胀，不能溶解，X射线衍射图像显示不发生变化，说明水只进到丝素的无定形区。

盐类对桑蚕丝素的膨化能力和溶解能力差异很大。在氯化钠和硝酸钠的稀溶液中，丝素只发生有限溶胀；而在它们的浓溶液中，丝素就会发生无限溶胀而溶解。此外，氯化锌、硝酸镁以及锶、钡、锂的氯化物、溴化物、碘化物、硝酸盐、硫氰酸盐等浓溶液均可进入丝素的结晶区。丝素大分子间的交链很少，是以氢键和范德华力相互作用的，当结晶区被破坏后，分子间便出现无限溶胀成为黏稠的溶液。而铁、铝、钙、铬等金属盐可作为丝的增重整理剂，但增重后丝的强度下降，手感发硬。

(3) 力学性能　蚕丝的强度和伸长率在天然纤维中是比较优良的，一般干断裂强度为2.6～3.5cN/d·tex，断裂伸长率为15%～25%。蚕丝的应力-应变线中存在着明显的屈服点，就屈服应力和断裂强度来说，桑蚕丝比羊毛高得多而断裂延伸度比羊毛低。

蚕丝纤维在形成过程中，即由液体变为固体纤维时，曾经受到强烈的拉伸和吐丝口处的挤压，分子链较挺直（具有β-折叠结构），排列也较紧密、取向度较高，故比羊毛有较高的断裂强度和较低的断裂延伸度。但是桑蚕丝又是吸湿量较大的纤维，随着相对湿度的变化，其拉伸性能也同时发生一定的改变。一般而言，随着吸湿量的增大，蚕丝的初始杨氏模量、屈服点、断裂强度都会发生下降，而断裂延伸度会有所增加。

**三、蚕丝纤维的化学、染色性能**

1. 蚕丝的两性

当蛋白质溶液处于某一pH时，蛋白质游离成正、负离子的趋势相等，此时溶液的pH称为蛋白质的等电点（简写p*I*）。处于等电点的蛋白质颗粒，在电场中并不移动当蛋白质溶液的pH大于等电点，该蛋白质颗粒带负电荷；反之则带正电荷。蚕丝属蛋白质纤维，除了分子末端含有氨基和羧基外，侧链上还含有许多酸、碱性基团，因此其具有两性性质。在丝素和丝胶分子中，都是酸性基团占优势，它们的等电点分别为pH为3.5～5.2和pH为3.9～4.3。处于等电状态的丝素和丝胶其溶胀、溶解度、反应能力等都最低，如果在这种状态下，对蚕丝进行脱胶，那么效果就很差；要使染料与纤维发生反应也很困难。在pH高于等电点的碱性溶液中，丝素带负电荷，这时不能用阴离子染料染色；相反，在pH低于等电点的酸性溶液中，丝素带正电荷，这时可与阴离子染料成盐结合，促进染色。当然，在碱性浴中进行蚕丝练漂加工，也应避免使用阳离子型表面活性剂，否则会产生电性吸附。

2. 酸对蚕丝纤维的作用

蚕丝对酸稳定性较强，因为丝素是两性的，能同时离解成为两性离子而酸性略强，其抗酸性比棉纤维强，因而可在酸性条件下染色。但随着酸的种类、浓度、温度、处理时间以及电解质的种类和浓度的不同，肽键会发生不同程度的水解。

有机酸对丝纤维的作用比较弱，一般不会使丝素脆损和溶解。稀溶液被丝吸收后，不仅能增加丝重和丝的光泽、手感，而且不易洗掉，能长期保存。如单宁酸很易被丝纤维吸收，可用作增重剂和媒染剂。将蚕丝在浓无机酸、室温条件下短时间处理，如1～2min后立即水洗除酸，其长度将发生明显收缩，称为蚕丝的酸缩。如用50%的硫酸、28.6%的盐酸可分别使蚕丝收缩30%～50%、30～40%。酸缩后的丝纤维，不会受到明显的损伤，可利用此原理制作皱纹丝织品。高温煮沸的有机酸能使丝纤维受损而失去光泽。

无机酸对丝纤维的作用比有机酸稍强，在强无机酸（如HCl、$H_2SO_4$等）的稀溶液中加热，丝素虽无明显破坏，但纤维的光泽、手感都受到相当的损害，强力、延伸度也有所降低；在强无机酸的浓溶液中，不加热亦能损伤丝素，时间长还能溶解丝素，加热时溶解会更快。如桑蚕丝在2%～4%的稀硫酸中，于95℃下处理2h，其失重可达10%；处理时间增加到6h，失重将增至25%。

酸浴中有电解质存在，会加强酸对丝的损伤。如蚁酸中含有一定的氯化钙时，在室温下就可使丝素溶解。因此在生产实践中，要避免用硬水对丝进行染整加工。

精练过的生丝，放于酸性溶液中处理后，如果放在一起用力摩擦，会产生悦耳的声音，即丝鸣，利用丝鸣可以鉴别真丝和仿真丝。

3. 碱对蚕丝纤维的作用

丝素对碱的抵抗力很差，这是因为碱可催化肽键水解。影响这种水解作用的因素主要是碱的种类、浓度、作用温度和时间以及电解质的总浓度等。

在其他条件相同时，碱的种类不同，对丝的水解催化能力也不同。烧碱的作用最为强烈，而氨水、碳酸钠、碳酸钾、磷酸钠、焦磷酸钠、硅酸钠、氢氧化铝以及肥皂等弱碱性物质，对蚕丝的作用较为缓和。如果条件控制得好，对丝素无损伤，只能溶解丝胶，因此，可做生丝的精炼剂。在丝绸染整加工中经常用到纯碱、氨水、肥皂和泡花碱等溶液。

碱液温度对丝素的水解影响也很大，如10%的烧碱溶液，如温度低于10℃时对丝素无明显损伤，但高于10℃，就能溶解丝素，并且溶解的速度随温度的提高而加快。在室温条件下，蚕丝对弱碱还是相当稳定的。

碱液中如果存在电解质，则对丝素的破坏作用将加剧，并且这种损伤与电解质的种类和浓度有关。有资料指出，钙、钡等盐类对丝素损伤的影响特别明显，并且随浓度的提高而加剧。

柞蚕丝素对碱的抵抗力比桑蚕丝强，在煮沸10%氢氧化钠溶液中，桑蚕丝只10min即溶解，而柞蚕丝要50min左右才能溶解。

4. 氧化剂、还原剂对蚕丝纤维的作用

蚕丝对氧化剂是比较敏感的，氧化剂能使丝素分子中的肽链断裂甚至完全分解。其中，柞蚕丝对氧化剂的抵抗力比桑蚕丝的稍强，但长时间汽蒸条件下也是不稳定的。氧化剂的作用主要有以下三个方面：（1）氧化丝素肽链上的氨基酸侧基；（2）氧化肽链末端具—$NH_2$的氨基酸；（3）氧化肽键。

丝素经氧化破坏后，纤维的一些性能（如强力等）会受到损伤。丝素中酪氨酸、色氨酸残基氧化后，还会生成有色物质。

强氧化剂在高温下对丝素的氧化作用更为剧烈，如用高锰酸钾在高温下较长时间处理，可使丝纤维分解成氨、草酸、脂肪酸和芳香酸等产物。含氯氧化剂，如漂白粉、亚氯酸钠等不宜用于丝绸漂白，因为它们对丝素不仅有氧化作用，而且还有伴随氯化反应，对纤维破坏性很大，使纤维强力降低甚至完全丧失，达不到漂白目的。过氧化氢或还原性漂白剂（如保险粉）等在适当条件下可用于蚕丝织物的漂白。

还原剂对蚕丝的作用很弱，损伤不明显。在蚕丝织物加工中常用的一些还原剂，如保险粉、亚硫酸盐、氯化亚锡及雕白粉等。在正常工艺条件下，不会使纤维受到明显损伤，因此在丝织物的拔染印花中常有使用。

5. 其他性能（耐光、水、盐等）

蚕丝对光的作用很敏感，是纺织纤维中耐光性最差的一种纤维。这是因为丝素分子中含有芳香结构的氨基酸，受到日光的照射极易被氧化，使纤维无定形部分松开，延伸度降低。另外羟基氨基酸吸收紫外线后，分子间氢键断裂，强度降低。如在夏天的光照和气候条件，经 10 天实验，桑蚕丝的强度降低 30%。因此，日光中的紫外线是引起桑蚕丝力学性能下降的重要原因。

蚕丝纤维受光照还会泛黄，这也是丝绸业的老大难问题之一。泛黄是指织物在使用和储藏过程中白度下降、黄色增加的现象。泛黄严重影响外观质量，甚至引起脆损并逐渐失去光泽。通常认为，泛黄是一种氧化过程，引起泛黄的光是波长为 230～350mm 紫外线。引起蚕丝纤维光泛黄、光脆损的原因错综复杂。要防止泛黄，则要使纤维免受氧化；防止光氧化作用，则要阻止和消除紫外线的影响。有研究表明，硫脲、紫外线吸收剂及还原性的树脂处理可以很大程度地阻止和消除紫外线对丝素的影响，使纤维免受氧化。具有还原性的物质，如硫氰酸铵、单宁等能延缓光氧化的进程；而铜、铁、锡、铅等的盐则对光氧化有着催化作用，其中，尤以铁盐的催化作用最为明显。

蚕丝具有很好的舒适感，由于它是蛋白质纤维，因此与人体有很好的生物相容性，而且丝表面光滑，对人体的摩擦系数极小；又由于其吸放湿效果好，可将人体的汗水和热量迅速散发，因此适合与人体皮肤直接接触。同时蚕丝多孔的性质，使它具有保暖性。

6. 蚕丝纤维的染色性能

蚕丝纤维吸湿性较好，所以染色性也较好，可用酸性、中性、活性、阳离子、还原、可溶性还原及不溶性偶氮染料等上染。但在实际应用中，由于碱容易使蚕丝受伤，蚕丝织物染色主要应用酸性染料和中性染料。酸性染料色谱齐全，色光鲜艳，但其缺点是染色牢度差，特别是湿处理牢度差；中性染料比酸性染料的染色牢度要好，但其色谱中鲜艳色较少。

蚕丝纤维也能用活性染料进行染色，当活性染料与蚕丝纤维以共价键结合时，染色牢度好，且颜色鲜艳，但活性染料染色色光难以控制，染色的一次性正确率低，色光调整困难。此外，活性染料染色通常需要大量电解质促染，对生态环境保护不利，因此使用受到一定的限制。

## 四、野蚕丝纤维

1. 柞蚕丝纤维

柞蚕以食用栎树属植物尖柞、蒙古柞、槲斗等叶片为饲料，也能食栗、枫、梨、苹果树的叶子，吐出的丝称为柞蚕丝。

与桑蚕丝相比，柞蚕丝更粗，强度、延伸度和弹性更高，湿强度增加明显。其纤维束内部有许多空隙，形成纤维的多孔性。能吸收紫外线，抗日晒，不脆化。吸湿性与桑蚕丝相仿，但其吸附液态水的能力却优于桑蚕丝，因此柞蚕丝很容易发生“水迹”这一病疵。柞蚕丝的耐磨牢度在天然纤维中是最高的，耐酸碱性也较桑蚕丝好。一般轻薄型的丝绸面料及被子，选用桑蚕丝较好，因为桑蚕丝的条干细且均匀，丝质柔软，形成的织物细腻，光滑，手感好，色泽柔和。如果厚重的丝绸织物面料，首选柞蚕丝，因为柞蚕丝较桑蚕丝纤维粗，手感蓬松，弹性好，风格粗犷自然，加上独有的珠宝光泽和天然奶油黄色，恰好适合做厚重被子及面料。

2. 蓖麻蚕丝纤维

蓖麻蚕主要以蓖麻叶片为饲料，还能食用多种植物饲料，吐出的丝称为蓖麻丝。

与桑蚕丝相比，蓖麻丝的丝胶含量较少，但溶解却非常困难。它的吸放湿能力很强，有良好的耐酸性，耐碱性在低温、稀溶液中较好。随着温度和碱液浓度的增加，其溶解度逐渐增加。

3. 天蚕丝

天蚕是以辽东柞、尖柞、蒙古柞的树叶为饲料，吐出的丝称为天蚕丝。天蚕丝纤维截面扁平，有明显的闪光效应，伴有天然的绿宝石颜色。天蚕丝珍稀，价格昂贵，它特有的淡绿色宝石般的光泽和高强度的韧性，拥有“纤维钻石”、“绿色金子”和“纤维皇后”的美称。

## 第二节 毛 纤 维

知识与技能目标

- 了解毛纤维的种类；
- 掌握羊毛纤维的性能；
- 了解羊毛纤维的形态结构；
- 掌握羊毛纤维的物理和化学性能。

羊毛纤维具有许多优良特性，如弹性好、吸湿性强、保暖性好、不易沾污、光泽柔和、染色性好且还有独特的缩绒性。这些性能使羊毛制品不但适合春、秋、冬季衣着选用，也适合夏季服装，成为一年四季皆可穿的衣料。

羊毛除了可以做服装面料外还可以做工业毛毡、娱乐毛毡等。如：军工特毛毡、细白工业羊毛毡、民用羊毛毡、防寒毛毡、书画毡、针刺毡、吸油毡、抛光毡、毛毡密封条、毛毡密封环、毛毡密封垫、毛毡筒等。适用于航天、航空、船舶、火车、汽车、机械、机电、冶金、化工、水泥、轻纺等行业用于防尘、密封、防震、隔音、隔热、过滤、吸油，还可用于水晶、大理石、精密家具、玻璃、珠宝、不锈钢、模具等金属行业的抛光。

### 一、毛的种类

天然动物毛的种类很多，有绵羊毛、山羊绒、马海毛、兔毛、驼毛、牦牛毛、羊驼绒等，其中以绵羊毛数量最多，简称羊毛，它是毛纺织工业的主要原料，本节主要介绍羊毛。

### 二、毛纤维的组成、结构及物理性能

1. 羊毛纤维的组成

羊毛纤维属于天然蛋白质纤维，其主要组成物质是角朊蛋白质。其主要组成元素为碳、氢、氧、氮，此外还含一定量的硫。各元素的含量因羊毛的品种、饲养条件、羊体的部位等

不同而有一定的差异，其中以含硫量的变化较为明显。毛越细，含硫量越多。

2. 羊毛纤维的结构

（1）分子结构　羊毛角朊蛋白质由近 20 种 $\alpha$-氨基酸组成，其通式为：$R-\underset{}{\overset{NH_2}{\overset{|}{C}}}H-COOH$，其中以二氨基酸（精氨酸）、松氨酸、二羟基酸（谷氨酸）、天冬氨酸和含硫氨酸（胱氨酸）的含量为多。多种 $\alpha$-氨基酸剩基通过肽键—CO—NH—联结成羊毛大分子。

羊毛分子结构的特点是具有网状结构，这是因为其大分子之间除了依靠范德华力，氢键结合外，还有盐式键（$—COO^{-}\ {}^{+}H_3N—$）和二硫键（—S—S—）相结合。其中二硫键是关键。羊毛角朊大分子的空间结构可以是直线状的曲折链（β 型），也可以是螺旋链（α 型）。在一定条件下，拉伸羊毛纤维可以使螺旋链伸展成为曲折链，去除外力后仍可能恢复。假如在拉伸的同时结合一定的湿热条件，使二硫键拆开，大分子间的结合力将减弱，α 型、β 型的转变就比较充分，再回复到常温时将形成新的结合点，外力去除后也不再回复，这种性能称为热塑性，这一作用就是热定型。

（2）形态结构

① 纵面形态　羊毛纤维具有天然卷曲，纵面有鳞片覆盖，如图 2-9 和图 2-10 所示。

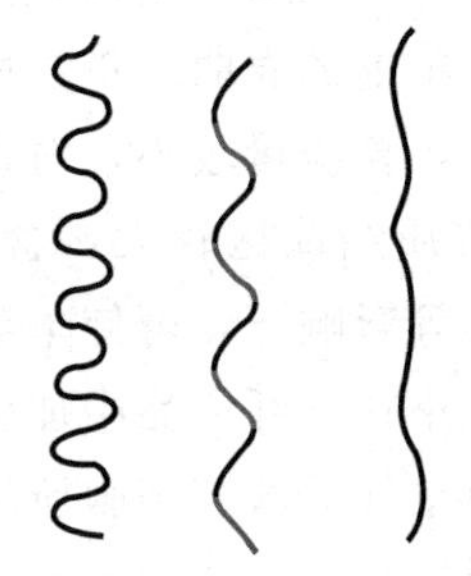

图 2-9　羊毛纤维的天然卷曲

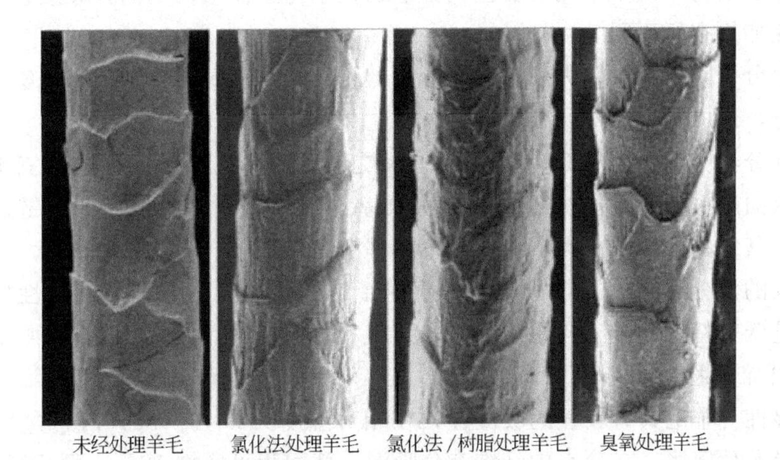

未经处理羊毛　　氯化法处理羊毛　　氯化法/树脂处理羊毛　　臭氧处理羊毛

图 2-10　羊毛纤维表面的鳞片

② 横截面结构　羊毛纤维的截面形态随细度而变化，如图 2-11 所示。细羊毛的截面近似圆形，粗羊毛的截面呈椭圆形，死毛截面呈扁圆形，长短径之比达 3 以上。

羊毛纤维截面从外向里由鳞片层，皮质层和髓质层组成，其中细羊毛无髓质层，细羊毛的截面结构如图 2-12 所示。

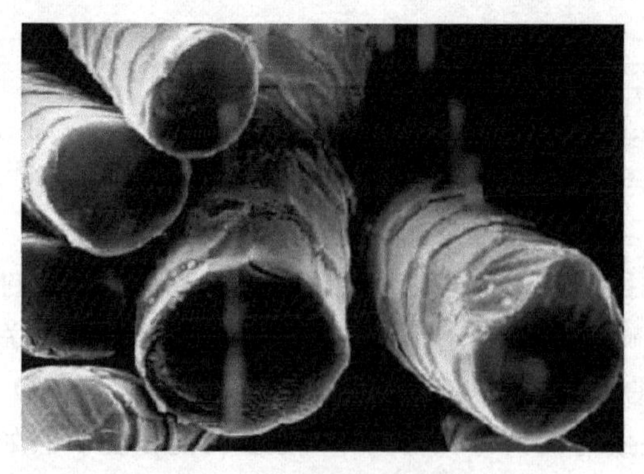

图 2-11 羊毛纤维的截面形态

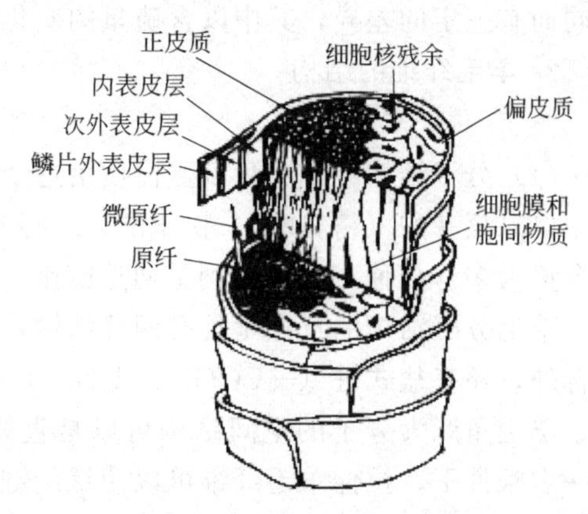


图 2-12 细羊毛的截面结构

鳞片层处于羊毛的表面，是由片状角朊细胞组成，犹如鱼鳞。一般认为由原纤组成毛纤维皮质层角朊的“纺锤状”细胞。

皮质层中一般有两种皮质细胞组成，一种是结构较疏松的正皮质，另一种是结构较紧密的偏皮质。在细羊毛中两者各占一半，形成双侧结构，并在长度方向上不断转换位置。由于两种皮质层的紧密程度不同，形成了羊毛的卷曲。正皮质处于卷曲弧形的外侧，而偏皮质处于卷曲的内侧。正皮质的结晶区较小，含硫量较小，对化学试剂的反应灵活，吸湿性高，吸湿膨胀率大，力学性能较柔软。偏皮质结晶区较大，含硫量较多，对化学试剂的反应性稍差，吸湿性小，吸湿膨胀小。在湿热等影响下，可使羊毛产生可逆的自卷曲效应，这对于羊毛织物的弹性是有利的，这一特征，正在化纤产品中加以仿效。

髓质层是由结构疏松，内部充有空气的薄膜细胞所组成。细胞之间的联系很弱，因此含髓质多的羊毛，其弹性和强度都较低。

(3) 超分子结构 由于羊毛和蚕丝大分子的化学与立体结构不同，导致它们的聚集态结构及纤维的性能均有所不同。

蛋白质大分子间由分子间力、氢键和盐式键相结合，角朊大分子因有胱氨键，所以还以二硫键相结合，形成网型结构。

羊毛角朊分子中有较大的 R 基因，并有螺旋链，因此很难形成完整的三维结晶，其结晶度较小，取向度也低，蚕丝丝朊分子中的 R 基因较小，且为直线状曲线链，所以能形成完整的结晶，其结晶度比羊毛大，取向度也比羊毛高。

羊毛纤维的大分子结构及超分子结构决定了它的强度低、伸长大、弹性好、吸湿能力强、初始模量低等特性，羊毛与蚕丝相比，强度和初始模量都低，其余较高些。

3. 羊毛纤维的物理性能

(1) 吸湿性 羊毛具有较强的吸湿性，在相对湿度为 60%～80%时，含水率为 15%～18%。羊毛吸湿后溶胀，在冷水中纤维充分吸湿，截面积可增加 18%，而长度仅增加 1%～2%。吸湿后的羊毛纤维由于氢键、盐式键受到削弱，分子间力下降，纤维强度降至干强的 95%～97%。

(2) 舒适性 研究证明，羊毛不仅具有通过吸收和散发水分来调节衣内空气湿度的性能，而且还具有适应周围空气湿度，调节水分含量的能力，使人感觉舒适。

羊毛纤维的热导率较小，再加上具有较好的蓬松性，纤维中可以夹持较多的空气，使羊毛纤维层具有很高的绝热性。此外，羊毛在吸湿时还会放出比别的纤维更多的热量，使羊毛在冷湿环境下有很好的保暖性，因此，羊毛是理想的冬秋季服装面料。

而在湿热的天气里，羊毛服装能使人感觉凉爽。这是因为对于人体而言，在出汗不太多的情况下，人体表面温度一般要比周围环境的高，而相对湿度却较低，所以当羊毛服装接近相对湿度较低的皮肤时，羊毛纤维中的水分就会蒸发，衣服本身的温度就会下降，因而使人感觉凉爽。但要发挥“凉爽羊毛”的特殊功效，使羊毛也能成为夏令贴身穿着的理想服装原料，必须消除羊毛的刺扎感，解决羊毛的轻薄化、防缩、可机洗等问题。

(3) 力学性能　羊毛与其他纤维相比较，它的断裂强度不高，而断裂延伸度很高，因此断裂功比较大。羊毛在较小的应力作用下，可产生较大的形变。当拉伸应力去除后，回复的程度与应力和形变的大小有关，在低形变时羊毛的伸长回复性最高，只次于尼龙-66。由于羊毛比一般纤维的回复性能高，弹性好，所以毛织物比较耐磨、耐用，并且穿着挺括、不易褶皱。

羊毛在外力拉伸作用下，纤维可伸长，纤维的结构、性质也发生变化，经过 X 射线图像分析，发现伸长率达到70%时，α-构像被β-构像所取代，此时纤维性质发生变化，如纤维延伸度降低，强度有所下降，纤维挺直且光泽增强等。如果及时去除外力，纤维仍能回缩到原来状态，分子又回到α-构像。

(4) 可塑性　可塑性描述的是纺织材料的一种特定形式的结构稳定性。羊毛的可塑性是指羊毛在一定温度湿和外力作用下，经过一定的时间会使其形状稳定下来。这一性能使毛织物具有良好的服用性能。

毛纤维在拉伸时温度不高或时间过短则得不到永久定型纤维。如果将受到拉伸力作用的羊毛在热水或水蒸气中处理很短的时间，然后除去外力并在蒸汽中任其收缩，纤维能够收缩到比原来的长度更短，这种现象称为“过缩”。产生这种现象的原因是外力在湿热的作用下使肽链的构象发生变化，原来的副键（蛋白质大分子的主链借分子间及一分子内基团间的结合力相联系而形成复杂的空间构象，这种结合力称为副键。氢键、离子键、二硫键等都是副键）被拆散，但因处理时间很短，还未在新的位置上建立起新的副键，多肽链可以自由的收缩，因此产生过缩。若将受有拉伸应力的羊毛纤维在热水或蒸汽中处理稍长时间除去外力后纤维不回复到原来的长度，但在更高的温度条件下处理，纤维仍可收缩，这种现象称为“暂定”。这是由于副键被拆散后，在新的位置上尚未全部建立起新的副键或是结合得还不够稳定，因此只能使形态暂时稳定，在遇到适当的条件后仍可继续回缩。如果将伸长的羊毛在热水或蒸汽中处理更长的时间，则外力去除后即使再经过蒸汽处理，也只能使纤维稍有回缩，这种现象称为“永定”。这是由于副键被拆散后，由于处理时间长，因此在新的位置上又建立起新的、稳固的副键，使多肽链的构象稳定下来，从而能阻止羊毛纤维从形变中恢复原状，即产生“永定”。

实际上，利用羊毛纤维的可塑性而进行湿热定型的毛织物，要求其耐多次洗涤而不变形是不可能的，要获得好的定型效果，还需要进行一些化学处理。

(5) 缩绒性　羊毛在湿热及化学试剂的作用下，经机械外力反复挤压，纤维集合体逐渐收缩紧密，并相互穿插纠缠，交编毡化，这一性能称为羊毛的缩绒性。在天然纤维中，只有羊毛具有这一特性。

毛织物整理时，经过缩绒工艺，织物长度收缩，厚度和紧度增加，表面露出一层绒毛，可得到外观优美、手感丰厚柔软、保暖性能良好的效果。

此外利用羊毛的缩绒性，把松散的短纤维结合时使其成为具有一定的机械强度，一定形状，一定密度的毛毡片，这一作用称为毡合。毡帽，毡靴等就是通过毡合制成的。

羊毛的缩绒性主要是由于羊毛的表面有鳞片结构，在纤维发生相对移动时，顺鳞片方向的摩擦系数和逆鳞片方向的摩擦系数不同，在反复的外力作用下，每根纤维都带着与它缠结在一起的纤维向着毛根的指向缓缓蠕动，从而使纤维紧密纠缠毡合。此外羊毛的高度拉伸与回复性能以及羊毛纤维具有稳定卷曲也是促进羊毛缩绒的因素。

**三、羊毛纤维的化学、染色性能**

1. 羊毛的两性

羊毛属蛋白质纤维，由于侧链上含有大量的酸性基团（—COOH）和碱性基团（$—NH_2$），因此羊毛纤维具有两性，羊毛纤维的等电点是4.2～4.8。当羊毛在酸性溶液中时，由于纤维内酸性较低，因此羊毛有结合酸的能力。另外羊毛过剩的阴离子对羊毛的染色加工有利，这些过剩的阴离子将在酸性染料染羊毛的过程中起到缓染作用，避免色花现象的产生。

2. 湿热对毛纤维的作用

在常温下，水不能溶解羊毛，但高温下的水可以使羊毛裂解。各种温度的水对羊毛的影响不一，在80℃以下的水中羊毛受影响较小，在90～110℃时煮羊毛，羊毛将发生显著的变化，羊毛失重明显。在121℃，有一定压力的水中，羊毛即发生分解。因此在羊毛染色时，对水的温度、压力和时间必须严格控制，若随意升温、升压或延长煮沸时间都会对毛织物的质量造成不良的影响。羊毛在热水中进行处理后，再以冷却水迅速冷却，可以增加羊毛的可塑性，在毛纺整理中称为热定型，但是如果冷却过缓会使羊毛的弹性变差，从而影响羊毛的其他相关性质。此外，羊毛在热水中处理，可以增加羊毛对染料的亲和力。要注意的是在毛织物染色中，升温不能过快，否则会造成染色不匀。

3. 酸、碱对毛纤维的作用

由于羊毛纤维的等电点偏酸性，所以羊毛是一种比较耐酸的物质，如常温下将羊毛浸泡在含10%的硫酸溶液中，羊毛的强度不但不损伤反而会增加。在浓度达80%的硫酸溶液中，短时间常温下处理，羊毛的强度几乎不受损害。

但是酸对羊毛纤维也有一定的破坏作用，例如，用1mol/L的盐酸在80℃时处理羊毛，1h后纤维的强力降至85%，2h后降至75%，4h后降至51%，8h后强力仅有4%。酸对羊毛纤维的损伤，尤其无机酸。此外，在浓度一定的酸溶液中，有中性盐存在时要比无中性盐存在时损伤更为强烈。

羊毛对碱的反应非常敏感，很容易被碱溶解，这是羊毛的重要化学性质。碱能使盐式键断开、肽链减短、某些氨基酸如胱氨酸等发生水解。随着碱的浓度增加，温度升高，处理时间延长，羊毛受到的损伤越来越严重。此外不同类型的羊毛对碱的敏感程度不一样，在经碱作用后，有髓羊毛的强度损失比无髓羊毛大。碱使羊毛变黄、含硫量降低以及部分溶解。

4. 氧化剂及还原剂对毛纤维的作用

羊毛对氧化剂的作用十分敏感，氧化剂对羊毛的破坏程度决定于氧化剂的种类、浓度、溶液的pH以及处理的温度和时间等。含氯氧化剂在高温作用下对羊毛的破坏作用最强烈。过氧化氢的作用比较缓和，但条件控制不当也会造成损伤，其中pH是影响最大的因素。在碱性条件下时，过氧化氢使羊毛角质退化，此外纤维损伤的程度与浓度、温度、及处理时间有关，而铜、镍等金属离子也能起催化作用。

在羊毛加工中经常使用氧化剂，主要用来漂白羊毛，此外利用氧化法或氯化法对羊毛表面鳞片层产生不同程度的破坏，来达到防缩绒目的。

还原剂对羊毛也有一定损伤，但在碱性条件下破坏更为严重。在染整加工中有时用亚硫酸氢钠或连二亚硫酸钠对羊毛进行还原漂白或防毡缩处理。亚硫酸氢钠在条件温和的情况下对羊毛损伤不大，但连二亚硫酸钠是一种较强的还原剂，对羊毛有一定破坏作用，因此要合理控制工艺。

5. 染色性能

羊毛由于表面覆盖鳞片，呈疏水性，染液不易润湿，阻碍了染料的吸附和扩散，因此其染色性能较差，一般要在近沸的条件下进行，可用酸性染料、酸性含媒染料，也可用直接染料、活性染料等进行染色。强酸性染料染羊毛，移染性较好，但染色产品的湿处理牢度相对较低。

## 思考与练习

1. 蛋白质纤维有哪些？
2. 蚕丝纤维的种类有哪些？
3. 蚕丝纤维的形态结构如何？
4. 蚕丝纤维的分子结构如何？
5. 试分析蚕丝纤维的物理性质。
6. 试分析蚕丝的化学性能。
7. 分析蚕丝的两性。
8. 蚕丝纤维有哪些化学性能？
9. 蚕丝纤维的染色性能如何？
10. 说明羊毛的形态结构。
11. 分析说明羊毛的舒适性、可塑性和缩绒性。
12. 试分析羊毛的化学性能。
13. 分析说明羊毛的染色性能。

# 第三章 合成纤维

合成纤维的生产是在20世纪30年代后期开始的，它是由石油、天然气、煤、农副产品为原料，经加聚或缩聚反应合成有机高分子化合物，再经过纺丝成形及后加工而制成的。

合成纤维与服装行业紧密相连，因为合成纤维一般具有保暖性好、弹性、耐磨性好、强度高以及耐腐蚀和霉变等优点，所以用合成纤维制成的织物经久耐用，如果与其他纤维混纺，可以因各自的优点使织物具有更满足人们需要的性能，因此合成纤维作为重要的纺织纤维，其地位已经超过天然纤维，广泛应用于各个行业。

## 第一节 涤纶纤维

**知识与技能目标**

- 了解涤纶纤维的应用；
- 了解涤纶纤维的分子结构特点；
- 掌握涤纶纤维的物理性能；
- 掌握涤纶纤维的化学性能。

聚酯纤维是由大分子链中各链节通过酯基连成成纤聚合物纺制的合成纤维，它的品种很多，如聚对苯二甲酸乙二醇酯（PET）纤维、聚对苯二甲酸丙二酯（PPT）纤维等，我国将聚对苯二甲酸乙二醇酯含量大于85%以上的纤维简称为涤纶。

涤纶纤维虽然发展较晚，但由于其性能优良，所以是发展速度最快、产量最高的品种。目前其品种的多样化发展也很快，它的应用领域正在进一步扩大。

涤纶短纤维由于吸湿性差、强度高，可以纯纺。但通常与棉、毛、黏胶等纤维混纺，以改善它的服用性能。较典型的有棉型织物和毛型织物，主要用于制作外衣、内衣、运动衣裤等。利用涤纶的混纤丝还能生产仿毛、仿真丝、仿麻等织物，制成各种薄型仿丝绸织物、内衣料、被面、装饰品等。涤纶细旦丝还可仿制人造麂皮，用做外套、皮鞋面料等。

涤纶异形丝，根据丝的横截面不同有各种不同的应用。常规圆形截面、三角形截面丝光泽好，常被制成各类仿丝绸织物；多叶形截面被覆性好、织物松软、有弹性、毛型感强，常被加工成仿毛产品；中空形截面纤维轻、软、保温性、回弹性好，常被仿成羽绒制作絮棉、棉胎、枕芯等。

改性涤纶的产生使涤纶织物的品种不断更新。涤纶长丝除用于服装外，在装饰及工业用丝方面也有很大的应用，如轮胎帘子线、绳索、渔网、输送带、高压输油管等。

随着科技的发展，涤纶新品种的开发继续深入，使涤纶的某些不足不断得到改进，它的应用前景将更加广阔。

### 一、涤纶纤维的组成、结构及物理性能

1. 涤纶纤维的组成及结构

（1）化学组成及分子结构　涤纶的基本组成物质为聚对苯二甲酸乙二醇酯，它是由对苯

二甲酸或对苯二甲酸二甲酯与乙二醇经缩聚反应得到的高聚物，经纺丝加工得到纤维。它的化学结构式如下：

$$H\left[OCH_2-CH_2-O-\overset{O}{\overset{\|}{C}}-C_6H_4-\overset{O}{\overset{\|}{C}}\right]_n O-CH_2-CH_2OH$$

从结构式中可知：

① 它是具有对称性芳环结构的线型大分子，没有大的支链，所以分子线型好，易沿着纤维拉伸方向取向而平行排列，这使涤纶具有较高的机械强度和形状稳定性。

② 它的整个分子链上的所有的芳香环几乎处在一个平面上，因此其结构具有高度的立体规整性，大分子几乎呈平面构型，具有一定刚性，使涤纶具有挺括、尺寸稳定性好的性质。

③ 分子中除两端含羟基外，大分子链上不含有亲水性基团，并且缺乏与染料分子结合的官能团。因此涤纶属于疏水性纤维，吸湿性和染色性较差。

④ PET 的分子链节是通过酯基（—COO—）连接起来的，在高温和水分条件下，酯键易发生水解，使聚合度下降。因此在纺丝时必须对含水量严格控制。

（2）形态结构　在显微镜中观察到熔体纺丝法制得的涤纶纤维截面形态是呈圆形实心的（见图 3-1），纵向光滑均匀，无特殊条痕。

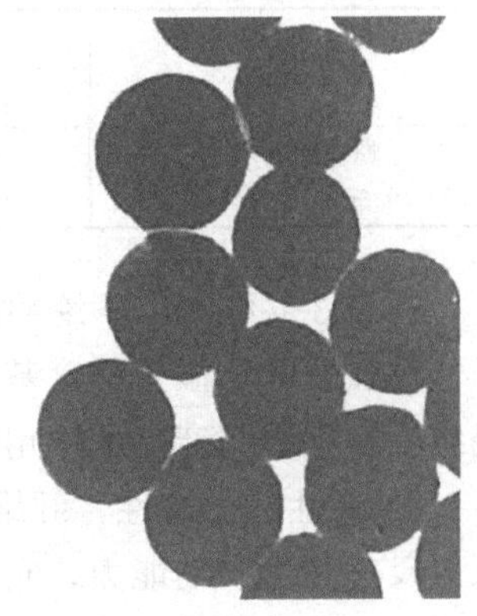

图 3-1　涤纶纤维的横截面结构

（3）超分子结构　涤纶的超分子结构与其在生产过程中的拉伸和热处理有关。采用一般纺丝速度纺制的涤纶的初生纤维完全是无定形的，并且取向度也差，没有实用价值，需进一步牵伸取向后才能进行纺织加工。处于拉伸和热定形后的涤纶属于半晶高聚物，结晶度约为 40%～60%，并具有较高的取向度。

涤纶纤维的基本组成单位是原纤，原纤之间存在较大的微隙，并由一些排列不规则的无定形分子联系着；而原纤又是由高侧序度的分子所组成的微原纤堆砌而成，微原纤之间可能存在较小的微隙，并被一些侧序度较差的分子联系起来，所以涤纶的超分子结构也可用缨状原纤结构模型来描述（图 3-2）。但与棉纤维不同，涤纶分子中存在一定数量的亚甲基，能发生内旋转，涤纶分子能在该处发生折叠，形成折叠链结晶，因此又可用折叠链缨状微原纤模型来解释（图 3-3）。

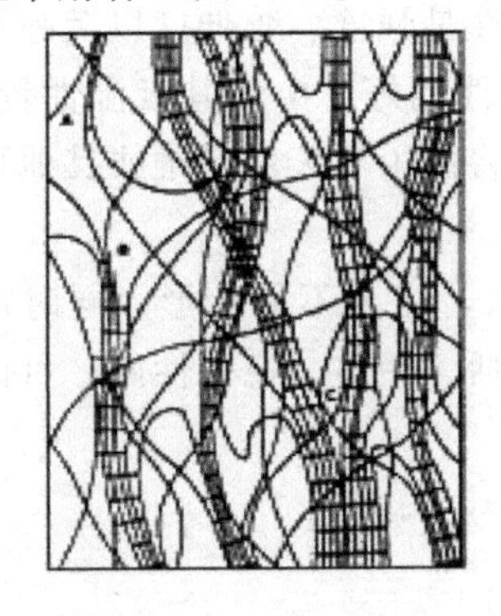

图 3-2　缨状原纤结构

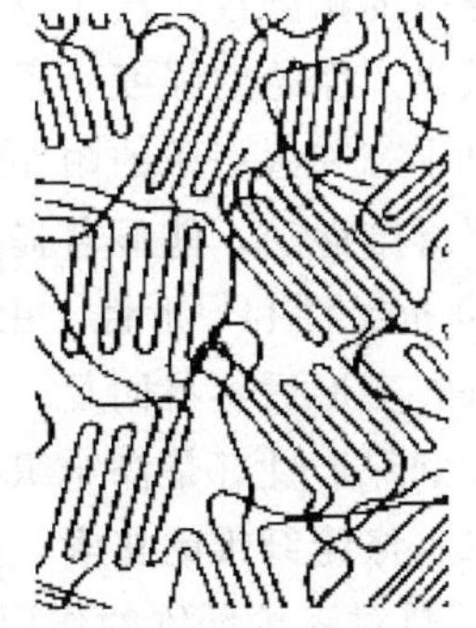

图 3-3　取向和非取向折叠链片晶结构模型

2. 物理性能

(1) 吸湿性　从涤纶的分子结构可知，它的分子链中除了两端各有一个羟基（—OH）以外，基本不含其余亲水基团，而且其分子链排列紧密，无定形区小，结晶度高。因此吸湿性很差，干湿强度几乎无差别。在标准状态下其回潮率只有 0.4%，甚至在相对湿度为 100%的条件下也只有 0.6%～0.8%，因此在服用方面有易洗、快干的特点，但穿着不舒适，感觉闷热，易引起静电，易吸灰尘。

(2) 力学性能

① 强度和延伸度　涤纶具有较高的强度和延伸度，这不仅与纤维的分子结构有关，还与纤维生产的工艺条件有关，主要取决于纺丝过程中的拉伸和热处理条件。将纤维拉伸或补充拉伸，可使纤维中大分子取向并规整排列，提高纤维的强度，降低伸长率。热处理可消除拉伸时的内应力，降低纤维的收缩率。涤纶的强度和延伸度见表 3-1。

**表 3-1　涤纶纤维的强度和延伸度**

| 性质 | 长丝 | | 短纤维 |
|---|---|---|---|
| | 普通丝 | 弹力丝 | |
| 强度/(g/d) | 4.5～5.5 | 7.0～8.0 | 3.5～6.0 |
| 延伸度/% | 15～25 | 7.5～12.5 | 20～40 |

从表 3-1 可知，涤纶的强度和延伸度高，因而其耐用性好，由于涤纶的吸湿性低，其干、湿强度和干湿延伸度基本相等。如果用涤纶纤维与其他强度较差，并用吸水性好的纤维混纺，则可提高产品的服用性和耐用性。

② 弹性和耐磨性　纤维的弹性是指纤维承受负荷后产生变形，负荷去除后，具有恢复原来尺寸和形状的能力，它直接影响到纺织材料的耐磨性。纤维的弹性包含变形能力与变形的回复能力两方面。涤纶的弹性比其他合成纤维都高，与羊毛接近。一方面由于涤纶纤维具有较大的弹性模量（大约为 220.5～1411.2cN/tex），另一方面由于涤纶的线型分子链中分散着苯环，不易旋转。因此当涤纶纤维受到外力后，不易变形，并且变形后回复能力好。快速受力，当外力去除，1min 后涤纶的形变回复度见表 3-2。

**表 3-2　涤纶纤维的形变回复度**

| 伸长率/% | 形变回复度/% |
|---|---|
| 2 | 97 |
| 4 | 90 |
| 8 | 80 |

涤纶的耐磨性仅次于尼龙，在合成纤维中居第二位。耐磨性是强度、延伸度以及弹性的综合效果。涤纶的强度、延伸度以及弹性均很好，因此其耐磨性也好。由于其吸湿性较差，因此其干态和湿态下的耐磨性非常接近。根据这个特点，可以将涤纶与天然纤维或其他再生纤维素纤维混纺，能显著提高织物的耐磨性。

③ 抗皱性和保形性　由于涤纶纤维的强度高，弹性模量大，受力不易变形；同时涤纶弹性好，变形后容易回复，且吸湿性低，所以涤纶织物穿着挺括、平整、稳定性好。可以说抗皱性和保形性好是涤纶织物的一大优点。

## 二、涤纶纤维的化学、染色性能

1. 热对涤纶纤维的作用

物质在受热的条件下仍能保持其优良的物理机械性能的性质称热稳定性。涤纶纤维在染整加工过程中会受到各种热的作用，如碱减量、染色、印花、烘干、热定型等。涤纶的耐热性和热稳定性在几种常见的合成纤维中是最高的，涤纶在150℃以下加热168h后，其强度损失不超过3%；在170℃下短时间受热所引起的强度损失，在温度降低后可以恢复，是热塑性纤维。

涤纶的玻璃化温度（$T_g$）随其聚集态结构而变化，完全无定形的$T_g$为67℃，部分结晶的$T_g$为81℃，取向且结晶的$T_g$为125℃。$T_g$的高低标志着无定形区大分子链段运动的难易。涤纶的软化点为230～240℃，高于此温度，纤维开始解取向，分子链段发生运动产生形变，且形变不能回复。熔点为255～265℃，分解点为300℃左右。在印染厂的各项加工中，温度要控制在玻璃化温度以上，软化点温度以下。

2. 酸、碱对涤纶纤维的作用

涤纶织物在染色和后处理中会受到各种酸的作用，不论是有机酸还是无机酸，涤纶都有良好的稳定性。涤纶在40℃时用70%硫酸处理28天，强度下降不超过1%；60℃以下，用70%硫酸处理72h，其强度基本上没变化。当温度提高后，纤维强度迅速降低，利用这一特点可用酸侵蚀涤棉包芯纱织物制成烂花产品。

涤纶对碱的稳定性很差，只有在低温下对稀碱和弱碱才比较稳定。碱很容易使涤纶纤维发生水解反应，这种水解反应不仅发生在涤纶表面，而且会逐渐深入，最终使涤纶完全溶解。涤纶织物的碱减量法就是利用了这一性质。所谓碱减量法就是指涤纶织物在烧碱液中经过高温和一定时间的处理后，变得柔软、滑爽、富有弹性，并且质量减小的方法。涤纶仿真丝就是通过碱减量而得到的。碱可使涤纶纤维发生水解，水解的程度随碱的种类、浓度、温度及时间而不同。当条件温和，碱浓度低时，各种碱对纤维的损伤均很小；但随着碱液浓度的增加或温度的提高，涤纶就会被逐渐侵蚀，这主要是涤纶分子中的酯键发生了水解反应。但由于涤纶结构紧密，且是疏水性纤维，因此水解由表及里层层深入，最终使涤纶完全溶解。

3. 氧化剂及还原剂对涤纶纤维的作用

用氧化剂、还原剂对涤纶纤维进行作用，根本不用考虑涤纶纤维的强度损伤，因为涤纶纤维对氧化剂和还原剂的稳定性很高，即使在浓度、温度、时间等条件均较高时，纤维强度的损伤也不明显。利用这一性能，染整加工中可用各种氧化剂（双氧水、次氯酸钠、亚氯酸钠等）或还原剂（保险粉、雕白粉、二氧化硫脲等）对涤纶进行漂白。

4. 氨对涤纶纤维的作用

涤纶分子中的酯键在氨的作用下能发生氨解反应，常温下不加任何催化剂即可进行。可利用这一特点在仿丝绸整理中采用有机胺作为剥皮反应的催化剂。

5. 染色性能

涤纶的染色性能很差，一般染料不易着色，主要原因如下：①涤纶是疏水性纤维，分子链中不含亲水性基团，因此吸湿性差，纤维不易膨化；②涤纶纤维结构紧密，分子间隙小，染料分子难以渗透到纤维内部，用平常的方法难以染色；③涤纶大分子中缺少极性基团也是造成染色困难的原因之一。目前，生产中常用的方法有高温，高压染色法，热溶染色法和载体染色法，所用的染料为分子结构简单、体积小的分散染料。最近已研究出涤纶纤维分散染料超临界$CO_2$染色。

6. 其他性能

（1）对其余溶剂的稳定性　涤纶对一般非极性溶剂有极强的抵抗力；室温下涤纶对常用

的有机溶剂有较高的抵抗力，一般的有机溶剂在常温下只能使涤纶发生溶胀，如丙酮、苯、氯仿、苯酚-氯仿、苯酚-氯苯、苯酚-甲苯在室温下只能使涤纶溶胀，对其强度并不影响，但在70～110℃下能使涤纶快速溶解。2%的苯酚、苯甲酸或水杨酸的水溶液、0.5%氯苯的水分散液、四氢萘及苯甲酸甲酯也能使涤纶纤维发生溶胀，因此酚类化合物常用作涤纶染色的载体。

(2) 燃烧性　涤纶靠近火焰时会收缩进而熔化为黏流状，与火焰接触能燃烧，燃烧时发生卷曲并熔成珠而滴落，其熔珠为硬的黑色小球，燃烧时有黑烟并有芳香味。移去火焰后，涤纶能继续燃烧，但很易熄灭。因此可利用防火、阻燃等整理来减轻或克服其易燃的特点。涤纶燃烧时会因熔融而黏着于皮肤上，造成严重灼伤，当其与易燃纤维混纺时，燃烧更加激烈。

(3) 对微生物的稳定性　涤纶对微生物的稳定性很高，一般不受虫蛀和霉菌的作用。它们只会侵蚀纤维表面的油剂和浆料，对涤纶本身并无影响。

(4) 对光、气候的稳定性　涤纶对光、气候的稳定性较好，涤纶的耐光性与分子结构有关，它只对波长为300～330nm的光敏感，当日光照射600h后强度仅损失60%，与棉接近。在纤维中加入二氧化钛等消光剂，可使纤维的耐光性降低。在纺丝或缩聚过程中加入少量水杨酸苯甲酯或2,5-二羟基对苯二甲酸乙二醇酯等耐光剂可提高其耐光性。

## 第二节　腈纶纤维

**知识与技能目标**

- 了解腈纶纤维的应用；
- 了解腈纶纤维的分子结构特点；
- 了解腈纶纤维的形态结构；
- 掌握腈纶纤维的物理和化学性能。

腈纶纤维的学名是聚丙烯腈，通常是指含丙烯腈85%以上的丙烯腈共聚物或均聚物纤维。它是合成纤维的主要品种之一，产量仅次于涤纶和尼龙。腈纶纤维具有许多优良的性能，如柔软性、保暖性，良好的耐光性和耐辐射性；密度比羊毛小，有“人造羊毛”之称，可代替羊毛制成膨体绒线、腈纶毛毯、腈纶地毯等。随着合成纤维生产技术的不断发展，各种改性聚丙烯腈纤维相继出现，改进了纤维的弹性，使腈纶在针织工业领域的发展日益扩大。

由于腈纶价格便宜，使其成为羊毛和棉的最佳替代品，常被制成各种针织品用在服装行业中，如棉毛衫裤、球衫球裤、针织毛衣、外衣等，还被制成腈纶毛毯、绒线、床罩、枕巾、地毯、窗帘等。在化纤工业中，主要用于仿毛型织物以及人造毛皮，广泛应用于服装、服饰及产业三大领域，但是腈纶制品存在易产生静电和起球现象。

腈纶短纤维可做成人造毛皮、地毯及室内用品，还常与涤纶混纺做成仿毛型中长纤维织物，与羊毛混纺可做成毛线、毛毯。

### 一、腈纶纤维的组成、结构及物理性能

1. 腈纶纤维的组成及结构

(1) 化学组成及分子结构　腈纶是合成纤维的主要品种之一，学名是聚丙烯腈纤维，其基本单体是丙烯腈。由于纯聚丙烯腈的聚合物纺丝困难，染色性能差，手感及弹性均不佳，

不适应纺织染整加工。为了改善其性能，常在聚合时加入其他单体。一般共有三种单体进行共聚，第一单体为丙烯腈，它是聚丙烯腈纤维的主体；第二单体为含酯基的乙烯基，是一种结构单体，含量约占5%～10%，可以减弱聚丙烯腈分子间的作用力，破坏整个分子的规整性，从而改善纤维的手感与弹性，并有利于染料分子进入纤维内部；第三单体一般选用可离子化的乙烯基单体，它是一种染色单体，含量约占0.5%～3%，提供染色基团，改善纤维的吸水性和染色性能。

聚丙烯腈结构式：$\mathrm{-\!\!\!\left[CH_2-\underset{}{\overset{\displaystyle CN}{\overset{|}{C}}}H\right]\!\!\!-_n}$，从结构式可见：① 腈纶大分子链的规整性好，分子结构紧密；② 腈纶大分子链是碳链结构，化学稳定性好；③ 腈纶大分子链中含有氰基（$-C\equiv N$），这是强极性基团，使腈纶分子间形成氢键和偶极作用。

腈纶大分子依靠范德华力、氢键和偶极作用，分子间力很强，使大分子链呈螺旋状构象。由于第二、第三单体的存在，这种构象便呈现出不规则的螺旋状构象。

（2）形态结构　腈纶纤维多采用湿法纺丝，因此纤维截面多呈圆形或哑铃形，一般情况下湿法纺丝时，截面是呈圆形的；干法纺丝时，截面是呈哑铃形的。纵向平直有沟槽，呈树皮状。如图3-4和图3-5所示。

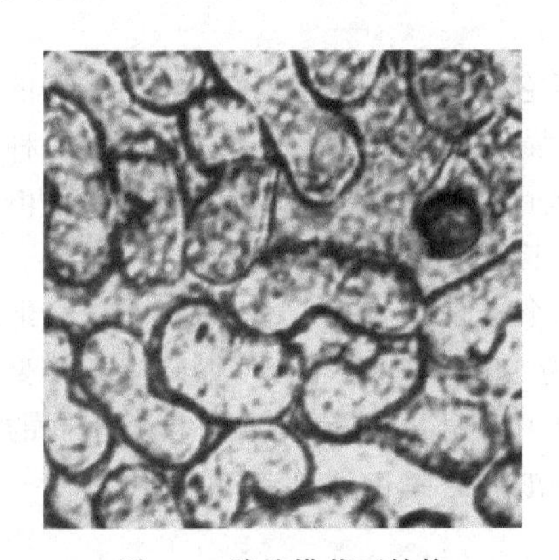

图3-4　腈纶横截面结构

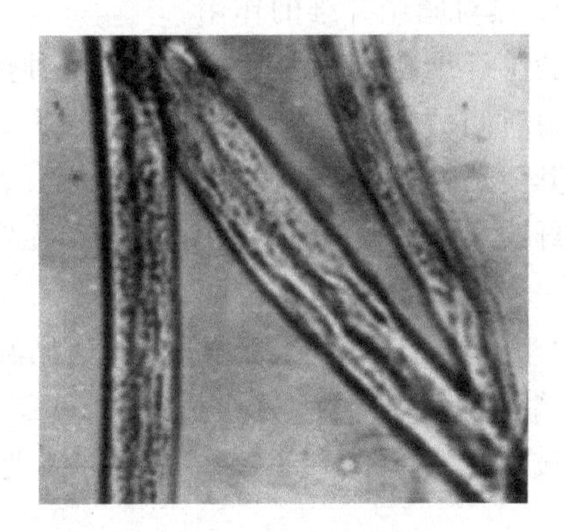

图3-5　腈纶纵向结构

（3）超分子结构　当用X射线对腈纶纤维的超分子结构进行研究时，可见聚丙烯腈纤维大分子径向排列是有序而纵向是无序的。腈纶在内部大分子结构上很独特，呈不规则的螺旋形构象，且没有严格的结晶区。

2. 物理性能

（1）吸湿性　腈纶纤维的吸湿性较差，在标准状态下，其回潮率为1.2%～2.0%，但不同的品种回潮率略有不同。由于加入第二、第三单体，降低了纤维的规整性，使纤维带有一定的亲水性基团，因此吸湿性大有改善，但在合成纤维中属于中等。

（2）力学性能

① 强度、延伸度　影响腈纶力学性能的主要因素是纤维的聚集态结构，其中又以取向度关系最大。随着取向度的提高，纤维的强度提高，断裂延伸度下降。腈纶纤维的强度不如涤纶，一般毛型腈纶纤维的干态断裂强度为17.6～30.87cN/tex，棉型腈纶纤维的干态断裂强度为29.1～31.75cN/tex，湿态断裂强度为干态断裂强度的80%～100%，湿态断裂强度下降的原因是由于腈纶中的第三单体含有亲水性基团，纤维在水中发生一定程度的溶胀，使纤维大分子间的作用力下降。

腈纶纤维的断裂延伸度很高，干态断裂延伸度一般为25%～46%，湿态断裂延伸度为25%～60%。毛型腈纶的断裂延伸度高于棉型腈纶，并且腈纶纤维的断裂延伸度随着温度的升高而增大，纤维的断裂延伸度可通过纺丝后的拉伸和热处理工艺加以控制。对含有腈纶纤维的纺织品进行染整加工时，要特别注意湿、热条件对腈纶纤维力学性能的影响。

② 弹性和耐磨性　在伸长较小时，腈纶的回弹性较好，与羊毛相差不大。如当伸长为2%时，腈纶的回弹率为92%～99%，羊毛为99%，但在穿着过程中，随着循环负荷的增多，腈纶的不可恢复伸长越来越大。这是因为腈纶的形状不够稳定，多次循环回弹性低于羊毛。平时在穿着腈纶针织物的过程中，“三口”（领口、袖口、下摆口）容易变形，为了解决这个问题，可采用复合纺丝法，在纺丝时采用两种收缩性质不同的组分纺制复合纤维，从而获得永久性的螺旋卷曲纤维。

腈纶的耐磨性是化学纤维中较差的一种。

③ 抗皱性和保形性　腈纶纤维的初始模量比涤纶小，所以硬挺性比涤纶差；而且腈纶在多次循环负荷后，剩余形变值大，因此其抗皱性和保形性比涤纶差。

**二、腈纶纤维的化学、染色性能**

1. 热对腈纶纤维的作用

腈纶纤维在加工过程中会受到各种热的作用，腈纶纤维的耐热性较好，在150℃的热空气中短时间放置，腈纶的强度不受损失，放置20h，强度下降不到5%，随着纤维品种的不同，其耐热性稍有不同，但相差不大；其软化温度范围较宽，在190～240℃之间。由于其腈纶纤维大分子没有明显的结晶区和无定形区，因此其没有明显的熔点。

一般认为，聚丙烯腈的准晶态结构导致其有两个玻璃化温度，低侧序区玻璃化温度（$T_{g1}$）为80～100℃，高侧序区玻璃化温度（$T_{g2}$）为140～150℃，而丙烯腈三元共聚的两个玻璃化温度较接近，约为75～100℃。在染整加工中，当含有较多水分和膨化剂的情况下，玻璃化温度下降到75～80℃，因此在染色和印花中的固色温度都就控制在75～80℃以上。

热对腈纶纤维的作用还可体现在膨体纱的制造上，腈纶纤维具有很高的热弹性，其本质是高弹形变，它的准晶态结构的热稳定性较差，利用这一特点，可制造出“膨体纱”。

2. 酸、碱对腈纶纤维的作用

聚丙烯腈纤维属于碳链高分子化合物，因此其大分子主链对酸、碱等化学试剂比较稳定，一般浓度的酸和碱对腈纶纤维的降解影响不大，却能使腈纶大分子的侧基——氰基发生水解，氰基在酸、碱的催化下先水解成酰氨基，再进一步水解成羧基，在氢氧化钠的催化作用下能使聚丙烯腈转变成可溶性的聚丙烯酸而溶解。

65%～70%的硝酸或硫酸能使腈纶纤维溶解，在温度比较高的时候，强碱对纤维的损伤更明显，并且产生发黄现象，主要原因是碱性催化时，水解释放出的$NH_3$与未水解的氰基反应生成脒基，产生黄色。在50g/L的氢氧化钠溶液中煮沸5h，纤维甚至能完全溶解。

3. 氧化剂、还原剂对腈纶纤维的作用

腈纶纤维对于常用的氧化剂（如次氯酸钠、亚氯酸钠、过氧化氢）稳定性良好，在适当条件下，可使用次氯酸钠、亚氯酸钠、过氧化氢进行漂白；对于常用的还原剂（如保险粉、亚硫酸钠、亚硫酸）稳定性也较好，因此与羊毛混纺的织物可采用保险粉漂白。

4. 染色性能

均聚的聚丙烯腈很难染色，引入第二、第三单体后，一方面降低了纤维的规整性，改进了分散染料的染色效果；另一方面，由于第三单体上的酸性或碱性基团存在，改善了纤维对染料的亲和力，可以采用阳离子染料或酸性染料进行染色。腈纶染色时，当染色温度达到其玻璃化温度时，染料在纤维上的上染速率会大大提高，很容易产生色花现象，因此应严格控制工艺条件。另外，第三单体的种类直接关系到染料在腈纶上的染色牢度。

5. 其他性能

(1) 对其余溶剂的稳定性　腈纶除可溶于纺丝溶剂的盐外，对于一般的盐类（如氯化钠、硫酸钠等）、醇类、醚、酯、酮、油、碳氢化合物及有机酸（甲酸除外）等溶剂都比较稳定，但可溶于浓硫酸、二甲基甲酰胺、二甲基亚砜。

(2) 燃烧性　腈纶纤维靠近火焰即发生收缩，接触火焰迅速燃烧，离开火焰继续燃烧，燃烧时冒黑烟，燃烧后形成的熔珠是松而脆的黑色小球，易碎。腈纶燃烧性能与涤纶、尼龙等合成纤维不同，而与棉、黏胶纤维相似。它燃烧时不会像其他合成纤维那样形成熔融黏流，对人体皮肤产生严重灼伤，这主要是由于腈纶纤维在熔融前已发生分解。燃烧时，除氧化反应外，还伴随着高温分解反应，会产生 NO、$NO_2$，HCN 以及其他氰化物，这些化合物毒性很大，特别是大量纤维燃烧时更应特别注意。另外，腈纶纤维织物不会由于热烟灰或火星等溅落其上而熔成小孔。

(3) 对微生物的稳定性　腈纶纤维具有优良的耐霉、耐菌、耐虫蛀的性能，这是优于羊毛等天然纤维的一个重要性能。试验表明，腈纶在湿热（31℃，相对温度 97%）土壤中埋半年没有发生变化，而羊毛和棉帆布仅埋 10 天就完全腐烂了。腈纶具有优良的防霉、防菌、防腐能力，主要是因为大分子中含有氰基的缘故。棉纤维如采用丙烯腈接枝或氰乙基化处理后，可大大改善其耐光、防霉、防腐性能。

(4) 对光、晒、气候的稳定性　腈纶具有优异的耐日晒、耐气候性能，在所有纤维中居前位，除含氟纤维外，目前是纤维中最好的。试验证明，在日光和大气作用下，光照一年，腈纶强度损失仅 5%，而羊毛损失 50%，棉纤维损失 60%～80%，尼龙、黏胶纤维、蚕丝的强度基本破坏。因此，腈纶非常适合制成各种室外用品，如篷布、炮衣、窗帘等。腈纶的耐日晒、耐气候性能也是因为大分子上的氰基中的碳和氮原子间的三价键能吸收较强的能量并转化为热，使聚合物不易发生降解，从而使聚丙烯腈纤维具有非常优良的耐光性能。棉纤维如用丙烯腈接枝或氰乙基化处理后，耐光性能有较大提高。

## 第三节　尼龙纤维

**知识与技能目标**

- 了解尼龙纤维的应用；
- 了解尼龙纤维的分子结构特点；
- 了解尼龙纤维的形态结构；
- 掌握尼龙纤维的物理和化学性能。

尼龙纤维也是合成纤维的主要品种之一，它的学名是聚酰胺纤维，是指其分子主链由酰胺键（—CO—NH—）连接的一类合成纤维。也称耐纶、阿米纶等。

因为尼龙纤维具有优良的性能，所以其发展速度很快，产量曾长期居合成纤维首位，后来被聚酯纤维替代而位居第二。聚酰胺纤维有许多品种，目前工业化生产及应用最广泛的仍以尼龙-66纤维和尼龙-6纤维（尼龙-6或聚酰胺-6的俗称为锦纶）为主，两者产量约占聚酰胺纤维的98%。

尼龙纤维具有许多特性，它的耐磨性是所有纺织纤维中最好的；其断裂强度较高、回弹性和耐疲劳性较好；相对密度小，是除乙纶和丙纶外最轻的纤维；其吸湿性在合成纤维中仅次于维纶并且染色性好，但尼龙耐光性较差，在长时间日光或紫外光照射下，强度下降，颜色发黄；其耐热性也较差；它的初始模量比其他大多数纤维都低，因此在使用过程中容易变形，我们可对尼龙纤维进行改性，来克服这些缺点。

尼龙有长丝和短纤维之分，尼龙短纤维大都用来与羊毛或其他化学纤维的毛型产品混纺，制成各种耐磨经穿的衣料。

尼龙长丝多用于针织、丝绸工业及各种服装面料、被面、家庭装饰、雨伞、各种降落伞。还用于制作工业飞机、汽车等的各种轮胎帘子线以及渔网、绳缆、传送带等。

尼龙的弹力丝还可做成袜子、紧身衣、各种弹力衫、尼龙绸以及与丝交织的丝绸产品。

尼龙在民用、工业和国防等领域均有很好的应用。被大量用来制造帘子线、工业用布、缆绳、传送带、帐篷、渔网等，在国防上主要用作降落伞及其他军用织物。

## 一、尼龙纤维的组成、结构及物理性能

1. 尼龙纤维的组成及结构

（1）化学组成及分子结构　尼龙的基本组成物质是通过酰胺键连接起来的脂肪族聚酰胺，故称聚酰胺纤维（PA），一般尼龙纤维可分为两大类，一类是由二元胺和二元酸缩聚而成的，其结构式为：

$$\left[ \overset{H}{\overset{|}{N}}-(CH_2)_6-\overset{H}{\overset{|}{N}}-\overset{O}{\overset{\|}{C}}-(CH_2)_4-\overset{O}{\overset{\|}{C}} \right]_n$$

根据二元胺和二元酸的碳原子数目，可得到不同品种的聚酰胺纤维，例如尼龙-66就是由己二胺和己二酸缩聚制得的，这类尼龙纤维的相对分子质量一般是20000～30000。另一类是由氨基酸缩聚或由己内酰胺开环聚合而成，其结构式是：

$$\left[ \overset{H}{\overset{|}{N}}-(CH_2)_5-\overset{O}{\overset{\|}{C}} \right]_n$$

尼龙-6纤维即由己内酰胺经开环聚合而成，它的相对分子质量约为14000～20000。

尼龙-6、尼龙-66及其他脂肪族聚酰胺都由带酰胺键（—CONH—）的线型大分子组成。由于尼龙-分子中有—CO—、—NH—基团，既可以在分子间或分子内形成氢键结合，也可以与其他分子结合，所以尼龙吸水性较好，而且可以形成较好的结晶结构。尼龙分子中的亚甲基（$—CH_2—$）之间只能产生较弱的范德华力，所以$—CH_2—$链段部分的分子链柔曲性较好，伸长能力也较好。各种聚酰胺因含$—CH_2—$的个数不同，使分子间氢键的结合形式有些不同，并且分子卷曲的概率也不一样。另外，有些聚酰胺分子还具有方向性，分子的方向性不同，纤维的结构性质也有些不同。

（2）形态结构　聚酰胺分子是由熔体纺丝制成的，在显微镜下观察其形态与涤纶相类似，横截面接近圆形（见图3-6），纵向光滑无特殊结构（见图3-7）。

（3）超分子结构　聚酰胺的超分子结构是折叠链和伸直链晶体共存的体系。由于聚酰胺大分子易形成氢键，因此聚酰胺分子比涤纶分子易结晶，尼龙-66在纺丝过程中就结晶了，

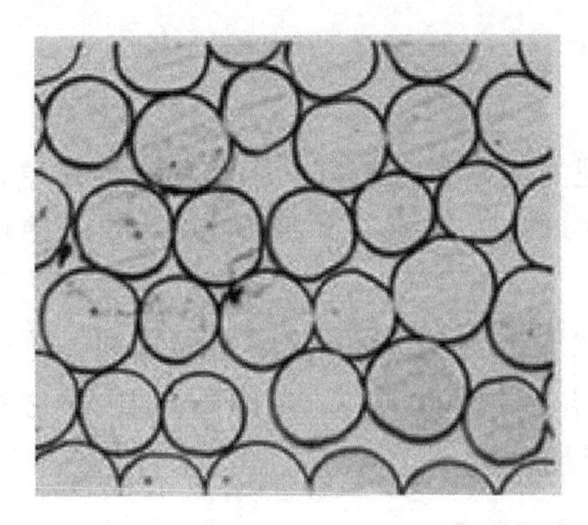

图 3-6　聚酰胺分子横截面结构

图 3-7　聚酰胺分子纵向结构

尼龙-6 在纺丝后的放置过程中发生结晶。

由于冷却成型和拉伸过程中纤维内外条件不同，因而纤维的皮层取向度较高，结晶度较低，而芯层则结晶度较高，取向度较低。聚酰胺分子的结晶度约为 50%～60%，甚至高达 70%。

2. 物理性能

(1) 吸湿性　尼龙吸湿性较差，属于疏水性纤维。但因其大分子中含有酰氨基（较弱的吸水性基团），并且两端含有氨基和羧基，因此其吸湿性属于中等，比涤纶、腈纶要高一些。由于尼龙分子中酰氨基的含量并不太高，所以尼龙的吸水性也并不太好。

(2) 力学性能

① 强度和延伸度　尼龙大分子柔顺性很高，分子间又含有一定量的氢键，很易结晶，通过纺丝过程中的拉伸，其取向度和结晶度都比较高，因而强度比涤纶高。尼龙短纤维的强度为 33.52～48.51cN/tex；一般纺织用长丝的强度为 35.28～52.92cN/tex，比蚕丝高 1～2 倍，比黏胶纤维高 2～3 倍；高强尼龙长丝的强度可达 57.33～83.79cN/tex，甚至更高，这种强力丝适合适合制造载重汽车和飞机轮胎的帘子线及降落伞、万吨级轮船的缆绳。湿强度比干强度稍有降低，约为干态的 85%～90%。

尼龙的断裂伸长率比较高，其大小随品种而异，普通长丝为 25%～40%，高强力丝为 20%～30%，湿态断裂伸长率较干态高 3%～5%。

② 弹性和耐磨性　尼龙最大的优点是弹性好，到目前为止，所有普通纤维中，尼龙的回弹性最好，能耐多次形变。这是因为尼龙大分子结构中有大量的亚甲基（$—CH_2—$），在松弛状态下，纤维大分子处于无规则的卷曲状态；当受到拉伸外力后，分子链被拉直，长度增加；当外力取消后，因为氢键的存在，被拉伸的分子链重新转变为卷曲状态，表现出了很好的伸长率和回弹性。当尼龙-6 伸长 3%时，它的回弹率是 100%；当伸长 10%时，它的回弹率是 90%；当伸长 15%时，它的回弹率是 82.6%。

尼龙还有一个显著的优点就是耐磨性好，由于其强度高、弹性好，因此尼龙是所有天然和合成纤维中耐磨性最好的。它的耐磨性比羊毛纤维高 20 倍，比蚕丝和棉纤维高 10 倍，非常适合做袜子、手套等经常受到摩擦的纺织品，人们还经常利用尼龙与其他纤维混纺，来提高织物的耐磨性。

③ 抗皱性和保型性　尼龙的相对密度很小，约为 1.04～1.14，是除乙纶和丙纶强外最轻的纤维。尼龙纤维的初始模量接近羊毛，比涤纶低得多，其手感柔软，但其抗皱性和保形

性较差，做成的服装易变形。

## 二、尼龙纤维的化学、染色性能

### 1. 热对尼龙纤维的作用

尼龙纤维在加工过程中会受到各种热的作用。尼龙的耐热性较好，但热稳定性较差，在150？C下受热5h，强度、延伸度明显下降，收缩率增加。尼龙-6和尼龙-66的安全使用温度分别是130℃和93℃。

尼龙纤维具有较高的熔点，但熔融范围较窄。尼龙-6与尼龙-66化学组成相同，分子结构相似，但由于尼龙-66的氢键密度比尼龙-6高得多，因此尼龙-66的熔点比尼龙-6高40℃，熔融热也大。表3-3是尼龙纤维的热转变点温度。

表 3-3 尼龙纤维的热转变点温度

| 热转变点 | 尼龙-6 | 尼龙-66 |
|---|---|---|
| 玻璃化温度/℃ | 47～50 | 47～50 |
| 软化点温度/℃ | 160～180 | 235 |
| 熔点/℃ | 215～220 | 250～265 |

尼龙具有良好的耐低温性，即使在－70℃的低温下使用，其回弹性的变化也不大。

### 2. 酸、碱对尼龙纤维的作用

酸可使尼龙纤维中的酰胺键发生水解，引起聚合度下降。100℃以下水解作用不明显，但超过100℃后，水解反应渐渐加剧；当有酸存在时，水解更剧烈，因此酸是尼龙水解反应的催化剂。尼龙对酸不稳定，对高浓度的强无机酸更敏感。在常温下，浓硝酸、盐酸、硫酸都能使尼龙迅速水解而溶解，当在10%的硝酸中浸1d，尼龙的强度将下降30%。有机酸对尼龙的作用比较缓和，草酸、乳酸等较强的有机酸对尼龙有一定影响，甲酸和醋酸对尼龙影响不大，但有膨化作用。

尼龙纤维对碱的稳定性较高，室温下50%氢氧化钠溶液对它没有影响；在85℃下10%氢氧化钠溶液中浸渍10h，纤维强度只下降5%；在100℃下10%氢氧化钠溶液中浸渍100h，纤维强度也下降不多。除此之外，尼龙纤维对其他碱和氨水也很稳定。

### 3. 氧化剂、还原剂对尼龙纤维的作用

尼龙纤维对氧化剂的稳定性较差。次氯酸钠、双氧水等都能使纤维大分子链断裂，强度下降，并且次氯酸钠对尼龙的损伤最严重，因为氯能取代酰胺键上的氢，而使纤维水解；双氧水也能使聚酰胺大分子降解。用这些氧化剂进行漂白，还易使织物变黄。因此尼龙织物漂白一般用氧化性弱的亚氯酸钠、过氧醋酸或还原性漂白剂，这些漂白剂能使尼龙获得较好的漂白效果。

尼龙纤维对还原剂的稳定性较好。

### 4. 染色性能

尼龙纤维有一定的吸湿性，在合成纤维中属于易染色的。其大分子的两端含有氨基和羧基，因此在酸性溶液中带正电，可用酸性染料染色，能获得良好的色牢度和鲜艳度；在碱性溶液中带负电荷，也可用阳离子染料（碱性染料）染色，但水洗牢度和耐晒牢度很差，较少使用。另外从尼龙的分子结构上分析，大分子中含有亚甲基疏水链，所以可用疏水性的分散染料染色，但色光较浅。对于深色及色牢度要求高的尼龙产品，通常用中性染料染色，使用方便，染制品手感柔软且不损伤纤维。

5. 其他性能

(1) 对其余溶剂的稳定性　尼龙对化学药品的稳定性较好，干洗时一般不会受到损伤，而且对于一般的有机溶剂如烃、醇、醚、酮均较稳定。除了能溶解在甲酸、甲酚、苯酚等溶剂中，三氯乙烷也对它有严重损伤，尼龙-6 还能溶解于饱和的氯化钙-甲醇溶液中。

(2) 燃烧性　尼龙易燃烧，燃烧速率较慢，并伴有氨的味道，燃烧时发生蜷缩并熔融成珠产生熔滴现象，火焰移去后，燃烧马上终止，产物为玻璃状黑褐色硬球。

(3) 对电的稳定性　尼龙的直流导电性很差，在加工过程中很容易因摩擦而产生静电，但因其吸湿性比某些合成纤维高，故当湿度增高时，可因电导率提高而减小静电效应，而其电导率随吸湿率的增加而增加，并随湿度按指数函数规律增加。当大气中相对湿度从 0 变化到 100%时，尼龙-66 纤维的电导率可增加十万倍。因此，在纤维加工中，进行给湿处理可减少静电效应。

(4) 对微生物的稳定性　尼龙纤维对微生物的稳定性很好，不受虫蛀，不受霉菌侵蚀，能够很好地进行储藏。

(5) 对光、晒、气候的稳定性　尼龙耐日光性差，长时间日光照射，会引起大分子断裂，强度下降。特别在加入消光剂二氧化钛时，二氧化钛对酰胺键的开裂有催化作用，能使纤维在日光作用下的强度损伤更大。日晒 16 周后的尼龙，有光纤维的强度损失为 23%，半消光纤维的强度损失可达 50%，并且色泽也会泛黄变深。

# 第四节　丙纶纤维

**知识与技能目标**

- 了解丙纶纤维的应用；
- 了解丙纶纤维的分子结构特点；
- 了解丙纶纤维的形态结构；
- 掌握丙纶纤维的物理和化学性能。

丙纶是合成纤维的一种，发展和应用非常广泛，目前产量仅次于腈纶。丙纶是国内的商品名，国外商品名是梅拉克纶。丙纶纤维基本不吸湿，因此它可纯纺或与吸湿性强的纤维如棉、毛等纤维混纺制成织品做外衣、运动衣、窗帘、家具等用布，还可做成袜子、绝缘材料、工业滤布、地毯、沙发布以及室内装饰用品如墙纸等；与黏胶纤维混纺可用于制作毛毯。

丙纶纤维质轻、耐磨、耐腐蚀，可做绳索、渔网、安全带等；其保暖性好，用它制成的棉絮轻盈、保暖且弹性好。

未来，丙纶纤维的市场优势将进一步扩大，如在非织造布、卫生巾、医疗卫生、工程领域等的应用前景非常看好。

**一、丙纶纤维的组成、结构及物理性能**

1. 丙纶纤维的组成及结构

(1) 化学组成及分子结构　丙纶的化学名称为聚丙烯纤维，其基本组成物质是等规聚丙烯，是以丙烯聚合得到的等规聚丙烯为原料纺制而成的合成纤维。其分子结构式为 $\left[ CH_2-\underset{\underset{CH_3}{|}}{CH} \right]_n$

等规聚丙烯的分子结构具有较高的立体规整性，呈有规则的螺旋状链，如图 3-8 所示。

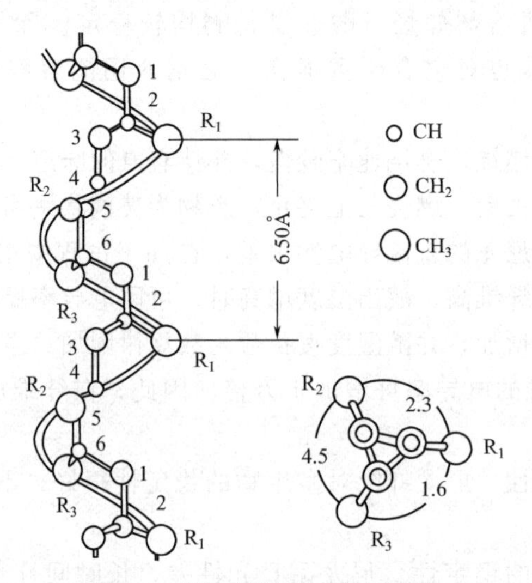


图 3-8　丙纶纤维分子螺旋构型

（2）形态结构　聚丙烯纤维由熔体纺丝法制得，一般情况下具有圆形截面（图 3-9）和光滑的纵向结构（图 3-10），无条纹。也有仿制成异性纤维和复合纤维的，如用异形喷丝板；可制成各种特殊截面形状的丙纶，如多角形、多叶形、中空等异形截面。

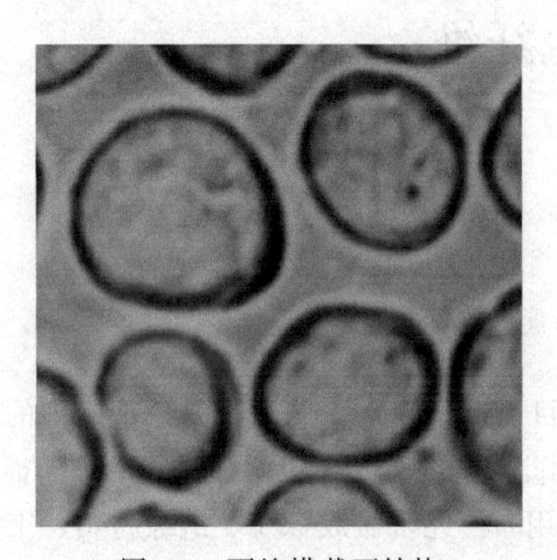

图 3-9　丙纶横截面结构

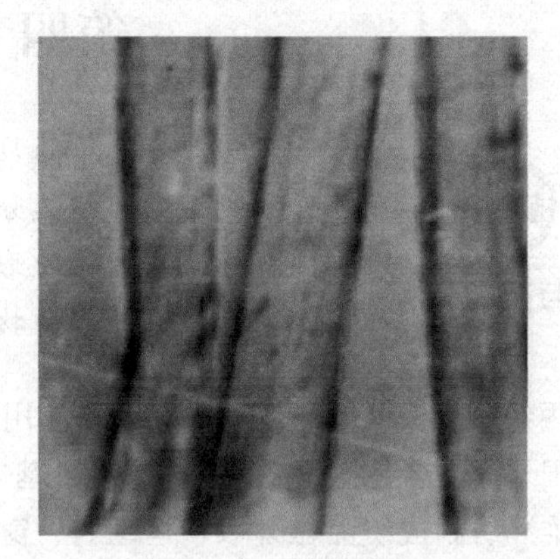

图 3-10　丙纶纵向结构

（3）超分子结构　丙纶纤维具有较高的立体规整性，比较容易结晶，丙纶初生纤维的结晶度约为 33%～40%，经拉伸后，结晶度上升至 37%～48%，再经热处理，结晶度可达 65%～75%。

2. 物理性能

（1）吸湿性　由于聚丙烯纤维大分子中不含极性基团，并且其微结构紧密，吸湿率低于 0.03%，所以吸湿性极差，通常大气压条件下的回潮率为 0。所以当其用于服装面料时，常与吸湿性很高的纤维混纺。

（2）力学性能

① 强度和延伸度　丙纶的强度高，一般为 26～70cN/tex，如果纺制成高强度聚丙烯纤维，其强度可达 74.97cN/tex。它的强度随温度的升高而下降，其下降的程度超过了尼龙。

断裂伸长率在20%～80%。由于其吸湿性很差，因此其干、湿强度基本相同。丙纶的主要力学性能见表3-4。

**表3-4　丙纶纤维的主要力学性能**

| 性能指标＼纤维品种 | 长丝 | 短纤维 |
|---|---|---|
| 干、湿强度/(cN/tex) | 0.55～0.76 | 0.43～0.66 |
| 断裂伸长率/% | 15～35 | 20～35 |
| 初始模量/(N/tex) | 46～136 | 23～63 |
| 沸水收缩率/% | 0～5 | 0～5 |
| 回潮率/% | ＜0.03 | ＜0.03 |

② 弹性和耐磨性　丙纶的弹性很好，弹性模量可达793.8cN/tex，比尼龙高，故在较小形变时丙纶的急弹性较好。在伸长3%时，丙纶的弹性回复率可达96%～100%。因此丙纶做的服装不仅结实耐穿，而且外观挺括，尺寸稳定。

由于丙纶的强度、延伸度和回弹性都好，所以丙纶的耐磨性（包括耐平磨和曲磨）也较高，特别是耐反复弯曲的性能优于其他合成纤维，因此丙纶可用来制作耐摩擦绳索和袜子。

③ 抗皱性和保型性　由于丙纶的弹性回复率好，并且耐反复弯曲的性能优，因此其尺寸稳定性好，抗皱性和保型性好。表3-5列出了丙纶、尼龙-66和腈纶的形变回复性能比较。

**表3-5　丙纶、尼龙-66和腈纶的形变回复性能**

| 纤维 | 延伸/5% | | | 延伸/10% | | | 延伸/15% | | |
|---|---|---|---|---|---|---|---|---|---|
| | F | S | P | F | S | P | F | S | P |
| 丙纶 | 38.4 | 61.6 | 0 | 29.4 | 64.2 | 6.4 | 27.5 | 61.7 | 10.8 |
| 尼龙-66 | 17.2 | 82.8 | 0 | 14.7 | 79.9 | 5.4 | 14.4 | 71.0 | 14.6 |
| 腈纶 | 20.8 | 73.7 | 5.5 | 11.8 | 56.4 | 31.8 | 9.2 | 49.0 | 41.8 |

注：F——急弹性回复；S——缓弹性回复；P——永久变形

## 二、丙纶纤维的化学、染色性能

1. 热对丙纶纤维的作用

丙纶是一种热塑性纤维，其耐热性较差，但其耐湿热性能较好。由于其熔点较低，在空气下受热很容易发生氧化降解导致强度下降，因此在加工和使用过程中，温度不能过高。其热性能常数见表3-6。

**表3-6　丙纶纤维的热性能常数**

| 性　能 | 数　值 | 性　能 | 数　值 |
|---|---|---|---|
| 玻璃化温度/℃ | −15 | 比热容/[J/(g·K)] | 1.92 |
| 熔点/℃ | 186 | 热导率/[J/(cm·s)] | $8.79\times10^{4}$ |
| 软化点/℃ | 比熔点低10～15 | 体膨胀系/(1/℃) | $3.5\times10^{4}$ |

丙纶的熔点较低（165～173℃），软化点比熔点要低10～15℃，故其耐热性差，高温下强度的下降比其他纤维要明显。在染整加工及使用过程中，应注意控制温度，以免发生塑性形变。

丙纶在高温时很容易被氧化，因此纤维的热稳定性较差。尤其在空气下受热，纤维的氧化裂解加快，这种现象首先发生在无定形区，结果导致聚合度降低，强度损失明显。这种氧化作用在丙纶的纺丝过程中，纤维的加工和使用过程中都会发生，直接影响到纤维的结构和性能。为提高丙纶的稳定性，在纺丝时可加入一定量的抗氧化剂。常用的抗氧化剂有苯酚、芳香胺的衍生物和含硫化合物（如硫醇、硫醚、磺酰苯酚、二硫代磷酸盐等）。

2. 酸、碱、氧化剂、还原剂对丙纶纤维的作用

丙纶是碳链高分子化合物，且不含极性基团，所以对酸、碱、氧化剂、还原剂的稳定性极高，它的耐化学性能比一般的化学纤维要好，但是强氧化剂如过氧化氢也可使丙纶受损。

3. 染色性能

由于丙纶纤维的吸湿性极差，又不含可染色的基团，因此其染色性能很差，可用分散染料进行染色，但颜色很淡并色牢度很差。可采用引入染色基团的方法、纤维改性以及纺丝时加入着色剂的方法解决丙纶的染色问题。但这些方法不仅提高纤维的制造成本，而且影响纤维的强度和化学稳定性。

4. 其他性能

(1) 对其余溶剂的稳定性　丙纶纤维是碳链高聚物，大分子链无薄弱环节，化学稳定性好。丙纶既不溶于冷的有机溶剂，也不溶于热的乙醇、丙酮、二硫化碳和乙醚中，只能发生溶胀，但能溶于热的烃类和沸腾的四氯乙烷中。它在沸腾的三氯乙烷中，发生收缩，强力也会发生损失。

(2) 燃烧性　丙纶纤维不易燃烧，它的织物符合一般的防火要求。在火焰中，纤维发生收缩、熔化；离开火焰后自行熄灭。燃烧时丙纶成黄褐色硬块，有轻微的沥青味。

(3) 对微生物的稳定性　丙纶对微生物的稳定性好，不霉不蛀。

(4) 对光、晒、气候的稳定性　丙纶的耐日光性很差，经日光暴晒会发生光敏退化或光氧化作用，导致纤维强度下降。为了提高纤维的耐光性，可在纺制纤维时加入紫外线吸收剂和抗氧化剂来提高丙纶的抗老化性。

丙纶是纺织纤维中最轻的，它的相对密度是0.91，具有质量轻，覆盖性好的优点，而且丙纶纤维的电阻率高、热导率小，与其他化学纤维相比，电绝缘性和保暖性能较好。

# 第五节　维纶纤维

**知识与技能目标**

- 了解维纶纤维的应用；
- 了解维纶纤维的分子结构特点；
- 了解维纶纤维的形态结构；
- 掌握维纶纤维的物理和化学性能。

维纶是合成纤维的重要品种之一，其常规产品是聚乙烯醇缩甲醛纤维，维纶是我国的商品名，日本称维尼龙。目前，世界上生产维纶的国家有中国、日本、朝鲜等。

维纶纤维主要是短纤维，也有长丝，但产量不大。维纶的吸水性几乎是合成纤维中最高的，纤维柔软，保暖性好，有“合成棉花”之称。由于它的相对密度比棉花要小，因此与棉花相同质量的维纶能织出更多的衣料；它的吸水性很高且强度、弹性比棉高，因此常与棉混纺制成各种衣着用品，如内衣、外衣、棉毛衫裤、运动衫、劳动服、床单、蚊帐以及细布、府绸、灯芯绒、帆布、防水布、各种鞋带、鞋面等。

由于维纶不易染色，弹性差，因此其服用性能受到一定限制，一般只能制作较低档次的服装。但在工农业、渔业等方面的应用却不断增加，可制作运输带、运输布、自行车轮胎帘子线、过滤材料、外科手术缝线、军用炮衣等工业用布；由于其具有较好的弹性、耐磨性、耐海水性，因此可作渔网和海中作业的缆绳。

## 一、维纶纤维的组成、结构及物理性能

1. 维纶纤维的组成及结构

(1) 化学组成及分子结构　维纶的基本组成物质是聚乙烯醇（PVA），通常是以醋酸乙

烯为单体进行聚合，得到聚醋酸乙烯酯，再进行醇解而制得聚乙烯醇。聚乙烯醇大分子的主链骨架是平面锯齿形，大分子链上除了羟基外，还可能存在少量其他基团（如羰基、羧基等）。

（2）形态结构　一般湿法纺丝的维纶，截面为腰圆形，具有明显的皮芯结构，而且皮层结构紧密，芯层有许多空隙。纵向平直，有1～2根沟槽，表面可以看到梭子形的纵向条纹。干法纺丝的维纶截面形状随纺丝液浓度而变化。浓度为30%时，截面似哑铃状，还可观察到宽度约0.1μm的原纤结构。形态结构具体如图3-11和图3-12所示。

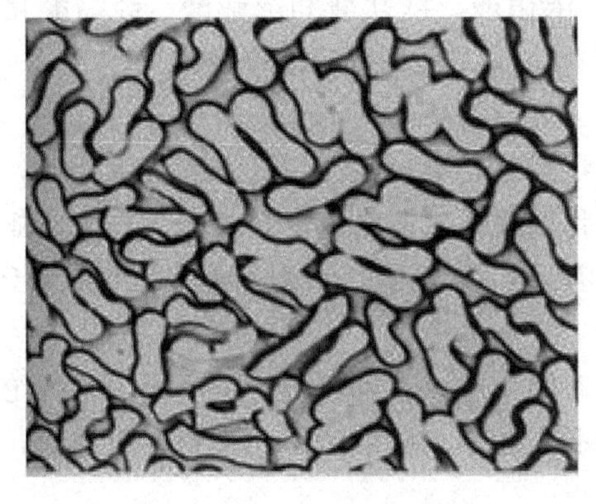

图3-11　维纶横截面结构

图3-12　维纶纵向结构

（3）超分子结构　经拉伸和热处理后维纶的结晶度为60%～70%，结晶度和取向度与纺丝过程中拉伸倍数有关，它们都随着拉伸倍数的增加而提高。

2. 物理性能

（1）吸湿性　维纶的吸水性几乎是合成纤维中最高的，但比天然纤维低，在标准状态下（20℃，相对湿度65%）回潮率为4.5%～5.0%，与棉纤维相差不大，因此其穿着舒适，适于制作内衣。维纶的吸湿性随着热拉伸程度和缩醛化程度的提高而降低。

（2）力学性能

① 强度　维纶的力学性能取决于聚乙烯醇的聚合度和纺丝加工的条件，一般情况下，维纶的强度、弹性和耐磨性比棉纤维高。50/50棉/维纶混纺织物的强度比纯棉织物高60%，耐磨性也可提高50%～100%，但比其他合成纤维要低。

温度对维纶纤维的强度有一定影响。干态情况下，温度对维纶强度的影响较小，因为维纶的结晶度、取向度和分子间作用力较大。绝对干燥状态下，温度在0～100℃内，维纶的强度随温度的升高而降低，下降约1.09cN/tex，下降百分率比黏胶纤维小；湿态情况下，温度对维纶强度的影响较大，温度在0～90℃内，维纶强度下降约2.18cN/tex，下降百分率比黏胶纤维和涤纶长丝都大。

② 弹性和耐磨性　在合成纤维中，维纶的弹性是最差的，织物不够挺括，很容易出现折皱。维纶的弹性模量较高，但弹性回复率较低。

维纶纤维的耐磨性较好，但随着品种的不同而不同。一般情况下，强度高、断裂延伸度大的纤维，其耐磨性要好一些。

③ 抗皱性和保型性　维纶纤维的弹性回复率较低，所以其抗皱性和保型性均很差。

## 二、维纶纤维的化学、染色性能

1. 热对维纶纤维的作用

维纶耐干热而不耐湿热。在干热状态下，40～80℃，维纶纤维的收缩率随温度的提高增加缓慢；当温度达到180℃时，收缩率仅为2%；但以后收缩会更快些，到220℃时，收缩率也只有22%。在湿热状态下，当温度超过110～115℃，就会发生明显的收缩变形，如在沸水中连续沸煮1h，纤维收缩只有1%～2%；当在沸水中连续沸煮3～4h，可使维纶织物变形或发生部分溶解。维纶耐热水性能随缩醛化程度的提高而明显增强。

2. 酸、碱对维纶纤维的作用

维纶纤维较耐碱而不耐酸，在强碱溶液中，维纶强度变化不大，但会发黄，能经受沸腾氢氧化钠的作用。维纶在50℃以下能溶于浓硫酸、浓硝酸、浓盐酸和浓磷酸。经缩醛化后可提高维纶的耐酸性，20℃时能经受20%硫酸的作用，65℃能经受5%的硫酸。

3. 染色性能

未经缩醛化处理的维纶纤维，非结晶区存在大量羟基，染色性能与纤维素纤维相似，可用直接、活性、还原、硫化染料进行染色。经缩醛化处理后，非结晶区羟基减少并生成亚甲醚键，使其具有类似涤纶的染色性能，对分散染料有亲和力。因此，维纶的染色性能介于纤维素纤维与某些合成纤维之间。

维纶的染色性能较差，上染百分率低，上染速率慢，色泽不够鲜艳。主要原因是维纶有明显的皮芯结构，皮层结构紧密，直接影响染料的上染速率、扩散速率和染料的上染量，如果去除皮层，染色速率和染料上染量均有明显提高。

4. 其他性能

(1) 对其余溶剂的稳定性　维纶纤维不溶于一般的有机溶剂，如乙醇、乙醚、苯、四氯乙烯等，但在间甲苯酚和苯酚中能溶胀。能溶于55℃、80%的蚁酸溶液中，还可在热的吡啶、甲酸中溶胀或溶解。维纶溶解时一般都会发生分解或显著的损伤。

(2) 燃烧性　维纶纤维靠近火焰时马上熔融收缩而软化，接触火焰即燃烧，离开火焰后继续燃烧，并冒黑烟且有特殊甜味。燃烧完后残渣为黑褐色松脆硬块。

(3) 对微生物的稳定性　维纶对微生物的腐蚀性具有良好的稳定性，不易霉、蛀，即使长期放在土壤中也无影响。

(4) 对光、晒、气候的稳定性　维纶纤维的耐日光和耐气候性能比尼龙、棉、黏胶纤维好。在日光下暴晒下，强度损失不大，如将棉帆布和维纶帆布同时放在日光下暴晒6个月，棉帆布强度损失48%；维纶帆布强度损失仅25%。因此维纶更适合作帐篷或运输帆布。

(5) 耐海水性　维纶具有良好的耐海水性能，将棉纤维和维纶纤维同时浸在海水中20天，棉纤维的强度损失100%，而维纶纤维的强度损失只有25%，因此维纶比较适合制作渔网。

## 第六节　氨纶纤维

**知识与技能目标**

- 了解氨纶纤维的应用；
- 了解氨纶纤维的分子结构特点；
- 了解氨纶纤维的形态结构；
- 掌握氨纶纤维的物理和化学性能。

聚氨酯弹性纤维是指以聚氨基甲酸酯为主要成分的一种嵌段共聚物制成的纤维，把它拉长到3倍后能快速回复到原来长度。我国的商品名是氨纶，国外商品名有“Lycra（莱卡）”、“Neolon”、“Dorlastan”等。

氨纶纤维不仅具有一般纤维的特征，还有很好的弹性和伸长率，是生产优质弹性织物的重要纺织原料之一。裸丝可用于针织和其他纱线交织，也可用于连裤袜腰带部位；以氨纶为芯线，外面包棉纱、羊毛、腈纶等制成包芯纱纤维，可制成各种弹力纱、弹力布等；还可以氨纶为芯纱，外面包上尼龙弹力丝或其他纤维，制成包覆纱，制作弹力尼龙袜的袜口。氨纶可用来制作运动服、游泳衣、紧身衣；袜类、手套等；松紧带类、汽车、飞机等用安全带、花边饰带类等。医疗保健用品类，如护膝、护腕、弹性绷带等都有它的用武之地。

随着国内氨纶市场的进一步开发和发展，氨纶的应用领域正在不断扩大，原来只有针织用品现在扩大到机织用品；原来只做成服装内用，现在扩大到服装外用、包装用、医药用等。随着我国经济的发展，出口纺织品和服装的档次不断提高，氨纶必将有更广阔的发展空间。

**一、聚氨酯弹性纤维的组成、结构及物理性能**

1. 聚氨酯弹性纤维的组成及结构

(1) 化学组成及分子结构　氨纶是以聚氨基甲酸酯为主要组分的嵌段共聚物，其结构式为：

$$\sim R-O-\underset{\|}{\overset{}{C}}(=O)-NH-C_6H_3(CH_3)-NH-C(=O)-O-R-O-C(=O)-NH-C_6H_3(CH_3)-NH-C(=O)-O-R\sim$$

(2) 形态结构　氨纶的横截面结构和纵向结构见图 3-13 和图 3-14。

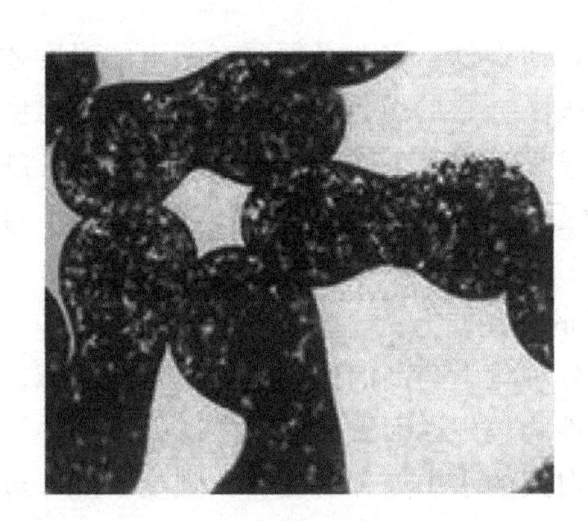

图 3-13　氨纶横截面结构

图 3-14　氨纶纵向结构

(3) 超分子结构　聚氨酯纤维的大分子由软段和硬段组成，是软硬链嵌段共聚物，见图 3-15。软链段是不具有结晶性、分子量较低的聚酯或聚醚长链，处于高弹态，分子链卷曲，易被拉长变形，大分子在分子间力的作用下，产生结晶和取向。硬链段内聚能较大，硬段之间有强烈的吸引力而形成结晶，因而它是由能形成氢键、易生成晶体结构或能产生横向交联的芳香族而二异氰酸酯和链增长剂组成。刚性较大，在应力作用下，基本不会发生形变。因此赋予纤维足够的弹性。

2. 物理性能

(1) 吸湿性　在 20℃、相对湿度 65%下，氨纶的回潮率为 1.1%，虽然比棉、羊毛、

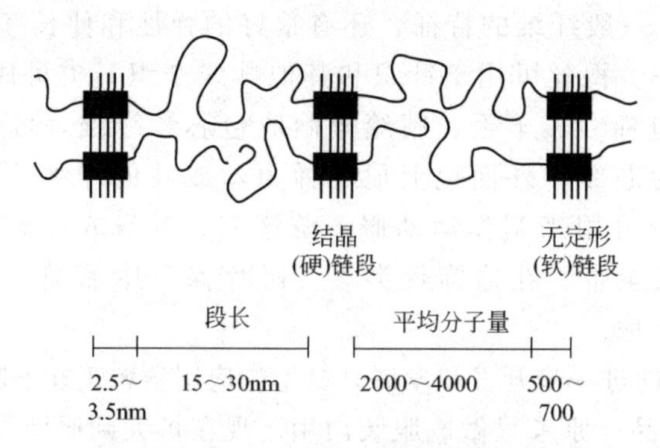


图 3-15 聚氨酯纤维的软段和硬段结构

尼龙等纤维小，但比涤纶、丙纶和橡胶丝要大，氨纶吸湿率的大小主要取决于纤维原料的配方及组成。

(2) 力学性能

① 强度和延伸度 氨纶的湿态断裂强度为 0.35～0.88dN/tex，干态断裂强度为 0.5～0.9dN/tex，是橡胶丝的 2～4 倍，氨纶纤维的伸长率为 500%～800%。

② 弹性和耐磨性 在合成纤维中，氨纶的弹性是最好的，它不仅具有高弹力性能，而且伸长后能迅速恢复，其伸长率比尼龙弹力丝的伸长率（300%）高，回弹性也比尼龙弹力丝高。当氨纶伸长率为 500%时，其回弹率为 95%～99%，这是尼龙弹力丝根本达不到的。氨纶的耐磨性能良好。

## 二、聚氨酯弹性纤维的化学、染色性能

1. 热对聚氨酯弹性纤维的作用

氨纶在制作和使用过程中会受到各种热的作用，如染色、定型必须要有一定的温度才能实现。氨纶的耐热性较好，但根据品种的不同差异很大。它的熔点约为 250℃，软化温度约为 175～200℃。当温度超过 150℃时，纤维发黄、发黏、强度下降。由于氨纶多以包芯纱或包覆纱的状态存在于织物中，因此在热定型过程中温度可达到 180～190℃，但时间不得超过 40s。

2. 酸、碱、氧化剂、还原剂对聚氨酯弹性纤维的作用

氨纶纤维在加工和使用过程中会受到酸、碱等各种化学药品的作用。氨纶对酸、碱、氧化剂、还原剂的作用比较稳定。聚醚型氨纶耐酸碱性能较好，而聚酯型耐酸碱性能稍差。

氨纶对氧化剂、还原剂比较稳定，但在含氯漂白剂的水中处理易泛黄，强度下降，最终失去弹性和伸长率。因此，在氨纶的染整加工中，一般使用过硼酸钠、过硫酸钠等含氧型漂白剂。

3. 染色性能

氨纶的染色性能较好，通常可用分散染料、络合染料、酸性染料和少量活性染料进行染色。

4. 其他性能

(1) 对其余溶剂的稳定性 氨纶的耐溶剂性较好，它对各种溶剂的稳定性见表 3-7。由表可知，氨纶对氯较为敏感。

(2) 对光、晒、气候的稳定性 氨纶耐光、晒的稳定性较差，在较高温度或日光下暴晒易发黄并强度下降。氨纶耐气候性能良好。

**表 3-7　氨纶对各种溶剂的稳定性**

| 药品名称 | 浓度/% | 温度/℃ | 时间/h | 物理性能变化 | 颜色变化 |
| --- | --- | --- | --- | --- | --- |
| 肥皂液 | 0.5 | 50 | 24 | 无 | 不变 |
| 氯化乙烯 | 100 | 室温 | 0.75 | 无 | 不变 |
| 四氯乙烷 | 100 | 室温 | 0.75 | 无 | 轻微变黄 |
| 硫酸 | 3 | 90 | 1 | 无 | 不变 |
| 烧碱 | 1 | 50 | 24 | 无 | 不变 |
| 双氧水 | 3 | 50 | 24 | 无 | 不变 |
| 亚氯酸钠 | 1 | 50 | 6 | 显著降解 | 不变 |
| 有效氯 | $5\times10^{-6}$ | 室温 | 一周 | 无 | 不变 |
| 汗(酸、碱) | — | 50 | 24 | 无 | 不变 |
| 海水 | 100 | 室温 | 一周 | 无 | 不变 |

(3) 耐疲劳性能　氨纶的耐疲劳性能较好。有试验表明，在50%～300%伸长范围内，每分钟拉伸220次，氨纶可承受100万次不断裂，而橡胶丝只能承受2.4万次。

# 第七节　其他纤维

知识与技能目标

- 了解各种纤维的性能与应用。

## 一、超高分子量聚乙烯纤维

超高分子量聚乙烯（英文全称：Ultra High Molecular Weight Polyethylene Fiber，简称UHMWPE）是相对分子质量100万以上的线性聚乙烯。该纤维是目前世界上强度最高的纤维之一，它的强度是2.65N/tex，断裂延伸度是3.5%。

这种纤维密度低，为0.97g/cm$^3$，用它制成的绳缆及制品质轻，可以漂在水面上；在制作轻质的防弹衣和防弹头盔等轻质材料中具有潜在的应用价值；它还是非常好的低温材料，能在－269℃下使用。在150℃左右即可熔化，其强度和模量随温度的升高而降低，因此要避免在高温下使用。另外该种材料还具有良好的耐化学品性、耐磨性、抗紫外线性能、抗老化以及抗震性，且具有很好的化学稳定性和相容性，可用来制作航空航天材料，所以用途较广泛。

## 二、聚苯并双噁唑纤维

聚苯并双噁唑（PBO）纤维是由聚苯并双噁唑聚合物经液晶纺丝制得的有机柔性链纤维。

聚苯并双噁唑纤维是有机纤维中性能最好的一种，它具有强度高、弹性模量高、耐热性好及具有阻燃性这四大突出优点。其强力、模量为芳纶纤维（Kevla纤维）的2倍，适于制作缆绳、绳索等高拉力材料。PBO纤维具有很好的耐热阻燃的性能，适于制造在高温环境下使用的产品，如高温过滤袋、消防服、焊接服等。PBO纤维柔韧性好，常用于纺织编织加工。另外PBO纤维尺寸稳定性好，化学稳定性也极高。但它耐酸性和耐光性较差，因此使用时要避免与酸性物质接触，在室外最好采用遮光措施。目前PBO纤维多用于体育产品，如赛艇、滑雪板、各种杆类、运动鞋等。

## 三、聚苯并咪唑纤维

聚苯并咪唑纤维（英文名称：Polybenzimidazole，简称 PBI）由间苯二甲酸二苯酯与3,3′,4,4′-四氨基联苯缩聚纺丝制得的一种合成纤维，呈金黄色。

它有突出的四大特点：高强度、高模量、耐热性和阻燃性。其拉伸强度为39.7～43.2cN/dtex（短纤维为27.4cN/dtex），延伸率23%～24%（短纤维为30%）。突出性能是在火焰及高温下仍有良好的尺寸稳定性，在空气中不燃，可在350℃以下长期使用，在500℃下可短时间使用。它的化学稳定性极好，对强碱和强酸有很好的耐受性，对有机溶剂也是很稳定的，是唯一兼有耐高温、耐化学品腐蚀及良好纺织性能的合成纤维。聚苯并咪唑纤维可用于制作飞行衣、消防服、航天服、赛车服、耐高温工作服等，也可作宇宙飞船中的绳索、耐烧蚀热屏蔽材料、减速用阻力降落伞等。另外其吸湿性好，加工时不易产生静电，因此其制品穿着舒适。但是其耐光性较差，光线照射后能使强度下降，因此如在室外使用时，要采取避光措施。

## 四、聚四氟乙烯纤维

聚四氟乙烯（英文名称：Polytetrafluoroethylene，简称 PTFE）分子式为$\left[ CF_2—CF_2 \right]_n$，俗称塑料王，商品名为特氟纶。

聚四氟乙烯纤维最大的特点是化学稳定性好，除碱金属与氟元素外，不受任何化学药品的侵蚀，是最耐腐蚀的纤维；并且它是目前化学纤维中最难燃烧的。由于PTFE分子外有一层惰性的含氟外壳，导致表面有蜡感，因此摩擦系数小并具有突出的不黏性、不吸水性。聚四氟乙烯纤维还具有较好的耐气候性，是现有各种纤维中耐气候性最好的一种，即使在室外暴露15年，其力学性能仍未明显变化。而且它的温度使用范围很广，可达－180℃～260℃，还具有生理惰性，作为人工血管和脏器长期植入体内无不良反应。但染色性与导热性差，耐磨性也不好，热膨胀系数大，易产生静电。

## 五、聚乳酸纤维

聚乳酸纤维（PLA）是以玉米淀粉发酵形成的乳酸为原料制成的，俗称玉米纤维，商品名为Lactron。其制品废弃后在土壤或海水中经微生物作用可分解为二氧化碳和水，燃烧时，不会散发毒气，不会造成污染。如今人们对服装除了要求美观大方外，也越来越追求舒适性、功能性及环保性。而聚乳酸纤维具有其他纤维没有的绿色性和优异的纤维性能，是一种可持续发展的生态纤维。

聚乳酸所用的原料均无毒性，其中L-乳酸是一种有高生化活性及安全性的重要有机酸，被广泛应用于食品、化工、皮革、染料、化妆品、工业电子、农药、医药等领域。聚乳酸纤维在可降解热塑性高分子材料中的抗热性是最好的，而且它也有很好的加工适应性，可以适应机织、针织、簇绒和非织造等现有绝大多数加工设备。与天然纤维棉相比，聚乳酸纤维亩产量大，例如，棉花的亩产量只有63kg，而玉米的亩产量达325kg。因此，同样1亩土地可以生产比棉纤维更多的聚乳酸纤维。除外，生产1t棉纤维需要29000t水，而生产1t聚乳酸纤维的所需的水不到100t。聚乳酸纤维的物理机械性能与涤纶和尼龙相似，强度和延伸度也与涤纶和尼龙类似；但熔点较低，为175℃；模量较低，为31.5～47.2cN/dtex，具有很好的手感。聚乳酸纤维的弹性回复率高，玻璃化温度适宜，说明其定型和保型性能好。聚乳酸纤维制成的服装吸湿性明显高于涤纶，悬垂性和抗皱性好，且比涤纶服装更华丽美观及舒适，是制造内衣、外装、制服、时装的理想材料。聚乳酸纤维的染色性能也很好，可用分散染料进行染色，效果较好，其染色品的耐洗牢度与常规 PET 纤维相似。

## 思考与练习

1. 涤纶纤维的分子结构特点如何？
2. 涤纶、腈纶、尼龙纤维的物理、化学性能有什么特点？
3. 氨纶纤维的物理性能、化学性能如何？
4. 列举几种其他纤维，简述它们的应用前景。

# 第四章　再生纤维

目前，可工业化生产的再生纤维主要是再生纤维素纤维。而再生蛋白质纤维虽曾开发过酪朊纤维、大豆蛋白纤维，但均因难以工业化生产，且性价比过高而未能被推广；再生的甲壳质纤维和壳聚糖纤维目前已有少量工业应用。

## 第一节　再生纤维素纤维

知识与技能目标

- 了解再生纤维素纤维的种类；
- 了解各类再生纤维素纤维市场发展前景；
- 掌握常用黏胶纤维的特征。

再生纤维素纤维是人造纤维中的一大类，其主要品种有黏胶纤维和醋酯纤维（醋酯纤维是纤维素的衍生物，可以认为是半合成纤维）等，另外还有再生动物纤维——甲壳素（质）纤维。它们是以天然纤维素为原料，经过一系列化学处理，将其精制成溶液，然后在一定压力下流过纺丝机的喷丝头小孔，接着在凝固浴中凝固成丝条。

再生纤维素纤维中以黏胶纤维发展最早，且有长丝与短丝纤维之分。醋酯纤维仅有长丝。再生纤维按外观光泽区分为有光丝、半光丝和无光丝三种。半光丝和无光丝是在纺丝液中分别加入不同量的消光剂而得到的，不加消光剂的为有光丝。

常见再生纤维的线密度（细度）有 4.44tex、6.67tex、8.33tex、13.33tex、17.78tex（40d、60d、75d、120d、160d）等，它们可以由 18 根、24 根、32 根、40 根、48 根（根数取决于喷丝板的孔数）单丝组成。如 8.33（75d）/28 表示该纤维的细度是 8.33tex（75d），由 28 根单丝合股而成。不同牌号和规格的再生纤维，虽然其化学组成相同，但物理结构和性能有所差异，从而影响染整加工性能。例如，纤维线密度的不同，纤维制造工艺的变化，纤维光泽的差异等，都会影响纤维的吸色性、手感、色泽等。所以，再生纤维织物在染整加工时必须分批分档投产和选择工艺。

### 一、黏胶纤维

1. 概述

黏胶纤维是以天然纤维素为基本原料，经纤维素磺酸酯溶液纺制而成的再生纤维素纤维。

在各类化学纤维中，黏胶是最早投入工业化生产的品种。早在 1891 年 Cross、Bevan 和 Beadle 等首先将天然纤维素用烧碱浸渍，制成碱纤维素，然后使之与二硫化碳反应，生成纤维素磺酸钠盐（亦称纤维素磺酸酯）溶液。由于这种溶液的黏度很大，因而被命名为黏胶。黏胶遇酸后，纤维素又重新析出。由这种方法制得的纤维称为黏胶纤维。到 1905 年 Mailer 等发明了稀硫酸和硫酸盐组成的凝固浴，使黏胶纤维的性能得到较大改善，从而实现了黏胶纤维的工业化生产。早期的黏胶纤维都是长丝，俗称人造丝；后来发展了短纤维，棉型的叫人造棉，毛型的叫人造毛。目前，在黏胶纤维中，短纤维的产量约占2/3，其余1/3是黏胶长丝和强力纤维。

20世纪30年代末期，出现了强力黏胶纤维。20世纪40年代初，日本研制成功高湿模量黏胶短纤维，称为Toramomen虎木棉，国际上命名其为Polynosic（波理诺西克纤维），我国在1965年也生产出这种纤维，取名为富强纤维，简称富纤。这种纤维克服了黏胶纤维的缺点，性能接近于棉纤维。20世纪50年代初期，高湿模量黏胶纤维实现了工业化生产；60年代初期，黏胶纤维的发展达到高峰，其产量占化学纤维总产量的80%以上。在这个时期，美国开发了一种高湿模量（HWM）黏胶纤维“Avril阿夫列尔”，其某些性能优于波里诺西克纤维；另外，美国还开发出中等强力黏胶短纤维“Avron阿芙纶”、高强力高伸长耐磨好的黏胶短纤维“XL阿芙纶”和高湿模量高卷曲黏胶短纤维“Prima普列玛”等。在欧洲，富强纤维和高湿模量黏胶纤维统称为“Modal莫代尔”。其他国家也有许多黏胶纤维新品种，使黏胶纤维的纺织品性能更加接近于棉纤维。从20世纪60年代中期起，由于合成纤维的兴起，并因其强度高、机械物理性能好，备受人们欢迎，黏胶纤维则在湿强等性能方面有明显不足。因此，黏胶纤维的发展趋于平缓，到1968年产量开始落后于合成纤维。至20世纪80年代，随着纺织科技的发展，黏胶纤维可以做到既具有其他化学纤维所不可相比的舒适性，又克服了湿强力、湿模量低的弱点，出现了换代产品。近年来，黏胶纤维也有向细旦化方面发展的趋向，细旦黏胶纤维有利于开发轻薄型、桃皮绒、仿真丝等新风格、高档次的纺织品，其突出的干爽等风格，受到广泛的重视。经过几十年的发展，黏胶纤维主要有以下品种。

（1）普通黏胶纤维

① 黏胶棉型短纤维切断长度35～40mm，纤度1.1～2.8dtex（1.0～2.5D）与棉混纺可做细布、凡立丁、华达呢等。

② 黏胶毛型短纤维，切断长度51～76mm，纤度3.3～6.6dtex（3.0～6.0D），可纯纺，也可与羊毛混纺，可做花呢，大衣呢等。

（2）富强纤维

①是黏胶纤维的改良品种；②纯纺可做细布、府绸等；③与棉、涤等混纺，生产各种服装；④耐碱性好，织成织物挺括，洗涤后不会收缩和变形，较为耐穿耐用。

（3）黏胶丝

①可做服装、被面、床上用品和装饰品；②黏胶丝与棉纱交织，可做羽纱，线绨被面；③黏胶丝与蚕丝交织，可做乔其纱，织锦缎等；④黏胶线与涤、锦长丝交织，可做晶彩缎、古香缎等。

（4）黏胶强力丝

①强力比普通黏胶丝高一倍；②加捻织成帘子布，用于汽车、拖拉机、马车轮胎。

（5）高卷曲高湿模量黏胶纤维

高卷曲高湿模量黏胶纤维（以HR表示）是新一代黏胶纤维，具有较高的强度和湿模量，也具有适中的伸长和良好的卷曲性能，加上黏胶纤维本身又具备优良的吸湿性、透气性、不产生静电、染色性能好、纤度和长度可灵活调整等特点，是一种性能较为全面的纺织纤维原料。黏胶纤维的吸湿性能与染色性能和纤维本身含有大量羟基（—OH）有着密切关系，羟基（—OH）基团大量吸附水分子或其他分子，吸湿性越好的纤维染色性就越好。黏胶纤维由于在制造过程中经历过多次物理和化学反应，使纤维素大分子团裂解变短，分子间隙增大，排列也疏松零乱。所以黏胶纤维的染色性比棉花性能要好，不仅适用染料多、色谱广，染色的色彩也鲜艳。

2. 黏胶纺织品

黏胶纤维是最早投入工业化生产的化学纤维之一。由于吸湿性好，穿着舒适，可纺性优良，常与棉、毛或各种合成纤维混纺、交织，用于各类服装及装饰用纺织品。高强力黏胶纤维还可用于轮胎帘子线、运输带等工业用品。因此，黏胶纤维是一种应用较广泛的化学纤维。

黏胶纤维虽然湿强低，织物易变形褶皱，但其具有较好的吸湿性、透气性及染色性，这恰好可以弥补合成纤维的不足。因此，黏胶纤维与合成纤维按一定比例混纺或交织，可以相互取长补短，提高织物的服用性能。黏胶纤维与合成纤维混纺或交织能够改善纺织品吸湿性差、静电和熔孔性等缺点，但在混纺品中，若黏胶纤维比例过高，混纺品的折皱回复性将明显降低，耐磨性和强度下降，缩水率大幅度升高。研究表明，作为服用涤/黏混纺织物，较合适的黏胶纤维用量为30%～35%。

黏胶纤维也能与羊毛混纺制成呢绒和毛毯。黏胶纤维的加入不仅可以提高纺纱性能，增加强力，而且有利于产品成本的降低。在羊毛中混入30%以下的黏胶纤维，混纺产品的毛型感和缩绒性基本不受影响。

3. 黏胶纤维的生产

以含有纤维素但不能直接纺纱的物质为原料，经蒸煮、漂白等提纯过程制成黏胶纤维浆粕，由黏胶纤维浆粕制成黏胶纤维的具体生产工艺流程为：浆粕→浸渍→压榨→粉碎→碱纤维素→老成→磺化→纤维素磺酸钠→溶解→混合→过滤→熟成→脱泡→纺丝→后处理→上油→烘干→黏胶纤维。

由浆粕制成黏胶纤维的主要过程如下。

(1) 黏胶纺丝液的制备　将浆粕与浓碱作用制成碱纤维素，再将碱纤维素与二硫化碳作用生成纤维素磺酸酯。反应式如下：

$$[C_6H_7O_2(OH)_3 \cdot NaOH]_n + nCS_2 \longrightarrow [C_6H_7O_2(OH)_2-O-\overset{\overset{\displaystyle S}{\|}}{C}-SNa]_n + nH_2O$$

将纤维素磺酸酯溶解于稀碱液中，再经过滤、脱泡等过程制成符合纺丝要求的黏胶纺丝液。

(2) 纺丝成形　经纺丝孔挤压出来的黏胶细流，进入含酸的凝固浴，纤维素磺酸酯分解，纤维素再生。反应式如下：

$$[C_6H_7O_2(OH)_2-O-\overset{\overset{\displaystyle S}{\|}}{C}-SNa]_n + nH_2SO_4 \longrightarrow [C_6H_{10}O_5]_n + nNaHSO_4 + nCS_2$$

(3) 后处理　包括水洗、脱硫、漂白、上油及烘干等过程。黏胶短纤维是将成形后的纤维束切断后再进行上述处理。

4. 黏胶纤维的结构

由于黏胶纤维属于纤维素纤维，所以它的化学和物理性能与棉纤维的非常相似，但在结构上与棉纤维有很大差别。在显微镜下观察，普通黏胶纤维的纵向为平直的柱体，截面呈不规则的锯齿状。黏胶纤维的基本组成物质和棉、麻纤维的相同，都是纤维素，但聚合度较低，一般只有250～350。由于生产过程中易受到氧化作用，其纤维素中羟基和醛基的含量较高。

研究表明，黏胶纤维也是部分结晶的高分子化合物，它的结晶度较低，结晶尺寸也较小，在电镜中观察不到原纤组织，但结晶部分是由折叠链构成，它的聚集态结构可由经过修正的缨状微胞结构模型表示。黏胶纤维的取向度也较低，但可随生产过程中拉伸程度的增加而提高。黏胶纤维的截面结构是不均一的，纤维外层（皮层）和纤维内部（芯层）的结构与性质有所不同，皮层的结构紧密，结晶度和取向度较高；芯层的结构较疏松，结晶度和取向度都较低。普通黏胶纤维与富强纤维在结构方面的差异如表 4-1。

**表 4-1　普通黏胶纤维与富强纤维的结构差异**

| 项　目 | 普通黏胶短纤维 | 富强纤维 | 高湿模量纤维 |
|---|---|---|---|
| 聚合度 | 300～400 | 500～600 | 450～550 |
| 截面形态 | 锯齿形皮芯结构 | 圆形全芯结构 | 圆形皮芯结构 |
| 微细结构 | 几乎无原纤结构 | 有原纤结构 | 有原纤结构 |
| 结晶度/% | 30 | 44 | 41 |
| 取向度/% | 70～80 | 80～90 | 75～80 |
| 羟基可及区/% | 65 | 50 | 60 |

5. 黏胶纤维的主要性质

（1）物理机械性能

① 吸湿性　黏胶纤维的吸湿性强是它的一大特点。当相对湿度为 65%时，黏胶纤维的标准回潮率可高达 13%，黏胶纤维织物吸水后有明显的厚实和粗糙感，主要是因为纤维吸湿（或吸水）后膨化现象显著，其截面膨胀率可达 50%～140%，纱线直径变粗，排列更加紧密，因此，黏胶纤维织物的缩水率大。当然，黏胶纤维也不易引起静电，与其他合成纤维混纺，可以改善可纺性，混纺织物的舒适性也较好。

② 服用性能　从服用的角度看，黏胶纤维的主要优点是吸湿性强、染色性好、发色性好、不易产生静电、可纺性好，能与各种纤维包括天然纤维及化学纤维混纺和交织。主要缺点是湿强低、易伸长、弹性差、塑性大、伸长回复率低、湿膨胀大、耐碱性差、易燃。

从织物的角度看，黏胶纤维织物，不论是长丝织物还是短纤维织物，虽有吸湿好、色彩鲜艳、穿着舒适等长处，但都具有易皱、易缩、易伸长、易变形、不耐磨、湿强低、不宜机洗等缺点。

③ 物理机械性能　为了便于比较说明黏胶纤维的性能，将黏胶纤维与棉纤维的力学性能、物理性能列于表 4-2。

**表 4-2　普通黏胶纤维、富强纤维和棉纤维的性能比较**

| 性　能 | 普通黏胶纤维 | 富强纤维 | 优质棉纤维 |
|---|---|---|---|
| 线密度/tex | 0.17～0.55 | 0.17 | 1.1～1.5 |
| 干态强度/(cN/tex) | 16～22 | 6～50 | 24～26 |
| 湿态强度/(cN/tex) | 8～13 | 8～13 | 30～34 |
| 湿强/干强/% | 50～60 | 75～80 | 1.05～1.15 |
| 湿模量/% | 8～11 | 2.6 | — |
| 干态伸长率/% | >15 | 10～12 | 7～9 |
| 湿态伸长率/% | >20 | 11～13 | 12～14 |
| 钩结强度/(cN/tex) | 1～9 | 4～5 | — |
| 7%NaOH 处理后的微纤结构 | 被破坏 | 无影响 | 无影响 |
| 水中溶胀度/% | 90～115 | 55～75 | 35～45 |

由表 4-2 可见，普通黏胶纤维的断裂强度较低，干、湿强度大大低于富强纤维和棉纤

维，且其湿强仅为干强的50%～60%，断裂延伸度较高，模量低。此外，弹性回复性能差，耐磨性和耐疲劳性均比棉纤维低，尤其湿态耐磨性更低，仅为干态耐磨性的20%～30%。

天然纤维素纤维的结晶度、取向度和分子量都较高，分子链之间形成大量氢键。棉、麻纤维的断裂可能是由于其聚集态结构中存在某些缺陷和薄弱环节，在受到拉伸时这些部位首先被破坏，并逐渐伸展，进而将应力集中于部分取向的大分子主链上，最后这些分子链被拉断而导致纤维断裂。棉、麻纤维在潮湿状态下，由于水的增塑作用，使应力分布趋于均匀，从而增加了纤维的强度。对黏胶纤维来说，其结晶度、取向度和聚合度都较低，分子链之间的作用力较弱，在外力拉伸时，分子链或其他结构单元之间的相对滑移可能是纤维断裂的主要原因。黏胶纤维润湿后，由于水分子的作用削弱了大分子之间的作用力，有利于分子链或其他结构单元之间的相对滑移，所以它的湿强比干强低得多。如果在黏胶纤维的分子链之间进行适当的交联，增强了分子链之间的结合，不利于分子链或结构单元之间的相对滑移，从而能提高纤维的强度。

纤维在张力作用下发生伸长，主要是由两种作用引起的：一种是分子链的主价键和分子链间或结构单元间氢键的形变，但范围很小；另一种则是分子链或结构单元的取向。麻类纤维的取向度高，所以断裂延伸度最小。棉纤维的取向度比麻低些，所以断裂延伸度较大。由于黏胶纤维的聚合度只有250～350，且结晶度、取向度又较低，因此在取向过程中纤维能发生较大的伸长，在同样大小的外力作用下，其形变量大于棉、麻等天然纤维素纤维。当黏胶纤维润湿后，纤维溶胀，分子间作用力进一步降低，纤维更易变形，容易起皱，所以在选择染整加工方式和设备时，必须考虑这一性质，将张力控制在黏胶纤维允许承受的范围之内。如果在黏胶纤维的生产过程中，能设法提高成形时的拉伸倍数，以提高纤维的结晶度和取向度，也可制得强度和模量较高而延伸度较低的黏胶纤维。黏胶纤维的耐磨性较棉纤维差，特别是湿态耐磨性仅为干态的20%～30%，因此洗涤其织物时，应避免强烈揉搓，否则将严重影响其使用寿命。

（2）黏胶纤维的化学性能

① 耐热性能　纤维素纤维的耐热性较好，因为这些纤维不具有热塑性，不会因温度升高而发生软化、粘连及力学性能的严重下降。实验证明，在一定温度范围内，黏胶纤维的耐热性优于棉纤维，例如，当温度由20℃升高到100℃，天然纤维素纤维的断裂强度约降低26%，而黏胶纤维的断裂强度反而有所提高。

② 化学性质　黏胶纤维的化学性质同其他纤维素纤维一样，对酸和氧化剂的抵抗力差，对碱的抵抗力较强，但对碱的稳定性低于天然纤维素纤维。除了少数特殊品种外，一般的黏胶纤维不能经受丝光处理。黏胶纤维的碱液中会发生不同程度的溶胀和溶解，使纤维失重，力学性能下降，其程度首先取决于纤维本身的聚合度和结晶度，提高纤维的聚合度和结晶度可提高纤维的耐碱性。此外，纤维失重和力学性能下降的程度还取决于碱液的浓度和温度。例如，普通黏胶纤维在0℃经10%氢氧化钠溶液处理后，失重率高达78%，但失重率随碱液浓度的降低和温度的升高而减小。

③ 耐日光性　长时间日光照射使黏胶纤维的强力降低，稍变黄。黏胶纤维的耐气候性也类似，长时间在室外，其强力稍有降低。黏胶纤维对光化学作用的稳定性略低于天然纤维素纤维，在日光照射下，棉纤维经940h后强度损失50%，而同样强度损失黏胶纤维约为900h。

④ 染色性　黏胶纤维和棉纤维的染色性能相似，凡是染棉纤维的染料，均可用来染黏

胶纤维，并可获得鲜艳的色泽。但由于黏胶纤维存在着皮芯结构，皮层结构紧密，妨碍染料的吸收与扩散，而芯层结构疏松，对染料的吸附量高，所以低温短时间染色，黏胶纤维得色比棉纤维浅，且易产生染色不匀现象。高温较长时间染色，黏胶纤维得色比棉纤维深。

## 二、醋酯纤维

### 1. 醋酯纤维的分子结构及性能

醋酯纤维分子结构为（$C_6H_7O_2$）$(OOCCH_3)_{3n}$。由于亲水性的羟基（—OH）被乙酰化，其吸湿性远比黏胶纤维差，标准回潮率只有6.5%左右，使纤维疏水性增强，容易被有机溶剂膨化或溶解。醋酯纤维有三醋酯纤维（三醋纤）和二醋酯纤维（二醋纤）之分。三醋纤在冰醋酸中、二醋纤在丙酮或冰醋酸中具有优良溶解性能，是鉴别二者以及它们与其他纤维的好方法。

醋酯纤维的外表较黏胶纤维的光滑，横截面为边缘微有凹凸的圆形，光泽更接近于蚕丝，弹性和手感较好，有一定的抗皱性。但醋酯纤维的强度差，为10.58～13.23cN/tex(1.2～1.5g/d)，仅为蚕丝的40%，是普通黏胶纤维的65%～70%；其湿强度更低，约为6.17～7.94cN/tex(0.7～0.9g/d)。

醋酯纤维为热塑性纤维，受热会软化，高温熨烫不当会发生熔融或发黏现象。它对酸的作用较为稳定，遇碱极易引起水解。因此，在染整加工中pH不宜超过9.5，温度也应控制在85℃以下，否则会发生消光作用。醋酯纤维在水中膨化很小，用于一般纤维素纤维染色的染料（如直接染料、活性染料等）都很难上染，只能使用分散性染料染色。

### 2. 醋酯纤维的应用

醋酯纤维不易着火，可以用于制造纺织品、烟用滤嘴、片基、塑料制品等。

（1）烟卷过滤材料　醋酯纤维做卷烟过滤嘴材料，弹性好、无毒、无味、热稳定性好、吸阻小、截滤效果显著、能选择性地吸附卷烟中的有害成分，同时又保留了一定的烟碱而不失香烟口味。自1953年投入市场以来，深受欢迎，市场前景较好。

（2）医疗卫生用品　醋酯短纤维制成的无纺布可以用于外科手术包扎，与伤口不粘连，是高级医疗卫生材料。醋酯短纤维还可以与棉或合纤混纺，制成各种性能优良的织物。

（3）服装　醋酯长丝在化学纤维中最酷似真丝，光泽优雅、染色鲜艳、染色牢度强，手感柔软滑爽、质地轻，回潮率低、弹性好、不易起皱，具有良好的悬垂性、热塑性、尺寸稳定性，可以广泛地用来做服装里子料、休闲装、睡衣、内衣等，还可以与维纶、涤纶、尼龙长丝及真丝等复合制成复合丝，织造各种男女时装、男女礼服、高档运动服及作西服面料，还可以开发缎类织物和编织物、装饰用绸缎、绣制品底料、轧纹绸、色织绸、醋丝氨包纱等。在美国、英国、日本、意大利、墨西哥、韩国、俄罗斯、巴基斯坦等国家和地区受到消费者的青睐，特别是在美国市场出现了供不应求的情况。我国每年的需求量约1万吨以上，由于进口价格昂贵，目前只有少量进口，每年约进口2000t左右，不少纺织厂多用代替品来解决醋酯纤维的不足问题，因此纺织用醋酯纤维的市场前景十分看好。

## 三、莱赛尔纤维

莱赛尔（Lyocell）纤维是采用一种叔胺氧化物——NMMO溶剂纺丝技术制取的，与以往黏胶纤维的制取方法完全不同。因溶剂可以回收，故对生态无害，被称为21世纪的绿色纤维。莱赛尔纤维是荷兰Akozo公司的专利产品，由英国Courtaids公司和奥地利Lenzing公司首先实施工业化生产。它以天然植物纤维为原料，于20世纪90年代中期问世，被誉为近半个世纪以来人造纤维史上最具价值的产品。

天丝（Tencel）纤维是英国 Acocdis 公司生产的 Lyocell 纤维的商标名称。

莱赛尔纤维的主要特点是湿强度超过 34～38cN/tex，比棉纤维高；干强度达 38～42cN/tex，湿模量也比棉纤维高；同时具有较好的结节强度、弹性模量和与黏胶纤维一样良好的吸湿性。其染色性能好，能用直接染料、活性染料、还原染料等以常规方法进行染色。其细旦丝的线密度目前可达 1.1dtex。莱赛尔纤维与其他几种纤维的性能见表 4-3。

**表 4-3 莱赛尔纤维与几种纤维的性能比较**

| 性 能 | 莱赛尔纤维 | 普通黏胶纤维 | 莫代尔纤维 | 优质棉纤维 | 涤纶 |
|---|---|---|---|---|---|
| 线密度/dtex | 1.7 | 1.7 | 1.7 | 1.1～1.5 | 1.7 |
| 干态强度/(cN/tex) | 40～42 | 22～26 | 34～36 | 24～26 | 55～60 |
| 湿态强度/(cN/tex) | 34～38 | 10～15 | 19～21 | 30～34 | 54～58 |
| 干伸度/% | 13～15 | 20～25 | 13～15 | 7～9 | 25～30 |
| 湿伸度/% | 16～18 | 25～30 | 13～15 | 12～14 | 25～30 |
| 回潮率/% | 11.5 | 13 | 12.5 | 8 | 0.5 |
| 吸水率/% | 65 | 75 | 90 | 50 | 3 |

由表 4-3 可见，莱赛尔纤维的物理机械性能远远超过普通黏胶纤维，可与棉纤维及合成纤维媲美。

莱赛尔纤维的聚合度和结晶度列于表 4-4。由表中可看出，莱赛尔纤维的聚合度较高。在一般情况下，随着聚合度的提高，该纤维的取向度、结晶度、耐碱性、结节强度、杨氏模量相应提高，纺织加工性、织物尺寸稳定性、织物耐洗性也相应提高。与黏胶纤维一样，莱赛尔纤维吸水后变得很硬，这是由于莱赛尔纤维的纤维横断面膨润度大，使表面摩擦阻力增大。

**表 4-4 莱赛尔纤维和其他纤维的聚合度、结晶度比较**

| 品种<br>性能 | 普通<br>浆粕 | 普通<br>黏胶纤维 | 莱赛尔纤维 | 高湿模量<br>黏胶纤维(HWM) | 波里诺西克<br>纤维 |
|---|---|---|---|---|---|
| 聚合度 | 20～600 | 250～300 | 500～550 | 350～450 | 约 500 |
| 结晶度/% | 60 | 30 | 50 | 44 | 48 |

莱赛尔纤维是一种新型的纤维素纤维，它具有如下优点：

(1) 纤维的截面呈圆形，表面光滑，具有丝绸般光泽；

(2) 吸湿性好，穿着舒适，有极好的染色性能和生物可降解性能；

(3) 具有较高的干态强度和湿态强度；

(4) 可与其他纤维混纺，提高黏胶纤维、棉纤维等混纺纱线的强度，并改善纱线条干均匀度；

(5) 织物的缩水率很低，由它制成的服装尺寸稳定性好，具有洗可穿性。

莱赛尔纤维也有易原纤化，摩擦后易起毛等缺点。

## 四、莫代尔纤维

莫代尔（Modal）纤维是奥地利 Lenzing 公司生产的新一代纤维素纤维，由山毛榉木浆粕制成，浆粕及纤维的生产过程对环境无大量污染。莫代尔纤维具有亮光型和暗光型两种。

莫代尔纤维的特点是强度和湿模量较高，在湿润状态下，溶胀度低。其具体性能见表 4-5。

**表 4-5　莫代尔纤维与其他纤维的性能比较**

| 性能＼品种 | 莫代尔纤维 | 普通黏胶纤维 | 莱赛尔纤维 | 棉纤维 |
| --- | --- | --- | --- | --- |
| 结晶度/% | 25 | 25 | 40 | 60 |
| 回潮率/% | 12.5 | 13 | 11.5 | 8 |
| 水中膨化度/% | 63 | 88 | 67 | 50 |
| 干态强度/(cN/tex) | 34～36 | 24～26 | 40～42 | 24～28 |
| 湿态强度/(cN/tex) | 20～22 | 12～13 | 34～36 | 25～30 |
| 湿强/干强/% | 60 | 50 | 85 | 105 |
| 干态伸长/% | 12～14 | 18～20 | 15～17 | 7～9 |
| 湿态伸长/% | 13～15 | 21～23 | 17～19 | 12～14 |
| 钩结强度/(cN/tex) | 8 | 7 | 20 | 20～26 |
| 原纤化等级 | 1 | 1 | 4 | 2 |

研究表明，莫代尔纤维具有棉纤维的柔软、真丝的光泽、麻纤维的滑爽，其吸水透气性优于棉纤维的品质。莫代尔纤维制成的面料潜在收缩小；织物柔软、舒适、细腻、光滑，具有天然的丝光效果，可与真丝产品媲美；面料成衣效果好，具有天然的抗皱性和免烫性，易洗涤，易存放；吸湿性和透气性良好，是理想的服装面料；防腐性、抗静电性良好，无刺痒感，具有朴素自然的风格。

莫代尔纤维弹力较高，条干均匀，可与羊毛、羊绒、棉纤维、麻纤维、丝和涤纶等混纺，改善和提高纱线的品质，同时可在传统染整设备上加工，具有较好的上染率，色泽鲜艳明亮，亮兴型混纺织物亮丽，与棉纤维混纺可进行丝光处理。

在美国市场上，用莫代尔纤维生产的各类休闲服装以每年 15%的速度递增。有资料显示，莱赛尔和莫代尔产品的销量比约为 1∶7。欧洲运用莫代尔纤维成功开发并生产各类内衣、浴巾、床上用品、时装面料等。Lenzing 公司还开发了具有新型纤维功能的莫代尔产品，如应用纳米技术开发的莫代尔抗菌纤维、莫代尔抗紫外线纤维、与莱赛尔纤维混纺的 Promodal 纤维、彩色莫代尔纤维及超细莫代尔纤维，应用这些纤维不仅生产出针织内衣、童装、衬衫，而且还着重推出了功能性服装。莫代尔纤维 2000 年进入我国市场，原料进口数量逐年增加，产品开发种类也增至几百种之多。

## 五、竹浆纤维

竹浆纤维是一种将竹片做成浆，然后将浆做成浆粕再湿法纺丝制成纤维，其制作加工过程基本与黏胶纤维相似。但在加工过程中竹子的天然特性遭到破坏，纤维的除臭、抗菌、防紫外线功能明显下降。目前市场上主要以流行彩色竹浆纤维为主。

彩色竹浆纤维经过高科技工艺处理，使抗菌物质始终不被破坏，让抗菌物质始终结合在纤维素大分子上。因此，即使经过反复洗涤、日晒也不会失去抗菌作用。经检测，竹浆纤维细度、白度、强力均达到标准，具有耐磨性、吸湿放湿性、悬垂性俱佳，手感柔软，穿着凉爽舒适的特点。此外，本产品采用了独特的染色工艺，即采用纺前注射的方式，将微米级颜料直接加入到黏胶中，并通过动静态双重混合的方式予以充分搅拌均匀，在纤维反应生成的过程中充分融合，避免了化学颜料与人体的直接接触，基本不会对皮肤产生伤害。同时纤维本身也具备了色泽鲜艳，永不退色的特点。该产品填补了国内空白，生产工艺技术达国内领先水平，属于具有高科技含量和高附加值的新型材料，市场前景广阔。

### 六、甲壳素纤维

甲壳素纤维的原料来自于自然界中的虾、蟹、昆虫等甲壳类动物的壳等，其化学结构很像植物纤维素，是$\beta$-1,4-苷键结构的$N$-乙酰基-D-葡萄糖胺残基的高聚物，故可视为一种动物纤维素纤维。其生产过程为：虾、蟹等甲壳经粉碎干燥后进行化学和生化处理（脱灰、去蛋白质等），获得甲壳质粉末（一种以$N$-乙酰基-D-葡萄糖胺为基本单元的氨基多糖高聚物——壳聚糖），再将这种粉末溶于适当的溶剂，以湿法纺丝方法纺制出甲壳素纤维。

由于制造甲壳素纤维的原料一般为虾、蟹类水产品的废弃物，这一方面可减少该类废弃物对环境的污染，另一方面甲壳素纤维的废弃物又可生物降解，不会污染环境，所以甲壳素纤维又被称为绿色纤维。

甲壳素纤维的性能如表4-6。与棉纤维相比，甲壳素纤维的线密度偏大，强度偏低，在一定程度上影响成纱强度。在一般条件下，甲壳素纤维进行纯纺具有一定困难，通常采用甲壳素纤维与棉纤维或其他纤维混纺来改善其可纺性。随着甲壳素原料加工及纺丝工艺的不断改进，其纤维线密度和强度将会进一步提高，用它可开发出各种甲壳素纤维纯纺或混纺产品。此外，甲壳素纤维由于吸湿性良好，染色性能优良，可采用直接、活性、还原、碱性及硫化等多种染料进行染色，且色泽鲜艳。

**表4-6 甲壳素纤维的性能**

| 密度/(g/cm$^3$) | 线密度/dtex | 回潮率/% | 断裂强度/(cN/dtex) | 断裂伸长率/% |
|---|---|---|---|---|
| 1.45 | 2.21～2.22 | 12.5 | 1.31～1.30 | 13.5 |

由于甲壳素大分子链上存在大量的羟基（—OH）和氨基（—$NH_2$）等亲水性基团，故其纤维有很好的亲水性和很高的吸湿性。甲壳素纤维的平衡回潮率一般为12%～16%，在不同的成形条件下，其保水值均在130%左右，具有很好的吸湿保湿功能。

甲壳素大分子结构与人体内氨基葡萄糖的构成相同，而且具有类似于人体骨胶原组织的结构，这种双重结构赋予了它极好的生物医学特性，即它对人体无毒无刺激，可被人体内的溶菌酶分散而吸收，与人体组织有良好的生物相容性，具有抗菌、消炎、止血、镇痛、促进伤口愈合等功能。因此，甲壳素是理想的医用高分子材料，可广泛用于制造特殊的医用产品，如人造皮肤、可吸收缝合线、血液透析膜和药物缓释剂以及各种医用敷料等。

## 第二节 再生蛋白质纤维

**知识与技能目标**

- 了解再生蛋白纤维种类；
- 了解牛奶纤维、蛹蛋白丝等织物性能；
- 掌握大豆纤维的特性。

再生蛋白纤维集蛋白质纤维和纤维素纤维的优点于一身，而且纤维中有多种人体所需的氨基酸，具有独特的护肤保健功能。但其发展十分缓慢，难点是获得率不高，成本较高，且这类纤维的可加工性能比较差。

### 一、大豆纤维

大豆纤维（soybean fiber）属于再生植物蛋白纤维类，是采用化学、生物等方法从榨掉油脂（林豆中含20%油脂）的大豆豆渣（含35%蛋白质）中提取的球状蛋白质，通过添加功能性助剂，与含腈基、羟基等的高聚物接枝、共聚、共混，制成一定浓度的蛋白质纺丝溶液，改变蛋白质空间结构，经湿法纺丝而成。主要成分是大豆蛋白质（23%～55%）和高分子聚乙烯醇（45%～77%）其生成过程对环境、空气、人体、土壤、水质等无污染，且纤维本身易生物降解。

大豆纤维密度小，单丝密度低，强度与伸长率较高，耐酸耐碱性较好，具有羊绒般的手感、蚕丝般光泽、棉纤维的吸湿和导湿性及穿着舒适性、羊毛的保暖性。大豆纤维的一些理化性能见表 4-7。

**表 4-7　大豆纤维和常见纤维性能比较**

| 性　　能 | 大豆纤维 | 蚕丝 | 羊毛 | 棉纤维 | 黏胶纤维 |
|---|---|---|---|---|---|
| 密度/($g/cm^3$) | 1.29 | 1.33～1.45 | 1.32 | 1.54 | 1.5～1.52 |
| 回潮率/% | 5～9 | 8～9 | 15～17 | 8 | 13～15 |
| 干态强度/(cN/dtex) | 3.8～4.0 | 2.6～3.5 | 0.9～1.5 | 2.6～4.3 | 1.5～2.0 |
| 湿态强度/(cN/dtex) | 2.5～3.0 | 1.9～2.5 | 0.67～1.43 | 2.9～5.6 | 0.7～1.1 |
| 干态伸长度/% | 18～21 | 14～25 | 25～35 | 3.7 | 10～24 |
| 初始模量/(cN/dtex) | 53～98 | 44～88 | 8.5～22 | 60～82 | 57～75 |
| 相对钩结强度/% | 75～85 | 60～80 | 80 | 70 | 30～65 |
| 相对结节强度/% | 85 | 80～85 | 85 | 90～100 | 45～60 |
| 耐热性 | 差 | 较好 | 较差 | 较好 | 好 |

在纺丝过程中，加入杀菌消炎类药物或紫外线吸收剂等，可获得功能性、保健性大豆蛋白质纤维。但是，大豆纤维耐热性较差，纤维本身呈米黄色，在染整加工中要注意加工的温度、时间和纤维本身颜色对所染颜色的影响。

## 二、蛹蛋白丝

蛹蛋白丝是综合利用高分子改性技术、化纤纺丝技术、生物工程技术将蚕蛹蛋白经特有的生产工艺配制成纺丝液，再与黏胶纤维按比例共混纺丝，在特定的条件下形成的具有稳定皮芯结构的蛋白纤维。由于蛹蛋白液与黏胶纤维的物理化学性质不同，使蚕蛹蛋白主要聚集在纤维表面。从蛹蛋白丝织物的测试分析来看，蛹蛋白丝集真丝和黏胶人造丝优点与一身，具有舒适性、亲肤性、染色鲜艳、悬垂性好等优点，其织物光泽柔和、手感滑爽、透湿、透气性好，作为纺织原料，其具有很好的织造性能和服用性能。

1. 蛹蛋白丝的制造

蛹蛋白丝生产工艺流程：黏胶$\xrightarrow{\text{纺丝 醛化}}\xrightarrow{\text{耐热性}}\xrightarrow{\text{压洗 烘干}}\xrightarrow{\text{成为丝饼}}$蛹蛋白纺丝液

（1）纺丝用蚕蛹蛋白的制造　蛹蛋白丝生产状况的好坏关键在于蚕蛹蛋白的提纯。首先对蚕蛹进行挑选，筛去死蚕、僵蚕和腐烂变质的蚕蛹，及时烘干，立即脱脂和温水洗漂，待蚕蛹完全溶胀以后再进行粉碎磨细和蛋白抽提，然后过滤、脱色、脱臭、漂洗、过滤、干燥。提取的蛋白质蛋白含量要高，才能达到纺丝要求。

（2）蛹蛋白丝的生产

① 两种聚合物混合纺丝的可能性。蛹酪素（PC）是从蚕蛹中提纯的蛋白，含有 18 种氨基酸，相对分子质量约为 1 万～20 万，溶于稀碱溶液，其溶液黏度稳定。黏胶中纤维素的相对分子质量约为 5 万～7 万。蛹酪素具有—COOH、—$NH_2$、—OH；纤维素有—OH，它们都是亲水基团，因而蛹酪素和纤维素两种高聚物有条件共混，达到共聚物改性的目的。

② 借助黏胶人造丝设备进行湿法纺丝，将两种高聚物组分混合。由于两种结构差异大

的高聚物，无论怎样混合，两种高聚物之间界面的作用力较薄弱，在凝固和拉伸过程中，黏度小的容易跑在纤维的外层。蛹酪素溶液的黏度较黏胶的黏度小得多，故纤维成形时，蛋白质能富集在纤维的表面。

③ 黏胶的主要成分是纤维素黄酸酯、氢氧化钠和水，当黏胶离开喷头进入凝固浴以后，纤维素黄酸酯的凝固和进一步分解立刻发生。

④ 黏胶的凝固和纤维素黄酸酯的分解度与凝固浴中的 $H^+$ 浓度有关。根据双扩散理论和皮芯结构形成机理，为了增加皮层厚度，获得结构均匀的纤维，提高纤维的物理机械性能，需要控制凝固浴各组分的比例。适当控制硫酸的离解度，改善凝固和再生反应过程。丝束的冻胶溶解度较低，容易形成结构较为紧密的纤维。成形过程中的丝束能经受较大的拉伸，使纤维素大分子有较大的取向度。凝固浴中的硫酸锌与纤维素黄酸酯作用生成纤维素黄酸锌。纤维素黄酸锌在凝固浴中分解速率要比纤维素黄酸钠慢得多，黏胶细流的凝固再生较缓和，在通过强烈拉伸后再完全分解，使制得的纤维强伸度较好。同时较多的纤维素黄酸锌存在，使纤维素成为均匀的微晶结构，有利于提高纤维素的断裂强度、伸度和勾结强度。

⑤ 醛化反应，可以发生在纤维素分子、氨基酸分子之间，亦可在纤维素和氨基酸分子之间进行。在大分子间形成分子间的交联，通过交联反应使蛋白质牢固结合在纤维素上。

**表 4-8 蛹蛋白丝与其他天然纤维物理机械性能比较**

| 纤维名称 | | 蛹蛋白丝 | 蚕丝 | 羊毛 | 棉花 | 黏胶长丝 |
|---|---|---|---|---|---|---|
| 密度/(g/cm³) | | 1.49 | 1.37 | 1.28～1.33 | 1.47～1.55 | 1.50～1.52 |
| 断裂强度/(cN/dTex) | 干态 | 1.6～1.8 | 2.65～3.53 | 0.92～156 | 1.84～3.21 | 1.56～2.11 |
| | 湿态 | 0.8～0.92 | — | 0.70～1.50 | — | 0.73～0.92 |
| 断裂伸长/% | 干态 | 18～22 | 15～25 | 25～35 | 7～12 | 16～22 |
| | 湿态 | 25～28.5 | — | 25～50 | — | 21～29 |
| 吸湿率/% | | 11～12.5 | 8～10 | 16 | 7～9.5 | 12～14 |
| 初始模量/(cN/dTex) | | 30～55 | 44～88 | 10.1～22.96 | 62.5～85.4 | 27.6～64.3 |
| 回弹率/% | | 95.1（伸长3%时） | 60～70（伸长5%时） | 99（伸长2%时） | 74（伸长2%时） | 55～80（伸长3%时） |
| 相对湿强度/% | | 48～53 | 70 | 76～96 | 102～110 | 45～55 |
| 相对钩结强度/% | | — | 60～80 | 80 | 70 | 30～65 |
| 相对打结强度/% | | | 80～85 | 85 | 90～100 | 45～60 |
| 耐热性 | | 240～250℃开始变色，300℃变深黄 | 235℃分解，270～465℃燃烧 | 100℃开始变黄，130℃分解，300℃炭化 | 不软化，不熔解，在120℃下5h发黄150℃分解 | 不软化，不熔解，260～300℃开始变色分解 |
| 耐日光性(60h日晒强力下降)/% | | 5.9 | — | — | — | — |
| 耐酸性(0.5%盐酸强力下降)/% | | 2.9 | — | — | — | — |
| 耐碱性(2%氢氧化钠强力下降)/% | | 9.3 | — | — | — | — |
| 耐双氧水强度(5%双氧水强力下降)/% | | 3.5 | 0 | — | — | — |

2. 蛹蛋白丝及其织物性能

蛹蛋白丝成金黄色，纤维表面富含18种氨基酸。这种蛋白纤维是由两种物质构成，具有两种聚合物的特性，属于复合纤维中的一种。从理论上分析，由于蛹蛋白液与黏胶的物理化学性质的不同，特别是它们的黏度相差较大（用落球法测定，蛋白液黏度小于1秒而黏胶黏度约为35s左右），使蛋白液与黏胶的混合纺丝液经酸浴凝固成形时，蛋白质主要分布于纤维的表面。纤维切片经显微镜下观察，纤维素成白色略显浅蓝，在纤维切面的中间；而蛋白质成蓝色，在纤维切面的外围，整个切面形成皮芯层结构。蛹蛋白丝与其他天然纤维物理机械性能比较见表4-8。

## 三、牛奶纤维

牛奶蛋白纤维是以牛乳作为基本原料，经过脱水、脱油、脱脂、分离、提纯，使之成为一种具有线型大分子结构的乳酪蛋白；再与聚丙烯腈采用高科技手段进行共混、交联、接枝，制备成纺丝原液；最后通过湿法纺丝成纤、固化、牵伸、干燥、卷曲、定形、短纤维切断（长丝卷绕）而成的。它是一种有别于天然纤维、再生纤维和合成纤维的新型动物蛋白纤维，又叫它牛奶丝、牛奶纤维。

牛奶纤维的优点：(1) 柔软性、亲肤性等同或优于羊绒；(2) 透气、导湿性好、爽身；(3) 保暖性接近羊绒，保暖性好；(4) 牛奶绒的耐磨性、抗起球性、着色性、强力均优于羊绒；(5) 由于牛奶蛋白中含有氨基酸，皮肤不会排斥这种面料，相当与人的一层皮肤一样，而对皮肤有养护作用。

牛奶蛋白纤维可以纯纺，也可以和羊绒、蚕丝、绢丝、棉、毛、麻等纤维进行混纺，织成具有牛奶纤维特性的织物，可开发高档内衣、衬衫、家居服饰、男女T恤、牛奶羊绒裙、休闲装、家纺床上用品等。

## 思考与练习

1. 再生纤维素纤维都有哪些？
2. 与普通黏胶纤维相比，Tencel和莫代尔纤维分别有什么优点？
3. 试了解大豆纤维的结构和性能。
4. 莱赛尔纤维是一种新型的纤维素纤维，它具有哪些优点？
5. 黏胶纤维是怎样生产的？黏胶纤维在使用中存在哪些缺点？
6. 目前常见再生蛋白纤维有哪些？
7. 解释下列名称：醋酯纤维、莫代尔纤维、莱赛尔纤维、甲壳素纤维。
8. 与富强纤维相比，普通黏胶纤维在结构方面有何优点？
9. 简述醋酯纤维在纺织品中的应用。
10. 牛奶纤维有哪些优点？

# 第五章 新型纤维

世界进入 21 世纪，新技术、新工艺、新材料正以超乎人们想象的速度发展。作为传统的纺织工业，新型纤维材料的开发与应用也空前活跃，绿色环保、资源可再生、舒适性、功能性、节能减排、高性能、革新传统工艺等理念不仅给传统的纺织工业吹来一阵新风，更是受到了业界和广大消费者的追捧。在全球经济一体化迅速发展的大背景下，新型纤维材料的开发与应用不仅对改造传统的纺织工业、调整产品和产业结构具有举足轻重的作用，更是在激烈的市场竞争中赢得先机的有力法宝。本章主要介绍差别化纤维、功能性纤维、高性能纤维三类新型纤维的特点及应用。

## 第一节 差别化纤维

**知识与技能目标**

- 了解差别化纤维类型；
- 掌握差别化纤维的特点；
- 掌握差别化纤维的用途。

差别化纤维是指对常规品种化纤有所创新或具有某一特性的化学纤维。主要通过对化学纤维的化学改性或物理变形制得，它包括在聚合及纺丝工序中进行改性及在纺丝、拉伸及变形工序中进行变形的加工方法。差别化纤维以改进织物服用性能为主，主要用于服装和装饰织物。采用这种纤维可以提高生产效率、缩短生产工序，且可节约能源，减少污染，增加纺织新产品。

### 一、异形纤维

异形纤维是指经一定的几何形状（非圆型）的喷丝孔纺制的具有特殊横截面形状的化学纤维，也称“异形截面纤维”。它是用有特殊几何形状的喷丝板孔挤压出来的，使截面呈一定几何形状的纤维。目前生产的异形纤维主要有三角形、Y形、五角形、三叶形、四叶形、五叶形、扇形、中空形等，见图 5-1。异形纤维具有特殊的光泽、膨松性、耐污性、抗起球性，可以改善纤维的弹性和覆盖性。如三角形纤维具有闪光性，五角形纤维有显著毛型感和

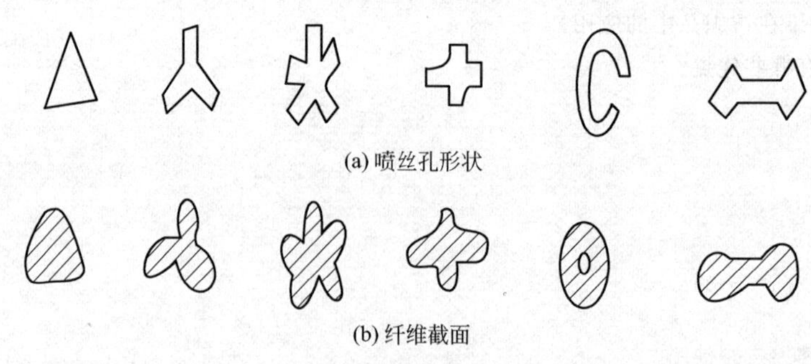


图 5-1 异形纤维喷孔与截面图

良好的抗起球性，五叶形复丝酷似蚕丝，中空纤维相对密度小、保暖、手感好等。

异形纤维跟一般的纤维相比，有如下特点：(1) 光学效应好，特别是三角形纤维，具有小棱镜般的分光作用，能使自然光分光后再度组合，给人以特殊的感觉。(2) 表面积大，能增强复盖能力，减小织物的透明度，还能改善圆形纤维易起球的不足。(3) 因截面呈特殊形状，能增强纤维间的抱合力，改善纤维的蓬松性和透气性。(4) 抗抽丝性能优于圆形纤维。

异形纤维大量用于机织、编织及地毯工业中。我国利用异形纤维主要生产纺织品和针织品，如生产仿细夏布、波纹绸、仿薄丝、仿绢和毛料花呢等。

## 二、复合纤维

在同一根纤维截面上存在两种或两种以上不相混合的聚合物，这种纤维称复合纤维。它大致可分为并列型、皮芯型、海岛型、放射型、多层型等。图 5-2 为典型复合纤维的结构示意图。

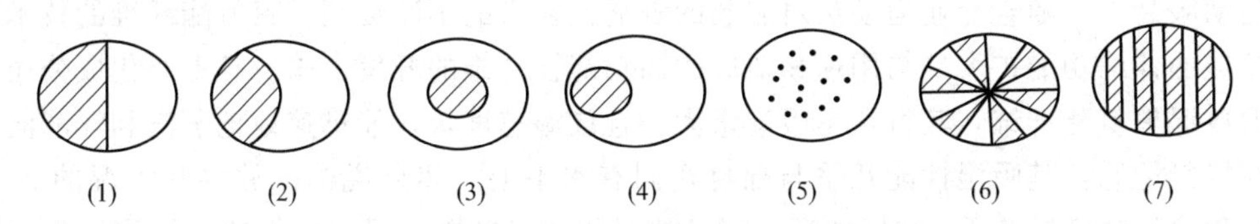


图 5-2　典型复合纤维的结构示意图

(1)，(2)—并列型；(3)，(4)—皮芯型；(5) —海岛型；(6) —放射型；(7) —多层型

复合纤维具有三维立体卷曲、高蓬松性和覆盖性，也具有良好导电性、抗静电性和阻燃性。主要用于加工毛线、毛毯、毛织物、保暖絮绒填充料、丝绸织物、非织造布、医疗卫生用品和特殊工作服等。

## 三、超细纤维

超细纤维是指纤维直径在 5μm 或 0.44dtex 以下的纤维。超细纤维具有质地柔软、光滑、抱合好、光泽柔和等特点。用它制作的织物非常精细，保暖性好，有独特的色泽，并有良好的吸湿散湿性，而且还可制成具有山羊绒风格的织物。超细纤维服装具有舒适、美观、保暖、透气特点；有较好的悬垂性和丰满度，吸附和防污性强。利用超细纤维比表面积大及松软特点，可以设计不同的组织结构，使之能更多地吸收阳光热能或更快散失体温，起到冬暖夏凉的作用。

超细纤维用途很广，用它制织的织物，经砂洗、磨绒等高级整理后，表面形成一层类似桃皮茸毛的外观，具有膨松、柔软、滑爽的特点。用这种面料制造的高档时装、夹克、T 恤衫、内衣、裙裤等凉爽舒适，吸汗不贴身，富有青春美。国外用超细纤维作成高级人造麂皮，既有酷似真皮的外观、手感、风格，又有低廉的价格。由于超细纤维又细又软，用它作成洁净布除污效果极好，可擦拭各种眼镜、影视器材、精密仪器，对镜面毫无损伤。用超细纤维还可制成表面极为光滑的超高密织物，用来制作滑雪、滑冰、游泳等运动服可减少阻力，有利于运动员创造良好成绩。此外，超细纤维还可用于过滤、医疗卫生、劳动保护等多种领域。

## 四、纳米纤维

纳米纤维是指纤维直径小于 100nm 的超微细纤维。纳米是一种长度计量单位，$1nm=10^{-9}m$。一个原子的直径约为 0.2～0.3nm。纳米结构是指尺寸在 1～100nm 范围内的微小结构。

纳米纤维最大的特点就是比表面积大，导致其表面能和活性增大，从而产生了小尺寸效应、表面或界面效应、量子尺寸效应、宏观量子隧道效应等。在化学、物理（热、光、电磁等）性质方面表现出特异性。纳米纤维广泛应用在服装、食品、医药、能源、电子、造纸、航空航天等领域。

在服装领域，利用纳米纤维可制作多功能防护服，这种纳米纤维织物具有很多微孔，能允许蒸汽扩散，既有可呼吸性，又能挡风和过滤微细粒子。对气溶胶的阻挡实现了对生物武器和化学武器及生物化学有毒物质的防护；而可呼吸性又保证了穿着舒适性。在医学领域，可用于骨折修复及骨癌治疗的各类骨骼材料，如蛋白原纳米纤维天然止血布、“纳米纤维”绷带。在能源领域上碳纳米管可作为新的超级氢吸附剂，是一种很有前途的储氢材料，它的出现将推动氢/氧燃料电池汽车及其他用氢设备的发展，并有可能做成燃料电池驱动车。

### 五、吸湿放湿纤维

聚氨酯纤维由于其良好的弹性而被广泛地应用于体操、健美操、技巧、游泳、田径等项目的运动服装中。随着专业运动员对服装的舒适性要求的不断提高，聚氨酯纤维的技术开发已从单纯的伸缩功能扩大到与用途相适应的高功能性纤维的开发上来。日本旭化成公司首创的吸湿放湿聚氨酯纤维，其特点是吸湿量大，且放湿速度快，能迅速地把蒸汽和汗液向外释放，保持舒适感，其吸湿性能几乎与棉材在同有水平上。如果说棉的放湿是吸湿的50%的话，这种聚氨酯纤维几乎100%放湿，而且放湿的速度极快。因此也把这种纤维称为“能呼吸的纤维”。

杜邦公司用于生产的四沟道聚酯纤维，具有优良的芯吸能力，将疏水性合成纤维制成高导湿纤维，将高度出汗皮肤上的汗液用芯吸导到织物表面蒸发冷却。实验证明，在30min后湿度去除百分率：棉为52%，四沟道聚酯纤维95%。将它应用于运动服装能保持皮肤干爽和舒适，并具有优良的保暖防寒作用。

EasTlon吸湿排汗纤维是远东纺织股份有限公司生产的，该纤维为中强力涤纶短纤维，由特殊的交叉纤维面组成。独特凹槽设计的特性使其具有虹吸作用，能快速吸收汗液，同时将汗液转化成气体排出体外，保持人体皮肤干爽舒适、调节体温。通常情况下，使用100%此种纤维进行纺纱。一般产品规格为1.4D×38mm。能加工成运动服饰、休闲服饰、袜子类、内衣裤类等。

塞迪斯纤维是一种舒适、时尚的改性聚酯纤维，是由济南正昊化纤新材料有限公司研制开发的新型吸湿排汗纤维。利用自主开发的改性聚酯作为成孔剂，与常规聚酯进行共混纺丝制得。该纤维采用异型截面结构，经后处理后，纤维表面形成众多无规则的凹坑或沟槽，具有很好毛细效应。正是由于纤维的这种独特结构，导致了它的吸湿、排汗、透气的特性，可将肌肤表面排出的湿气与汗水瞬间排出体外，使肌肤保持干爽和清凉。

### 六、易染纤维

所谓易染纤维是指可以用不同类型的染料染色、染色条件温和、色谱齐全、染出的颜色色泽均匀且色牢度好的纤维。因此，对在多数不易染色的合成纤维多采用单体共聚、聚合物共混或嵌段共聚的方法来得到易染的合成纤维。现已开发的易染纤维有常温常压无载体可染涤纶纤维、阳离子染料可染涤纶纤维、常压阳离子染料可染涤纶纤维、酸性染料可染涤纶纤维、酸性染料可染腈纶纤维、可染深色的涤纶纤维和易染丙纶等。

### 七、聚酯纤维

聚酯（PTT）纤维是聚对苯二甲酸丙二醇酯，最早由壳牌化学公司与美国杜邦公司分别从石油工艺路线及生物玉米工艺路线通过对苯二甲酸与1,3-丙二醇聚合，再通过纺丝制成的新型聚酯纤维。PTT纤维兼有涤纶、尼龙、腈纶的特性，除防污性能好外，还有易于染色、手感柔软、富有弹性，伸长性同氨纶纤维一样好，与弹性纤维氨纶相比更易于加工，非常适合纺织服装面料。除此以外，PTT纤维还具有干爽、挺括等特点。因此，在不久的将来，PTT纤维将逐步替代涤纶和尼龙而成为21世纪大型纤维。

PTT纤维具有涤纶的稳定性和尼龙的柔软性，表现在：PTT织物柔软且具有优异的悬垂性、优异的弹性（伸长20%仍可恢复其原有的长度）、优异的染色及印花特性（98～110℃一般分散染料可以染色）；优越的染色牢度、鲜艳度、日晒牢度及抗污性、免烫性。PTT纤维适应性比较广泛，PTT适合纯纺或与纤维素纤维及天然纤维、合成纤维复合，生产地毯、便衣、时装、内衣、运动衣、泳装及袜子。

### 八、产业用纤维

聚萘二甲酸乙二醇酯（PEN）是聚酯家族中重要成员之一，是一种新兴的优良聚合物。可以加工成薄膜、纤维、中空容器和片材。由于其综合性能优异，有广阔的潜在市场，因而引起世界聚酯行业的关注。

PEN最突出的性能之一就是气体阻隔性能好。如PEN对水的阻隔性是PET材料（薄膜、工程塑料）的3～4倍；对氧气和二氧化碳的阻隔性是PET材料的4～5倍。其阻隔性可与聚偏二氯乙烯（PVDC）（具有阻湿、阻氧、防潮、耐酸碱、耐油浸和耐多种化学溶剂等性能的包装材料）相比，不受潮湿环境的影响。因而，PEN可作为饮料及食品包装材料，并可大大提高产品的保质期。PEN具有良好的化学稳定性，对有机溶液和化学药品稳定，耐酸碱的能力好。PEN具有优良的热性能，如在130℃的潮湿空气中放置500h后，伸长率仅下降10%，在180℃干燥空气中放置10h后，伸长率仍能保持50%。PEN具有很强的紫外光吸收能力，可阻隔小于380nm的紫外线，其阻隔效应明显优越。PEN的力学性能稳定，即使在高温高压情况下，其弹性模量、强度、蠕变和寿命仍能保持相当的稳定性。

PEN的市场是以薄膜为先导奠定了基础，而瓶装用途紧随其后。生产应用于特种工业、包装、电器、电子元件、高级磁性材料和高级照相材料等市场的聚酯薄膜产品。

### 九、高收缩纤维

高收缩纤维是指在沸水中收缩率为35%～45%的合成纤维。而普通收缩纤维的沸水收缩率一般在20%左右。常见的高收缩纤维有高收缩型腈纶和涤纶两种。

高收缩纤维在纺织产品中的用途十分广泛，它可以与常规纤维混纺成纱，然后在无张力的状态下水煮或汽蒸，高收缩纤维卷曲。而常规纤维由于受高收缩纤维的约束而卷曲成圈，则纱线蓬松圆润如毛纱状。高收缩腈纶就采用这种方法与常规腈纶混纺制成腈纶膨体纱（包括膨体绒线、针织绒和花色纱线）或与羊毛、麻、兔毛等混纺以及纯纺，做成各种仿羊绒、仿毛、仿马海毛、仿麻、仿真丝等产品。这些产品具有毛感柔软，质轻蓬松、保暖性好等特点。另外也有利用高收缩纤维丝与低收缩及不收缩纤维丝织成织物，然后经沸水处理，使纤维产生不同程度的卷曲呈主体状蓬松，使用这种组合纱也是生产仿毛织物的常规做法。还可用高收缩纤维丝与低收缩丝交织，以高收缩纤维丝织底或织条格，低收缩纤维丝提花织面，织物经后处理加工后，则产生永久性泡泡纱或高花绉。高收缩涤纶一般采用上述方法与常规涤纶、羊毛、棉花等混纺或与涤棉、纯棉纱交织，生产具有独特风格的织物。高收缩纤维还可用于制人造毛皮、人造麂皮、合成革及毛毯等，具有毛感柔软、密致的绒毛等特点。

### 十、其他差别化纤维

如抗起球纤维、着色纤维等。聚酯纤维具有许多优良品质，但聚酯纤维与其他合成纤维一样，在使用过程中，纤维易被拉出织物表面形成毛羽，毛羽再互相摩擦形成小球，又因聚酯纤维强度高，小球不易脱落，因此国内外研制出多种抗起球纤维。它们的基本特点在于最终降低纤维的强度和伸度，以便能使形成的小球脱落。着色纤维是指在化学纤维生产过程中，加入染料、颜料或荧光剂等进行原液染色的纤维。着色纤维色泽牢度好，可解决合成纤维不易染色的缺点。着色涤纶、丙纶、尼龙、腈纶、维纶、黏胶等可用于加工色织布、绒线、各种混纺织物、地毯、装饰织物等。

# 第二节 功能性纤维

**知识与技能目标**

- 了解功能性纤维的种类；
- 掌握功能性纤维的特点；
- 掌握功能性纤维的用途。

功能性纤维一般是指在纤维现有的性能之外，再同时附加上某些特殊功能的纤维，如抗菌纤维、防紫外线纤维、远红外纤维、阻燃纤维、氨纶纤维、光导纤维、热敏或光敏纤维、防电磁辐射纤维、负离子纤维、空调纤维等。

## 一、抗菌纤维

抗菌纤维是混有抗菌剂或经抗菌表面处理的纤维，具有抗菌杀菌功能，可防感染和传染，功能持久、安全可靠、不会产生抗药性等特点。混入型的制法是将含银、铜、锌离子的陶瓷粉等具有耐热性的无机抗菌剂，混入聚酯、聚酰胺或聚丙烯腈中进行纺丝而得，以纳米级含银沸石的无机抗菌纤维最佳；后处理型是将天然纤维用季铵化合物或脂肪酰亚胺等有机抗菌剂浸渍处理制得。用于医院用纺织品如衣服、床单、罩布、窗帘、连裤袜、短袜和绷带等。

抗菌纤维可广泛用于家纺用品、内衣、运动衫等，特别是用于制作老年、孕产妇及婴幼儿服装。使用这种纤维制成的衣服，具有很好的抗菌性能，能够抵抗细菌在衣物上的附着，从而使人远离病菌的侵扰。抗菌纤维对细菌的抵抗和杀灭作用不是一次性的暂时作用，而是具有长期功效。具有这种长期的抗菌性，是因为它采用内置式设计，使得抗菌剂能够缓缓溶出，在纤维表面形成抑菌圈。即使表面抗菌剂被洗掉，还会有新的抗菌剂溢出形成新的抑菌圈。所以，用这种纤维制作的衣物有良好的耐洗性。目前，全世界有很多研究机构在开发新型抗菌纤维。

## 二、防紫外线纤维

由紫外线屏蔽剂经过熔融纺丝制成的抗紫外线纤维，对紫外线的屏蔽率达 92%以上，同时对热辐射有一定的遮蔽效果，主要用于制作夏季的衬衫、T 恤衫以及遮阳伞等。

防紫外线纤维的生产制造可通过共混纺丝制得，即将紫外线屏蔽剂或紫外线吸收剂的粉体在聚合物聚合时加入或直接共混纺丝，也可先制成防紫外线母粒再进行纺丝。这样制得的防紫外线纤维比后整理法制成的纺织品的防紫外线功能持久、耐洗性好、手感柔软，易于染色。但其混纺丝法由于粉体加入量的多少、颗粒的大小和均匀度的不同，其功能也不一样，并有可能逐渐堵塞喷丝孔，缩短喷丝板的寿命，增加成本。

防紫外线纤维必须具有良好的紫外线屏蔽功能；聚合物经改性产生好的持久性；与普通制品一样耐洗和耐烫性好；从聚合物中溶出屏蔽剂，但不产生剥离，安全性好；光稳定性良好，对皮肤无伤害；阳光下穿着感舒适；加工方便，具有持久性。

## 三、远红外纤维

远红外纤维是在涤纶、丙纶、黏胶中加入纳米远红外陶瓷粉，通过共混、熔融、纺丝，生产的一种具有吸收和发射远红外线的纤维。此种纤维远红外发射率≥88%，且永不失效。用此纤维加工的功能纺织品，可激活生物大分子的活性；促进和改善局部和全身的血液循环；增强新陈代谢，使体内外的物质交换处于平衡状态，提高免疫功能，具有消炎消肿、镇痛的作用。

远红外纤维可以长期促进人体新陈代谢，增进血液循环，加上因为远红外线本身即放射热源之一，该纤维具有温热的作用。在冬天及雪地上，以少量、适当薄的衣服，即可达到御寒的功能，并能增加行动的便利及舒适感。特别是爱美的女性越来越注重冬季衣物是否真正具备保暖而又超薄的特性，远红外面料可以给这些消费者一个较完美的答案。再者，远红外纤维除了具有反射功能外，还兼有抗可见光、近红外线和抗紫外线的功能，可用来制作夏日服装、野外工作服、遮阳伞及装饰用布等，孕育着十分广阔的市场。

## 四、阻燃纤维

阻燃纤维是指纤维材料本身具有或者是经处理后具有的明显推迟火焰蔓延，离开火焰后能很快地自熄的纤维。阻燃纤维具有独特性能：(1) 良好的阻燃性能，极限氧指数 LOI 值大于 27%；(2) 安全性好。纤维遇火时不熔融，低烟不释放毒气。(3) 永久性的阻燃作用。洗涤和摩擦等不会影响阻燃性能。赋予纤维阻燃性能的方法是：将阻燃剂与成纤高聚物共混、共聚、嵌段生产阻燃纤维共聚或对纤维进行后处理改性。现已开发出的阻燃纤维有阻燃黏胶纤维、阻燃尼龙纤维、阻燃维纶纤维、阻燃腈纶纤维、阻燃涤纶纤维、阻燃聚乙烯醇纤维等。随着科学技术的进步，各国新近开发生产了多种阻燃纤维，如聚间苯二甲酰间苯二胺纤维、聚酰胺一酰亚胺纤维、聚酰亚胺 2080 纤维、杂环聚合物聚苯并咪唑纤维 (PIM2080)、酚醛纤维、Basofil 纤维。这些纤维的阻燃效果都比较好，在工业及特殊领域有很大的用途。

## 五、光敏纤维

在光的作用下，某些性能如颜色、力学等发生可逆性变化的纤维称为光敏纤维，研究的热点是光致变色纤维。而光致变色纤维是在太阳光或紫外光等的照射下颜色会发生变化的纤维，当光线消失之后又会可逆地变回原来的颜色。自从 1899 年发现某些固体和液体的化合物有光敏性能以来，各种光敏材料的研究就引起了人们极大的兴趣。日本首先开发出光致变色复合纤维，并以此为基础制得了各种光敏纤维制品，如绣花丝绒、针织纱、机织纱等，用于装饰皮革、运动鞋、毛衣等，受到人们的广泛喜爱。由于其颜色随外界环境的变化而发生可逆变化，能满足现代消费者希望服装的色彩富于变化的消费心态。

对于有机化合物而言，光致变色往往与分子结构的变化联系在一起，如互变异构、顺反异构、开环闭环反应，有时为二聚或氧化还原反应。制备光致变色纤维的方法一般有 4 种：染色、共混、复合纺丝、接枝共聚。其中共混是将光致变色体分散于纺丝熔体或溶液进行纺丝或将光致变色体通过界面缩聚封入微胶囊中，再与纺丝熔体或溶液混合进行纺丝；接枝共聚是将光敏单体接枝到纤维的大分子，形成光敏纤维，然后纺丝。目前，光致变色纤维已在日本等发达国家取得较大的进展，日本制成的光敏纤维在无阳光的条件下不变色，在阳光或紫外线照射下显深绿色，在军事中应用广泛。

### 六、防电磁辐射纤维

电磁辐射，是指电磁波中的微波段、射频段和工频段的电磁辐射。这种辐射作为非电离辐射，对人体的危害是通过积累效应而显现的。现在它已成为继大气、水和噪声三大环境污染之后的第四污染源，已引起人们普遍的关注。

防电磁辐射纤维的屏蔽机理是凭借低电阻导电材料对电磁辐射产生反射作用，在导体内产生与原电磁辐射相反的电流和磁极化，形成一个屏蔽空间，从而减弱外来电磁辐射的危害。

防电磁辐射纤维可以采用两种方法取得：(1) 采用化学镀层方法在常规纤维表面镀上导电金属层，这种防电磁辐射纤维防电磁辐射能力较强且持久。青岛亨通伟业特种织物科技有限公司“抗菌防辐射纤维镀银渗固技术”把具有天然抗菌、调控温度和湿度、防辐射等功能的贵重金属银和尼龙一起进行有机整合和功能改进，研制出具有独特的可调节人体微生态环境的产品——银层固化纤维的功能复合织物。它具有抗菌、调控体温和湿度、阻挡电磁辐射，可以屏蔽90%以上的电磁辐射，甚至还有控制体味的功能。此新材料填补了国内空白，适用于各式贴身内衣及外出服装，真正实现了“抗菌防辐射纤维镀银渗固技术”在实际应用方面的成果转化。(2) 开发本体导电性单体和聚合物。利用纤维聚合物如聚乙烯类、聚苯胺类、聚杂环类聚合物分子的化学活性，使之与过渡金属离子相配位形成配合物，进而在纤维上反应、生成导电物质，从而使纤维具有导电性。这样能赋予纤维良好耐久的导电性，具有良好的防辐射性能，用其制成的防电磁辐射面料能达到电磁辐射的防护要求，且耐洗涤性良好。

用防电磁辐射纤维可以制作各种防电磁辐射服装，适用于电子、计算机、电讯、电站、发射站、医院、防静电、军事等电磁辐射污染源区工作的人群以及需要抗电磁辐射干扰和保密的各种仪器、仪表。

### 七、负离子纤维

负离子纤维是一种具有负离子释放功能的纤维。由该纤维所释放产生的负离子对改善空气质量、环境具有明显的作用，特别是负离子对人体的保健作用，已越来越多为人们所接受。

负离子纤维的制成主要是通过在纤维的生产过程中，添加一种具有负离子释放功能的纳米级电气石粉末，使这些电气石粉末镶嵌在纤维的表面，通过这些电气石发射的电子，击中纤维周围的氧分子，使之成为带电荷的负氧离子（通常称之为负离子）。

市面上的负离子纤维主要有黏胶负离子纤维、涤纶负离子纤维、丙纶负离子纤维、腈纶负离子纤维等。

该纤维除了具有普通纤维的性能外，还具有以下特殊功能：(1) 永久的负离子发射功能；(2) 较强的生物波发射功能；(3) 优良的抗菌、杀菌性能；(4) 可释放人体需要的多种微量元素；(5) 脱臭作用，净化空气；(6) 界面活性作用。

负离子纤维的应用如下。

(1) 家用纺织品　保健内衣内裤、衬衫、睡衣裤、袜子及床上用品、毛巾、浴巾等。负离子织物不仅具有负离子发生功能还具有独特的发射远红外功能。人体皮肤中含有的水分子与这种织物接触时，由于织物中负离子发生材料的永久电极的存在，使微弱的电流通过皮肤，由末梢神经刺激传给中枢系统，由此产生了促进血液循环，抑制疼痛等各种各样的生理反应，且还能起到抗菌杀菌作用。因此，经负离子纤维加工的织物具有保健和环保双重功能。

(2) 医用非织造布　如手术衣、护理服、病床用品、卫生用品等，能有效地防止细菌感染和医源性交叉感染并起到净化病房空气的作用。

(3) 室内装饰物　如室内装潢用的壁纸、地毯、沙发套、垫子等。在室内装修过程中使用的装潢材料挥发出来的苯、甲醛、酮、氨、醇类等刺激性有害气体，用负离子纤维室内装饰物释放的空气负离子能有效地加以消除并能起到净化空气的作用。

(4) 汽车内部织物　在封闭的车箱内部，容易成为病菌滋生的温床，加上车内空气混浊，含有大量的正离子，不但影响人的身体健康，还会促进驾驶员疲劳，发生交通事故。用负离子纤维制成汽车内织物，能消除汽车内异味，净化空气，调节驾驶员神经系统的兴奋和抑制状态，改善大脑皮层功能保持良好的精神状态。

(5) 过滤材料　如空调过滤网、水处理材料。用负离子纤维作为空调过滤网，能起到高效清新室内空气和预防空调病的作用；用负离子纤维进行水处理，使水成为偏碱性的“活性水”；用负离子纤维制成的过滤材料用于饮水机过滤芯，能杀死水中细菌，增加水中溶解氧，饮用这种处理后的水可以中和体内过量的酸性，以维持身体正常生理机能；用负离子纤维制成浴室毛巾或用于浴室水处理，能加速水分子运动，使普通水变成活性水，增加能量，容易去除人体污垢，消除疲劳。

用负离子纤维处理的水用于绿色植物栽培，能提高植物的成活率，并缩短成熟期，喷洒到花卉的叶面，能使花卉的保鲜期延长50%～100%。

### 八、空调纤维

Outlast空调纤维技术是美国太空总署为登月计划而研发的，目的是为宇航员制作登月服装，包括手套、袜子、内衣等，后来发展到用于普通服装，特别是户外服装，包括滑雪衫、裤、毛衣等。它是一种新型“智能”纤维，于1988年开发成功，1994年首次用于商业用途，1997年在户外服装中使用，现在已广泛用于时装和床上用品。Outlast技术主要应用于腈纶纤维，规格有2.2dtex、3.3dtex和5dtex，长度为51mm、60～110mm不等，可供散纤和毛条。

Outlast技术主要有两种：一种是面料涂层，即将含有Outlast技术的微胶囊（PCMS）涂于织物表面；另一种用Outlast技术将微胶囊（PCMS）植入腈纶纤维内，此纤维可进行纺纱。

Outlast空调纤维调节温度的特点：空调纤维制成的服装能保持在一个舒适的温度范围，故用空调纤维可制得冬暖夏凉的服装。

Outlast空调纤维：能纯纺，也可与棉、毛、丝、麻等各类纤维混纺交织，可梭织和针织，大量应用于户外服装、内衣裤、毛衣、衬衣、帽子、手套和床上用品等，具有良好调温效果。其服饰在美国、欧洲、日本已很流行，特别是户外运动者和对温度变化较为敏感的老年和婴幼儿中，更受欢迎。

### 九、有机导电纤维

有机导电纤维由有机纤维（如黏胶纤维、尼龙、涤纶及芳纶等）和导电物质复合而成，导电物质呈非均匀对称地分布在纤维中。从纤维的截面可观察到在纤维的一侧有多个导电物质，在纤维的另一侧无导电物质。由于导电物质的非均匀分布，实现了导电纤维的永久性卷曲，并使得起抗静电作用的导电点全部处于纱线和纤维的表面，充分发挥有机导电纤维的抗静电功能；并提高了导电组分的利用率，降低了成本。有机导电纤维除用于民用服装、地毯的防静电加工外。还可广泛应用于半导体工业、电子工业、医学工程、生物工程等领域所需的防静电、防尘、防爆工作服；应用于电磁波屏蔽和吸取材料、电热制品的发热元件以及工业滤材。

**十、其他功能性纤维**

其他功能性纤维如生物活性纤维、发光纤维和香味纤维等。生物活性纤维是指能保护人体不受微生物侵害或具有某种保健疗效的纤维。发光纤维是受光或放射线照射能发出比照射光波长更长的可见光的纤维。香味纤维是将含有一定功能的芳香剂制成微胶囊，并将其牢固地黏附于纤维表面，纤维能持久发出香味。

# 第三节 高性能纤维

**知识与技能目标**

- 了解高性能纤维的种类；
- 掌握高性能纤维的特点；
- 掌握高性能纤维的用途。

高性能纤维是具有特殊的物理化学结构、性能和用途或具有特殊功能的化学纤维，一般指强度大于 17.6cN/dtex，弹性模量在 440cN/dtex 以上的纤维。如耐强腐蚀、低磨损、耐高温、耐辐射、抗燃、耐高电压、高强度高模量、高弹性、反渗透、高效过滤、吸附、离子交换、导光、导电以及多种医学功能。这些纤维大都应用于工业、国防、医疗、环境保护和尖端科学各方面。当今世界三大高性能纤维是碳纤维、芳纶、超高分子量聚乙烯纤维。

**一、碳纤维**

碳纤维是指纤维化学组成中碳元素占总质量 90%以上的纤维。碳纤维是以聚丙烯腈纤维、黏胶纤维或沥青纤维为原丝，通过加热除去碳以外的其他一切元素制得的一种高强度、高模量的纤维，它具有较高的化学稳定性和耐高温性能，是高性能增强复合材料中的优良结构材料。以黏胶为原丝时，黏胶纤维可直接炭化和石墨化。纤维先进行干燥，然后在氮或氩等惰性气体保护下缓慢加热到 400℃，再快速升温至 900～1000℃，使之完全炭化，可得含碳量达 90%的碳纤维。若以聚丙烯腈纤维为原丝，则需先对原丝进行 180～220℃、约 10h 的预氧化处理，然后再经过炭化和石墨化处理，由此制得具有优良性能的碳纤维。

根据炭化温度的不同，碳纤维分为三种类型。

1. 普通型（A 型）碳纤维

它是在 900～1200℃下炭化得到的碳纤维。这种碳纤维强度和弹性模量都较低，一般强度小于 1077cN/dtex，模量小于 13462cN/dtex。

2. 高强度型（C 型）碳纤维

它是指在 1300～1700℃下炭化得到的碳纤维。这种碳纤维强度很高，可达 1384～661cN/dtex，模量约为 13842～16610cN/dtex。

3. 高模量型（B 型）碳纤维

又称石墨纤维，它是指在炭化后再经 2500℃以上高温石墨化处理所得到的纤维。这类碳纤维具有较高的强度，约 978～1222cN/dtex，模量很高，一般可达 17107cN/dtex 以上，有的可高达 31786cN/dtex.

碳纤维具有高强度、高模量、良好的耐热性和耐高温性。碳纤维除能被强氧化剂氧化外，一般的酸碱对它不起作用。碳纤维具有自润滑性，其密度虽比一般的纤维大，但远比一般的金属轻。用碳纤维做高速飞机、导弹、火箭、宇宙飞船等的骨架材料，不仅质轻、耐高温且有很高的抗拉强度和弹性模量。用碳纤维制成的复合材料还在原子能、机电、化工、冶金、运输等行业和体育用品等方面有广泛用途。

## 二、芳纶

芳纶纤维全称为聚对苯二甲酰对苯二胺，英文为 Aramid fiber（杜邦公司的商品名为 Kevlar），是一种新型高科技合成纤维。具有超高强度、高模量和耐高温、耐酸耐碱、质量轻等优良性能。其强度是钢丝的 5～6 倍，模量为钢丝或玻璃纤维的 2～3 倍，韧性是钢丝的 2 倍，而质量仅为钢丝的 1/5 左右。在 560℃的温度下，不分解，不融化。具有良好的绝缘性和抗老化性能，具有很长的生命周期。芳纶的发现，被认为是材料界一个非常重要的历史进程。

芳纶所用原料不同有多种牌号，如尼龙 6T、芳纶 1414、芳纶 14、芳纶 1313 等。其中以芳纶 1414、芳纶 1313 最为成熟，产量最大，使用最多。

芳纶 1313 主要特点是耐温性能好，可在 260℃高温下持续使用 1000h，在 300℃下连续使用一星期，还能保持原有强度的一半。它还具有很好的阻燃性（限氧指数为 28%），在火焰中不延燃。它还有良好的抗辐射性能，其强度和伸长与普通涤纶相似，便于加工与织造。芳纶 1313 主要用于制作防火和耐高温材料，如用于制作防火帘、防燃手套、消防服等。在航空航天方面芳纶 1313 可用于制作降落伞、飞行服、宇宙航行服等，也可用于民用客机的装饰织物。

芳纶 1414 被称作高强度、高模量纤维，其强度是普通尼龙或涤纶纤维的 4 倍、钢丝的 5 倍、铝丝的 10 倍。模量为尼龙的 20 倍，比玻璃纤维和碳纤维的模量都高。长期使用温度为 240℃，在 400℃以上才开始烧焦。芳纶相对密度 1.44，比各种金属都要轻得多。芳纶的化学性能很稳定。芳纶 1414 可制作各种复合材料主要用于航空航天和国防军工领域，制作各种复合材料，如空间飞行器、飞机、直升机等的内部及表面、宇宙飞船、火箭发动机外壳、导弹发射系统。还可用于制作防弹衣、防弹头盔、轮胎帘子线和抗冲击织物。

## 三、超高分子量聚乙烯纤维

超高分子量聚乙烯纤维（UHMWPE），又称高强高模聚乙烯纤维，是目前世界上强度和模量最高的纤维。超高分子量聚乙烯纤维在 1999 年突破关键性生产技术，美国超高分子量聚乙烯纤维 70%用于防弹衣、防弹头盔、军用设施和设备的防弹装甲、航空航天等军事领域。

超高分子量聚乙烯纤维具有以下特殊性能。

（1）高强度，高模量。强度是同等截面钢丝的十多倍，模量仅次于特级碳纤维。

（2）纤维密度低，密度是 0.97g/cm$^3$，可浮于水面。

（3）断裂伸长低、断裂功大，有很强的吸收能量的能力，因而具有突出的抗冲击性和抗切割性。

（4）抗紫外线辐射，防中子和 $\gamma$ 射线，比能量吸收高、介电常数低、电磁波透射率高。

（5）耐化学腐蚀、耐磨性、有较长的挠曲寿命。

由于超高分子量聚乙烯纤维具有众多的优异特性，它在高性能纤维市场上，包括从海上油田的系泊绳到高性能轻质复合材料方面均显示出极大的优势，在现代化战争和航空、航天、海域防御装备等领域发挥着举足轻重的作用。

**四、高强耐热的纤维**

PBO是聚对亚苯基苯并双噁唑的简称。PBO纤维是由PBO聚合物通过液晶纺丝制得的一种高性能纤维。PBO纤维具有高强、高模量、耐热性、阻燃性等特点，被誉为“21世纪的超级纤维”。其强度和模量为Kevlar（芳纶复合材料）纤维的2倍，同时具有间位芳纶的耐热阻燃的性能。PBO纤维的限氧指数为68%，在有机纤维中阻燃性最高。PBO纤维柔软性良好，织成的织物柔软性近似于涤纶纤维织物，对于纺织编织加工极为有利。PBO纤维的耐药品性，耐切割性较好，作为保护材料有良好的效果。

PBO纤维广泛用于耐热产业用纺织品和纤维增强材料。例如，制铝工业和玻璃工业制造过程中出料时的缓冲垫料；消防服、焊接工作服等耐热工作服；高温过滤用耐热过滤材料。另外，PBO纤维还可用于轮胎、运输带、胶管等橡胶制品的补强材料，混凝土的补强材料，防切割保护服、安全手套、安全栏、赛车服、飞行员服等各种运动服和活动性运动装备，用PBO纤维制作的复合材料还可用于导弹、航天器、飞机、赛艇等。

**五、陶瓷纤维**

陶瓷纤维是一种集传统绝热材料、耐火材料优良性能于一体的纤维状轻质耐火材料。其产品涉及各领域，广泛应用于各工业部门，是提高工业窑炉、加热装置等热设备热工性能，实现结构轻型化和节能的基础材料。

陶瓷纤维主要化学成分为$SiO_2$：45%～55%；$Al_2O_3$：40%～50%；$Fe_2O_3$：0.8%～1.0%；$Na_2O+K_2O$：0.2%～0.5%。

陶瓷纤维具有低导热率、优良的热稳定性、化学稳定性、无腐蚀性。用该纤维生产的制动器衬片具有良好的耐高温性和分散性，适合各类混料机搅拌。

陶瓷纤维适用于有耐高温要求，热恢复性能好，制动噪声小的制动器衬片。陶瓷纤维制品的应用领域主要是加工工业和热处理工业（工业窑炉、热处理设备及其他热工设备），其消耗量约占40%；其次是钢铁工业，其消耗量约占25%。国外在提高陶瓷纤维产量的同时，注意研制开发新品种，除1000型、1260型、1400型、1600型及混配纤维等典型陶瓷纤维制品外，近年来在熔体的化学组分中添加$ZrO_2$、$Cr_2O_3$等成分，从而使陶瓷纤维制品的最高使用温度提高到1300℃。此外，有些生产企业还在熔体的化学组分中添加CaO、MgO等成分，研制开发成功多种新产品。如可溶性陶瓷纤维含62%～75%$Al_2O_3$的高强陶瓷纤维及耐高温陶瓷纺织纤维等。因此，目前在国外陶瓷纤维的应用带来了十分显著的经济效益，导致陶瓷纤维的应用范围日益扩大，一些工业发达国家的陶瓷纤维产量继续保持持续增长的发展势头，其中尤以玻璃态硅酸铝纤维的发展最为迅速。

**六、聚苯并咪唑纤维**

聚苯并咪唑纤维，简称PBI纤维或托基纶（Togylen）。它是一种典型的杂环高分子耐热纤维。其主要性能如下。

(1) 良好的纺织加工性　纤维强度2.8～5.0cN/dtex，断裂伸长率超过棉花一般为10%～15%，在标准状态下，吸湿高达15%，手感较好，具有良好的纺织加工性能。

(2) 阻燃性能好　该纤维在空气中气体释出的速率极低，是惰性气体，所以它在空气中实际上不燃烧。其极限氧指数达到38%～46%，在燃烧时不熔融，不收缩或很少收缩，离火后立即自熄。

(3) 吸湿性高　该纤维吸湿率可达13%～15%，通过酸稳定化处理后还能使回潮率进一步提高。它的高吸湿性和柔软的手感使所制成的织物具有良好的穿着舒适性。

（4）良好的染色性　纤维呈金黄色，其化学结构和形态结构类似于羊毛，可采用分散染料和酸性染料进行染色。

（5）热稳定性好　在整个测量温度范围内，该纤维初始模量保持常数，在接近 500℃时，由于氧化交联，初始模量开始增加。在惰性气体或真空中，即使在 350℃下历经 300h 也不会产生明显的老化效应。

（6）化学稳定性好　它对水解作用稳定，在 149℃及 441.9kPa 的蒸气压下处理 72h，纤维的强度几乎无损失，纤维浸泡于酸或碱的溶液中强度保持率也很高。

（7）耐光性较差　可见光区域内，纤维分子对光具有吸收作用，并可发生光降解，特别是在氧存在下这种作用急剧增强。

聚苯并咪唑纤维主要用于要求纤维阻燃、耐高温和无烟、低毒的领域。可用于制作防护服（消防服、防高温工作服、飞行服）和救生用品等，曾经用它制作阿波罗号和空间试验室宇航员的航天服和内衣。还可用作宇宙飞船重返地球时及喷气飞机减速用的降落伞、减速器和热排出气的储存器等。

### 七、聚四氟乙烯纤维

聚四氟乙烯纤维（PTFE）也称氟纶，是当今世界上耐腐蚀性能最佳的纤维。

聚四氟乙烯纤维是由聚四氟乙烯（俗称塑料王）为原料，经纺丝或制成薄膜后切割或原纤化而制得的一种合成纤维，其强度为 17.7～18.5cN/dtex，延伸率 25％～50％，化学稳定性极好，耐腐蚀性优于其他合成纤维品种；纤维表面有蜡感，摩擦系数小，是现有合成纤维中摩擦系数最小的，而且可在很高的温度和很宽的负荷范围内保持不变；具有较好的耐气候性和抗挠曲性，是现有各种化学纤维中耐气候性能最好的一种，在室外暴露 15 年，其力学性能仍未发生明显变化，长期使用温度 200～260℃，在－100℃时仍柔软；具有固体材料中最小的表面张力而不黏附任何物质；具有生理惰性，无毒无害；有优异的电气性能，是理想的 C 级绝缘材料，它的极限氧指数为 90％～95％，是目前所有纤维中最难燃烧的纤维。但染色性与导热性差，耐磨性也不好，热膨胀系数大，易产生静电。

聚四氟乙烯纤维主要用作高温粉尘滤袋、耐强腐蚀性的过滤气体或液体的滤材、泵和阀的填料、密封带、自润滑轴承、制碱用全氟离子交换膜的增强材料以及火箭发射台的苫布等。

### 八、聚苯硫醚纤维

聚苯硫醚纤维（PPS）是一种新型特种纤维，国外商品名称赖顿（Ryton）。由聚苯硫醚树脂（PPS）采用常规的熔融纺丝方法，然后在高温下进行后拉伸、卷曲和切断制得。具有以下性能：强度 2.65～3.08cN/dtex、伸长率 25％～35％，熔点 285℃，具有优良的热稳定性和阻燃性，极限氧指数值 34％～35％，200℃时强度保持率为 60％，断裂伸长无变化；耐化学性仅次于聚四氟乙烯纤维；有较好的纺织加工性能。

聚苯硫醚纤维的主要用作工业上燃煤锅炉袋滤室的过滤织物。聚苯硫醚纤维织物可长期暴露在酸性环境中，可在高温环境中使用，是能耐磨损的少数几种纤维之一。由于过滤效率较高，用于工业燃煤锅炉织物的聚苯硫醚过滤织物。在湿态酸性环境中，PPS 纤维长期使用温度为 150～170℃，最高使用温度 190℃，其使用寿命可达 3 年左右。用该纤维制成针刺毡带用于造纸工业的烘干上，是较为理想的耐热和耐腐蚀材料。同时也可用于制作电子工业的特种用纸。这种纤维的针刺非织造布或机织物可用于热的腐蚀性试剂的过滤，其单丝或复丝织物还可用作除雾材料。另外，还可用作干燥机用帆布、缝纫线、各种防护布、耐热衣料、电绝缘材料、电解隔膜、摩擦片（刹车用）、复合材料，也可与碳纤维交织来增强 PPS 树脂，可保持其单向强度。

## 九、仿蜘蛛丝纤维

蜘蛛丝很细而强度却很高，它比人发还要细而强度比钢丝还要大；其次它的柔韧性和弹性均较好，耐冲击力强。无论是在干燥状态或是潮湿状态下都有很好的性能；蜘蛛丝网还有很好的耐低温性能。蜘蛛丝在零下 40℃时仍有弹性，只有在更低的温度下才变硬，在需要低温使用的场合，这种纤维的优点特别显著。由于蜘蛛丝是由蛋白质构成，是生物可降解的。这些优良的性能集中在同一种纤维上是十分罕见的。

大规模生产蜘蛛丝蛋白，有三种途径：第一是利用动物如奶牛或奶羊生产蜘蛛丝蛋白。加拿大 Nexia 生物技术公司将能复制蜘蛛丝蛋白的合成基因移植到山羊，山羊生产的羊奶中就含有类似于蜘蛛丝蛋白的蛋白质。第二是利用微生物生产，这种方法是将能生产蜘蛛丝蛋白的基因移植给微生物，使该种微生物在繁殖过程中大量生产类似于蜘蛛丝蛋白的蛋白质。第三是利用植物来生产蜘蛛丝蛋白。这种方法是将能生产蜘蛛丝蛋白的合成基因移植给植物，如花生、烟草和土豆等作物，使这些植物能大量生产类似于蜘蛛丝蛋白的蛋白质，然后将蛋白质提取出来作为生产仿蜘蛛丝的原料。

将蜘蛛丝蛋白进行溶解和纺丝，就能制成仿蜘蛛丝纤维了，它具有蜘蛛丝的特性。

仿蜘蛛丝纤维性能和用途如下。

(1) 蜘蛛丝有比芳纶还高的强度，计算表明，一根直径 10mm 的蜘蛛丝绳可以拦住一架正在飞行中的喷气式飞机，蜘蛛丝有吸收巨大能量的能力，又耐低温，同时它又是天然产品，是生物可降解的和可循环再生的材料，因而被世界各国普遍看好。

(2) 在军事方面，用蜘蛛丝做的防弹背心比用芳纶做的性能还好。也可用于制造坦克和飞机的装甲，以及军事建筑物的“防弹衣”等。在航空航天方面，可用于结构材料、复合材料和宇航服装等。

(3) 在建筑方面，用于制造桥梁、高层建筑和民用建筑等的结构材料和复合材料。

(4) 在农业和食品方面，可用做捕捞网具、代替造成白色污染的包装塑料等。

(5) 在医学和保健方面，尤其有广泛用途。由于蜘蛛丝是天然产品，又由蛋白质组成，和人体有良好的相容性，因而可用作高性能的生物材料，如人工筋腱、人工韧带、人工器官、组织修复、伤口处理、用于眼外科和神经外科手术的特细和超特细生物可降解外科手术缝合线。

## 十、智能纤维

智能纤维是集感知、驱动和信息处理于一体，类似生物材料，具备自感知、自适应、自诊断、自修复等智能性功能的纤维。智能纤维不仅具有对外界刺激（如机械、光、热、化学、应力、电磁等）感知和反应的能力，还具有适应外界环境的能力。

智能纤维的主要种类有智能调温纤维、形状记忆纤维、Nomex On Demand 纤维、变色纤维、智能抗菌纤维等。

智能调温纤维是将相变材料包覆在纤维中，根据外界环境变化，纤维中的相变材料发生液-固可逆相变，或从环境中吸收热量储存于纤维内部，或放出纤维中储存的热量，在纤维周围形成温度相对恒定的微观气候，实现温度调节功能。用此类纤维加工成的纺织品（服装）具有自动调温作用。

形状记忆纤维指具备在特定条件下有形状记忆纤维的总称，形状记忆纤维是一种智能材料。形状记忆纤维发展始于20世纪90年代初期，以日本东洋纺公司为首的企业相继开发了高比率含棉（50%）防皱和免烫性的混纺织物整理技术，推出了所谓记忆棉纤维“奇迹护理”。此后，日清纺、富士纺织、尤尼契卡和西基坡等公司也相继加入这个行业。

2009年初杜邦公司最新推出的高新纤维Nomex On Demand，具有创新专利智能纤维技术，可使消防队员在遇到紧急状况时提高20%的热防护性能。这种新材料的性能，一旦探测到紧急事故，它会自动膨胀，吸入更多的空气，进一步提高隔热性能。在紧急状态下，空气温度可能会超过几百摄氏度。Nomex On Demand的特别设计之处在于，当温度达到250华氏度或以上时，它能自动反应膨胀。在日常状况下，由Nomex On Demand制成的防热内衬薄且柔软，具有极佳的热防护性能和良好的灵活性。一旦被激活，Nomex On Demand将可随时随地提供所需的最大限度的热防护性能。

## 思考与练习

1. 异形、复合、超细、纳米纤维各有什么特性和用途？

2. 在生活、工作中寻找用抗菌纤维、防紫外线纤维、远红外纤维、阻燃纤维、氨纶纤维、光导纤维、热敏或光敏纤维、防电磁辐射纤维、负离子纤维、空调纤维制作的各种产品，描述其特点和用途。

# 第六章　纺织纤维鉴别方法

无论是纺织品生产还是贸易，对纺织纤维的定性鉴别与定量往往是最先关心的。纺织纤维是构成纺织品最基本的物质，所以纺织品的各项性能与纤维紧密相关。用什么原料，原料的投入比为多少，往往是组织生产的首要参数。而在贸易中，为防止欺诈，特别要对产品的原料含量进行挂牌说明，强制性标准《消费品使用说明　纺织品和服装使用说明》（GB 5296.4—1998）引用了《纺织品　纤维含量的标识》（FZ/T01053—1998），使后者也具有强制性，从而使纺织纤维的鉴别与定量在众多检测项目中地位重要。

纤维鉴别是利用各种纤维之间存在着外观形态和内在性质的差异，采用各种方法将它们区别开来。在实际工作中，一般用物理方法或化学方法来检测未知纤维的外观形态和内在特性，并与已知纤维的外观形态和内在特性比较，从而确定纤维的种类。

如果是纯纺产品，我们只需进行定性分析，鉴别纤维的种类；对于混纺产品，有时不仅需要知道混纺纱线、混纺织物中的纤维品种，还需进一步了解其混纺比例，即不仅要进行定性分析，还要进行定量分析。

## 第一节　纤维常用鉴别方法

**知识与技能目标**

- 了解纤维常用鉴别方法；
- 掌握常用纺织纤维的感官特征；
- 掌握感官鉴别法、燃烧法等常用鉴别方法。

鉴别纤维的方法很多，主要分为物理鉴别和化学鉴别两大类方法。物理鉴别法是利用纤维的形态特征来进行鉴别的方法，主要有感官鉴别法、显微镜观察法、密度法、熔点法、热分析仪法、双折射率测定方法、电子显微镜法、分光光度仪法、气相色谱仪法、X衍射仪法和荧光颜色法等；化学鉴别方法是利用纤维的化学性能来进行鉴别的方法，主要有：燃烧法、溶解法、着色剂法、热失重分析法等。

一般纺织品只要将常用方法进行适当的组合，就能比较准确、方便地鉴别出纤维的品种和比例。本节重点介绍纺织纤维鉴别常用的方法：感官鉴别法、显微镜观察法、燃烧法、溶解法、着色剂法等。

### 一、感官鉴别法

感官鉴别法是通过人的眼、手、耳、鼻等感觉器官，对纤维、织物进行判定的方法。例如用眼睛观看织物的光泽明暗、染色情况、表面粗细及组织、纹路和纤维的外观特征；用手感觉织物和纤维的软硬、光滑粗糙、细洁、弹性、冷暖等，用手还可以测出织物中纤维和纱线的强度和伸长度；耳闻和嗅觉对判断某些织物的原料有一定的帮助，如丝绸具有丝鸣声，各类纤维的织物撕裂时声响不同；腈纶和羊毛织物的气味有差异等。感官鉴别法是最简便易行和最常用的，但需要鉴别者能熟练掌握各类纤维及其织物的感官特征。

1. 鉴别依据

纤维感官鉴别是依据各种纺织纤维的外观形态、曲直、长短、粗细、光泽、软硬、弹性、强力等特征而进行的。纤维原料的特征决定了由其构成的织物所具备的基本感观特征。

纺织产品的形成一般经过纤维原料选择、纱线制造、织布以及一系列的染整加工等过程，经过各工序的加工赋予织物以一定的组织结构、外观风格和内在性能，也影响了织物的最终感观特征。因此织物感官鉴别的依据包括各种纺织纤维的感观特征、纱线及组织结构的特征、织物的风格特征及后整理赋予织物的特殊外观特征。

2. 常用纤维的特征

(1) 棉花　纤维短而细，长度一般在25～30mm，有天然转曲，无光泽，有棉结杂质。手感柔软，弹性较差。湿水后的强力大于干燥时的强力，伸长度较小。

(2) 麻　纤维较粗硬，因存在胶质而呈小束状（非单纤维状）。纤维比棉花长，但比羊毛短，长度差异大于棉花；纤维较平直，弹性较差；纤维强力大，湿水后强力还会增大，伸长度较小。

(3) 羊毛　纤维长度较棉、麻为长，长度一般在70～80mm，有明显的天然卷曲，光泽柔和；手感柔软、温暖、蓬松、极富弹性；强度较小，伸长度较大，有天然丝状光泽。羊毛中通常都含有绒毛（最细）、两型毛（粗细居中）、粗毛和死毛（最粗），所以纯毛纤维制品，特别是中低档制品，纤维表现得粗细不一。

(4) 羊绒　纤维细软，长度较羊毛短；纤维轻柔、温暖，强度、弹性、伸长度优于羊毛，光泽柔和。

(5) 蚕丝　是天然纤维中唯一的长丝，光泽明亮。纤维纤细、光滑、平直，手感柔软，富有弹性，有凉爽感；强度较好，伸长度适中。

(6) 黏胶纤维　纤维柔软，但缺乏弹性，质地较重。长度有长丝和短纤维两类，短纤维长度整齐，光泽明亮，稍有刺目感，消光后较柔和；纤维外观有平直光滑的，也有卷曲蓬松的；强度较低，特别是湿水后强力下降较多，其伸长度适中。

(7) 合成纤维　纤维的长度、细度、光泽、曲直等可人为设定。合成纤维一般强度大，弹性较好，但不够柔软，伸长度适中，弹力丝伸长度较大。短纤维整齐度好，纤维端部切取平齐。尼龙强度最大；涤纶弹性最好；腈纶蓬松、温暖，如同羊毛；维纶外观近似棉纤维，但不如棉纤维柔软；丙纶强力较好，手感生硬；氨纶的弹性和伸长度最大。仿毛、仿丝、仿麻等化学纤维（短纤维）长度非常整齐，粗细很均匀，与天然纤维纺成的纱、线有明显的不同。

3. 鉴别步骤

如果待鉴别的是散纤维，可以将纤维束直接进行鉴别。如果是对服装衣料进行鉴别，应先依据服装面料的外观特点进行识别。

(1) 面料手感方面　棉纤维手感柔软，麻纤维手感粗，羊毛手感滑糯、富有弹性，黏胶纤维遇水变硬，化学纤维手感滑腻。

(2) 面料光泽方面　观察面料有无光泽，蚕丝为长丝，有特殊的光泽，化纤的光泽不如蚕丝柔和。

(3) 面料弹性强力方面　棉、麻伸长度较小；羊毛、化纤则伸长能力较大，如涤纶、尼龙等合成纤维的强力高，伸长能力较大，伸长后回复能力也较大。接着从衣料上拆下纱线，如果是机织物应经纬分别取样分析；如果是针织物而且是几种纱线交替或合并织入，也应分别取样分析。将纱线分类解捻成纤维状态，再根据纤维形态、色泽、手感、伸长、强度等特征来进一步识别，下面是鉴别的具体步骤。

第一步　区分纤维或织物所属大类。根据织物外观特点，判断其是天然纤维还是化学纤维，是长丝织物还是短纤维织物，是棉型、麻型、毛型还是丝型。

第二步　由织物中纤维的感官特征，进一步判断原料种类。

**【示例一】**　初步识别被测织物，若其整根纱线的纤维符合羊毛特征，则基本可判断为羊毛织物；若纤维长度虽与羊毛相当，但长度和卷曲度整齐均匀，手感缺乏柔和性，则可能是化纤仿毛织物。

**【示例二】**　在初步识别的基础上，如果将被测织物初步判断为天然纤维织物，那么将织物中纤维的长度、形态、软硬、光泽、弹性等与天然纤维的感官特征相对照，做出判断结果。如果第一步中将织物判断为长丝织物，则有可能是蚕丝、黏胶纤维长丝或合成纤维长丝，再利用强度特征可很快判断出长丝的类别。强度较大，且干湿态无差别，属合成纤维长丝；若强度较低，且湿态时降低幅度明显，断裂总位于湿润处，则属黏胶纤维长丝；若强度一般，湿态时略有下降，长丝光泽柔和，手感柔软而有弹性，则为蚕丝。

第三步　根据织物的感官特征做出最终判断。在上述判断的基础上，综合分析织物的外观和手感特征，再与各类织物的感官特征相对照，找出该织物与其他近似和易混淆织物间的感官差别，最终判断其原料组成。

第四步　验证判断结果。若对判断把握不大时，可采用其他方法予以验证。若确定有误，可重新进行感官鉴别或与其他方法相结合进行鉴别。感官目测法虽然简便，但需要丰富的实践经验。随着化学纤维和纺织染整工业的发展，许多化学纤维织物的外观和手感愈来愈接近天然纤维织物，仅用感官法是很难准确断定的。因此还应选择其他方法予以鉴别，而且它不能鉴别化学纤维中的具体品种，因而有一定局限性。

4. 各类织物的感官特征及感官差别

因为纤维是组成织物的物质，依据各种纺织纤维的感官特征，可归纳总结出相应原料织物的主要感官特征。但是织物的感官特点还受纱线、组织风格、染整加工技术的影响。任何一种纤维的织物都有其特殊之处，也有相似和易混淆的同类风格织物。有的差别较细微，需鉴别者细心观察和体会。

(1) 棉型织物　棉型织物包括纯棉、涤棉混纺及棉型化纤布，它们的感官特征及差别如下。

① 纯棉布　光泽普遍柔和，一般品种的纱线、布面外观不够细洁，粗糙者会有棉结杂质，其手感柔软，弹性不佳，易皱折，用手紧握布料，会有明显折痕，且不易恢复。如果经丝光或树脂整理，棉布光泽、手感和弹性有所改观，柔软光洁，略带丝绸光泽，不易起皱。

② 涤棉混纺布　光泽较棉布好，表面细洁平滑，几乎没有棉结杂质，手感挺刮滑爽，弹性较好，抗皱折性优于纯棉布，手捏后有折痕，但不明显，且短时间内能够恢复。

③ 棉型化纤布（人造棉、富纤布）　光泽较好，色泽鲜艳，布面光滑、细洁，手感柔软，悬垂性好，有飘荡感。织物弹性较差，轻握会出现明显折痕，且不易恢复，纱线湿润后牢度明显下降，面料浸入水中变厚、发硬。

（2）麻型织物　麻型织物包括纯麻、麻混纺及化纤仿麻织物，它们的感官特征及差别如下。

① 纯麻织物　纱线粗细不匀，有结节。布面粗糙不平，光洁度不及纯棉织物，光泽较纯棉织物好。织物手感硬挺，刚性大，凉爽感强，有扎手感，极易折皱，且不易消退，织物撕裂时声音干脆。

② 麻混纺织物　麻棉混纺布柔软度和光洁度较纯麻织物为好，抗皱性比纯麻织物稍好些；麻毛混纺织物弹性尚可，风格粗犷，有扎手感；麻涤混纺织物较光洁平整，抗皱性大为改观，光泽较好。

③ 仿麻织物　仿麻织物表面结节由花式纱线或组织结构所形成。棉纤维仿麻织物光泽较弱，手感不够刚硬；涤纶仿麻织物挺括清爽，光泽和手感略显生硬，缺乏天然麻织物的柔和光泽。

（3）丝型织物　丝型织物包括桑蚕丝、柞蚕丝、黏胶纤维丝及化纤仿丝绸，它们的感官特征及差别如下。

① 桑蚕丝绸　桑蚕丝绸光泽明亮、自然、柔和，色彩纯正、鲜艳，手感轻柔、平滑、细腻、富有弹性。紧握织物后松开，有折皱，但不很明显，以手托起能自然悬垂。干燥时用手去摸绸面时，有丝丝凉爽感和轻微的拉手感；摩擦绸面会发出清脆悦耳的丝鸣声。撕裂时声音清亮。在长丝的某一部位湿润后拉伸，断裂不一定发生在润湿处，且纤维呈长短、粗细不一的断面。

② 柞蚕丝绸　柞蚕丝绸光泽和鲜艳度不及桑蚕丝绸好，织物略显粗糙，手感不及桑蚕丝绸柔软，略带生硬感，表面有细小皱纹，不够平滑。因天然色素难以去除，柞蚕丝绸不如真丝绸色泽纯净，特别是浅色织物，颜色略微发黄，织物喷洒清水晾干后有水渍。

③ 黏胶纤维绸　黏胶纤维绸光泽较好，手感柔软，上浆后硬挺、滑爽，质地悬垂。轻握织物时，容易产生折皱，且折痕十分明显，很难消退。主要特点是湿强度较低，湿润后更易拉断，断裂总位于湿润处。

④ 化纤仿丝绸　涤纶仿丝绸光泽明亮、耀眼，有闪色感，但不柔和；手感光滑、挺括；但有生硬感，不及桑蚕丝绸柔软。弹性好，抗皱性优于真丝绸，紧握后松开，无明显折痕。表面阴凉感较强，揉搓时声音涩硬。尼龙仿丝绸表面有蜡状感，光泽暗淡，色彩不鲜艳，手感硬挺，缺乏光滑和柔软性，质地轻飘，悬垂感不强，织物坚牢，不易撕裂，抗皱性尚好。

（4）毛型织物　因为羊毛的成本较高，除了纯毛产品外，还利用化纤与羊毛混纺、化纤仿毛织物来降低毛料织物的成本及改善纯毛织物的服用特性。毛型织物包括纯毛、毛混纺及化纤仿毛织物，它们的感官特征及差别如下。

① 纯毛精纺呢绒　精纺呢绒大多质地较薄，呢面光洁平整，纹路清晰精细，光泽自然、柔和，有膘光，颜色纯正，织物身骨挺括、滑糯，手感柔软而富有弹性，手握呢料后松开，织物基本无皱折，即使有轻微折痕也可在短时间内消退。

② 纯毛粗纺呢绒　粗纺呢绒大多质地厚重，呢面丰满，色光柔和，膘光足。呢面和绒面类织物小露纹底，纹面类织纹清晰。织物手感温暖、柔软，无板结感，挺括而有弹性。手握后折痕少，且能很快恢复平整，多为单纱织制。

③ 特种动物纤维（山羊绒、兔毛、马海毛）呢绒　特种动物纤维呢绒为提高织物档次，

改善织物外观和手感，常在一般纤维中混入山羊绒、兔毛、马海毛等稀有动物纤维。因价格及纺织工艺原因，一般这类稀有动物毛不作纯纺，而是与羊毛混纺。与纯毛织物相比，山羊绒织物外观更为细腻、光洁、滑顺，光泽更为柔和、滋润，手感也更柔软，质地较轻盈。兔毛制品以粗纺和针织物为主，具有轻暖、蓬松、柔滑的特点，且兔毛平直而卷曲少。马海毛制品主要是粗纺呢绒和针织物、毛衫，其织物表面较为光亮、粗硬、有长直的马海毛纤维。有些织物或绒线以异形腈纶仿马海毛，但较真马海毛软、细，挺拔感和弹性不足，光泽欠柔和。

④ 毛黏混纺呢绒　毛黏混纺呢绒多为光泽较暗淡，颜色不够鲜明，弹性较差，易皱折，且不易恢复。精纺类手感较疲软，有类似棉布的软塌感。粗纺类有松散感，不够坚实挺括，毛黏混纺多见于粗纺呢绒。

⑤ 毛涤混纺呢绒　毛涤混纺呢绒光泽较亮，有闪色感。织物挺括、平整、光滑，身骨略为板硬而失之柔软，并随涤纶含量的增加而明显。织物弹性较纯毛呢绒要好，但毛型感不及纯毛和毛腈呢绒，紧握呢料后松开，几乎无折皱。毛涤混纺织物多为精纺呢绒。

⑥ 毛腈混纺呢绒　毛腈混纺呢绒毛型感强，呢面丰满，质地轻柔，手感温暖，弹性较好。但抗皱性不及毛涤或涤毛呢绒，悬垂性不够好。

⑦ 毛锦混纺呢绒　毛锦混纺呢绒光泽不丰润，有蜡状感，毛型感差，手感硬挺，弹性较差，紧握后松开，有明显折痕，且恢复较慢。

⑧ 黏胶纤维仿毛呢绒　黏胶纤维仿毛呢绒光泽暗淡，缺乏羊毛的油润感；毛型感差，手感疲软，身骨不挺括，有板结感；呢面不够匀净，易起毛，弹性较差，极易出现皱折，且不易恢复。纱线湿水后强度明显下降，织物浸湿后发硬、变厚。

⑨ 涤纶仿毛呢绒　涤纶仿毛呢绒多为精纺类，光泽不柔和，缺乏膘光，闪色感强。手感挺括而有弹性，紧握呢料后松开，几乎无皱折。温暖感和丰满感不及纯毛呢绒；揉搓时较滑爽，声音响而生硬。

⑩ 腈纶仿毛呢绒　腈纶仿毛呢绒质地轻盈、蓬松，手感温暖、柔软，毛型感强。色泽鲜艳但不够柔和。弹性不如涤纶仿毛织物，挺括感和悬垂感不强，有一种特殊的腈纶气味。

**二、显微镜观察法**

显微镜观察法是根据纺织纤维的纵向和横截面形态特征来鉴别纤维种类的方法。显微镜法能用于鉴别单一成分的纤维，也可用于鉴别多种成分混合而成的混纺产品。在显微镜下观察纤维的纵向形态，可区分其所属大类；观察其横截面切片，可确定纤维的具体名称。各种天然纤维与人造纤维的形态特征明显而独特，用生物显微镜放大 150 倍左右进行观察：羊毛有鳞片，棉有天然转曲，麻纤维有横节竖纹，蚕丝横截面呈不规则三角形，普通黏胶纤维截面为锯齿形、皮芯结构，维纶截面呈腰圆形、皮芯结构，因此用显微镜法可有效地加以识别。相对于天然纤维的纵向、横向形态特点各异，大多数合成纤维的纵向和横截面都呈玻璃棒状和圆形断面，因此单凭显微镜观察不易区分合成纤维的名称。特别是近年来，化纤生产技术发展很快，通过改进制造方法获得特殊截面或类似天然纤维外观特征，以达到预先设计的效果或类似天然纤维的服用效果的异形纤维越来越多，所以在显微镜下这些异形纤维容易与某些天然纤维混淆，必须同时用准确率较高的其他鉴别方法进行鉴别才能得出正确的结果。常见纤维的纵面和横截面的形态特征见表 6-1。

各种纤维显微照片见图 6-1（每组图左边是纵向图，右边是横截面图）。

**表 6-1　常见纤维的纵向和横截面的形态特征**

| 纤维种类 | 纵向形态 | 横截面形态 |
|---|---|---|
| 棉 | 扁平带状，有天然转曲 | 不规则腰圆形，有中腔 |
| 丝光棉 | 近似圆柱状，有光泽和缝隙 | 有中腔，近似圆形或不规则腰圆型 |
| 苎麻 | 纤维较粗，无转曲，有长形条纹及竹状横节 | 腰圆形或椭圆形，有中腔和裂纹 |
| 亚麻 | 纤维较细，无转曲，有竹状横节 | 不规则多边形，中腔较小 |
| 黄麻 | 有长形条纹，横节不明显 | 不规则多边形，中腔较大 |
| 大麻 | 纤维直径及形态差异很大，横节不明显 | 多边形、扁圆形、腰圆形等，有中腔 |
| 竹纤维 | 纤维粗细不匀，有长形条纹及竹状横节 | 腰圆型，有空腔 |
| 羊毛 | 表面粗糙，有鳞片，有自然卷曲， | 圆形或近似圆形，有些有毛髓 |
| 兔毛 | 鳞片较小与纤维纵向呈倾斜状，髓腔有单列、双列、多列 | 圆形、近似圆形或不规则四边形，有髓腔 |
| 马海毛 | 鳞片较大有光泽，直径较粗，有的有斑痕 | 圆形或近似圆形，有的有髓腔 |
| 山羊绒 | 鳞片边缘光滑，且紧贴毛干，环状覆盖，间距较大 | 圆形或近似圆形 |
| 桑蚕丝 | 有光泽，纤维直径及形态有差异 | 三角形或多边形，角是圆的 |
| 柞蚕丝 | 扁平带状，有微细条纹 | 细长三角形 |
| 蓖麻蚕丝 | 平直光滑 | 不规则三角形，比桑蚕丝扁平 |
| 天蚕丝 | 平直光滑 | 呈扁平多棱状 |
| 黏胶纤维 | 表面光滑，有清晰的纵条纹 | 锯齿形，有皮芯结构 |
| 富强纤维 | 平直光滑 | 圆形或较少齿形，几乎是全芯层 |
| 莫代尔纤维 | 表面平滑，有沟槽 | 哑铃形 |
| 莱赛尔纤维 | 表面平滑，有光泽 | 圆形或近似圆形 |
| 铜氨纤维 | 表面平滑，有光泽 | 圆形或近似圆形 |
| 醋酯纤维 | 有 1～2 根沟槽 | 不规则带形或腰子形 |
| 牛奶蛋白改性聚丙烯腈纤维 | 表面光滑，有沟槽和/或微细条纹 | 圆形 |
| 大豆蛋白纤维 | 扁平带状，有沟槽和疤痕 | 腰子形(或哑铃形) |
| 涤纶 | 表面平滑，有的有小黑点 | 圆形或近似圆形及各种异型截面 |
| 锦纶 | 表面光滑，有小黑点 | 圆形或近似圆形及各种异形截面 |
| 腈纶 | 表面平滑或有 1～2 根沟槽 | 圆形或哑铃形 |
| 变性腈纶 | 表面有条纹 | 不规则哑铃形、蚕茧形、土豆形等 |
| 丙纶 | 平直光滑 | 圆形 |
| 维纶 | 表面光滑，有 1～2 根沟槽 | 扁腰圆形或哑铃形，有皮芯层 |
| 氯纶 | 平滑或有 1～2 根沟槽 | 近似圆形、蚕茧形 |
| 氨纶 | 表面平滑，有些呈骨形条纹 | 圆形或近似圆形 |
| 碳纤维 | 黑而匀的长杆状 | 不规则的炭末状 |
| 金属纤维 | 边线不直，黑色长杆状 | 不规则的长方形或圆形 |
| 石棉 | 粗细不匀 | 不均匀的灰黑糊状 |
| 玻璃纤维 | 表面平滑、透明 | 透明圆珠形 |

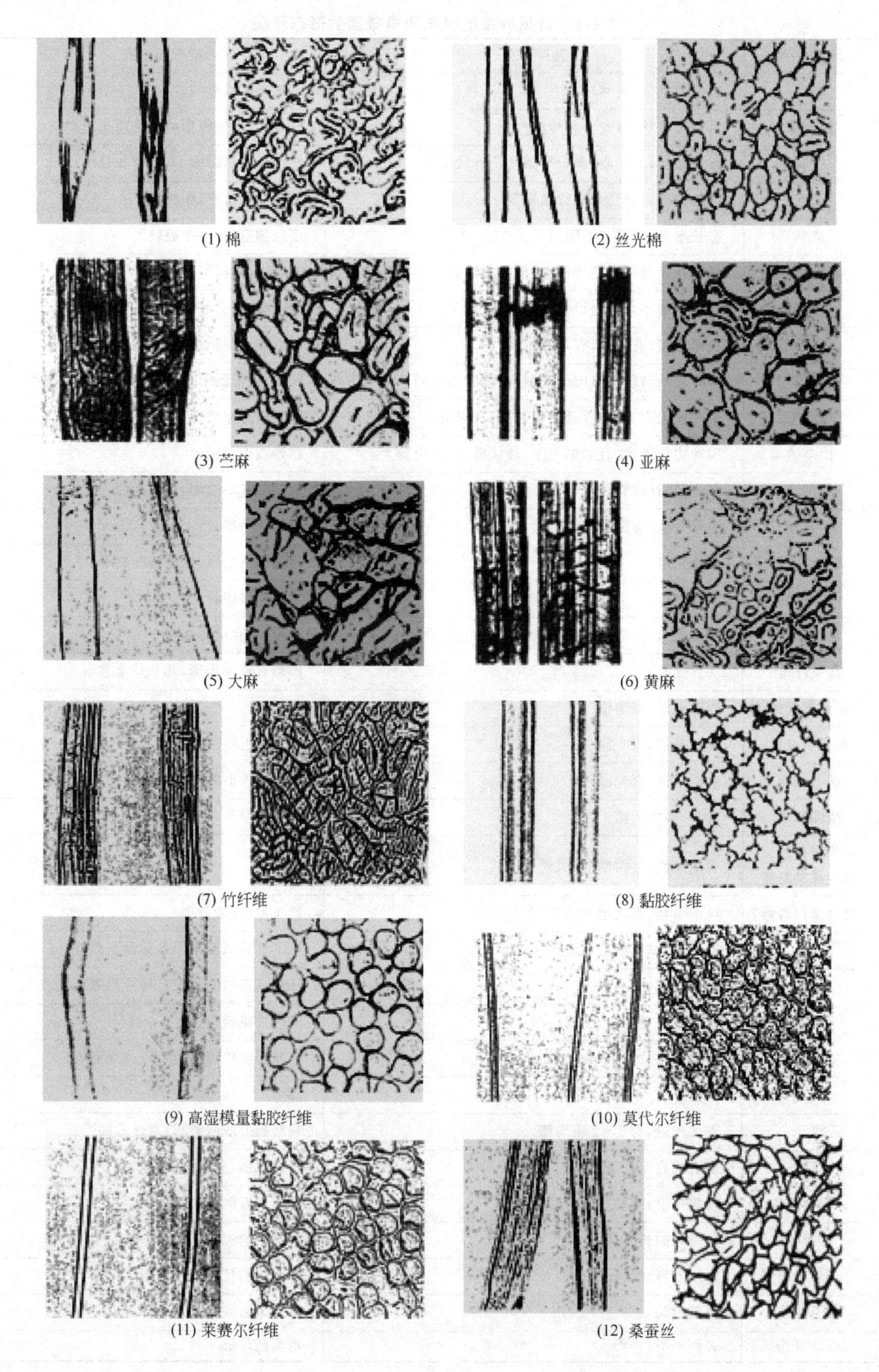

(1) 棉　(2) 丝光棉　(3) 苎麻　(4) 亚麻　(5) 大麻　(6) 黄麻　(7) 竹纤维　(8) 黏胶纤维　(9) 高湿模量黏胶纤维　(10) 莫代尔纤维　(11) 莱赛尔纤维　(12) 桑蚕丝

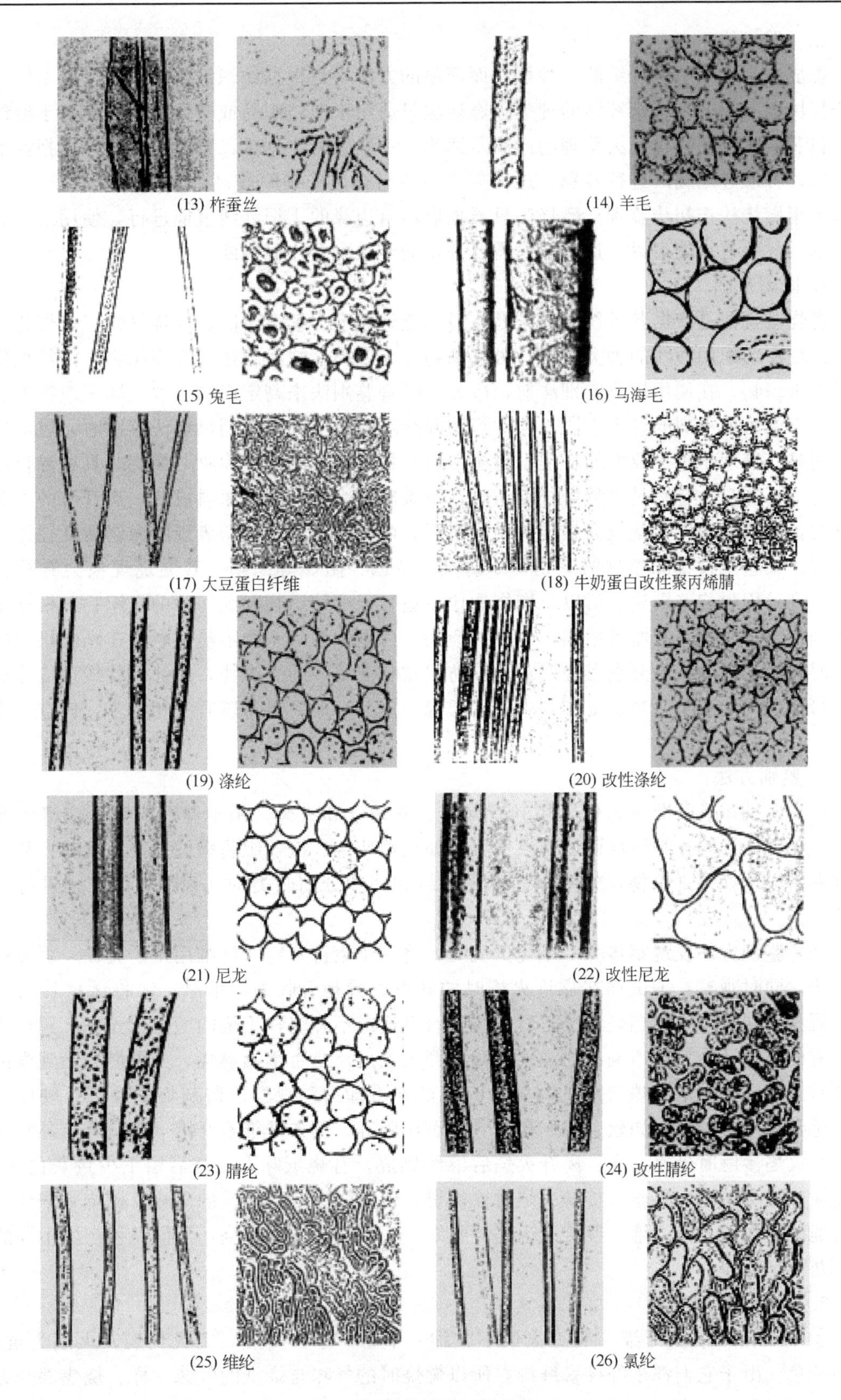

(13) 柞蚕丝　(14) 羊毛

(15) 兔毛　(16) 马海毛

(17) 大豆蛋白纤维　(18) 牛奶蛋白改性聚丙烯腈

(19) 涤纶　(20) 改性涤纶

(21) 尼龙　(22) 改性尼龙

(23) 腈纶　(24) 改性腈纶

(25) 维纶　(26) 氯纶

图 6-1　各种纤维显微照片

## 三、燃烧法

燃烧法是鉴别纺织纤维的一种快速而简便的方法，是根据纺织纤维的化学组成不同，其燃烧特性也不相同来鉴别纤维的种类。燃烧法只适用于纯纺织品或交织产品，而对于混纺产品、包芯纱产品及经过防火整理的产品不适用。一般感官鉴别难以判断或对某一点把握不准的织物，可通过燃烧法进行鉴别。这种方法简便易行，准确率较高。对于一般消费者来说，可以采用燃烧法作初步鉴别。燃烧法只要抽取面料边缘的1根纱线就能进行，使用的工具也很简单，只要有火就可以，这种方法需要一定的经验配合才能判断。

1. 适用范围

燃烧鉴别法是依据各种纺织纤维燃烧时的燃烧速度、续燃情况、燃烧气味、灰烬状态等特征。现在纺织用纱线的种类很多，可将织物分为四类：纯纺织物、交织织物、混纺织物以及后整理织物。在使用燃烧鉴别法前，应先用感官鉴别法来判定织物、纱线属于织物中的哪一类，以便采取不同的处理方法。纯纺织物和纯纺纱的交织物采用燃烧法鉴别时，燃烧现象十分明显，表现出单一原料的特征。对于混纺织物和混纺纱的交织物，燃烧时具有混合的现象，特征不明显，特别是多种纤维混纺时，很难准确判断其中的原料成分。当纤维的混纺比悬殊时，主要表现出含量较高纤维的燃烧特征，而含量少的纤维所表现的微弱特征往往容易被忽视。某些经过特殊整理的织物，如防火、抗菌、阻燃等织物，其燃烧现象会有较大改变，不宜采用燃烧鉴别法。所以，燃烧法比较适合于纯纺织物和纯纺纱的交织物。根据燃烧现象和特征可立即判断原料组成，而混纺产品、后整理过的织物不易判断。在判断机织物的成分时，经纬向纱线应分别燃烧，对于混纺织物和混纺纱的交织物，经纬向纱线也应分别燃烧，可根据燃烧现象，初步推测其中的主要混纺成分，而后再与感官法相结合，做进一步的判断。

2. 鉴别方法

(1) 鉴别用具及准备工作　用具有镊子、酒精灯和火柴。用于鉴别的镊子应清洁无污垢，以免污垢影响正常燃烧而使现象失真。如火焰变色、掩盖织物燃烧发出的气味，从而造成判断错误。如果是织物，先把织物拆成经纱和纬纱分别归类的几束纱线，分别进行燃烧试验。

(2) 鉴别方法及观察步骤　燃烧试验时，将一小束待鉴定的纤维用镊子夹住，缓慢地靠近火焰，同时观察：①试样在靠近火焰时的状态，看是否收缩、熔融；②将试样移入火焰中，观察其在火焰中的燃烧情况，看燃烧是否迅速或不燃烧，火焰的颜色、光亮、冒烟的情况，有的织物还会发出声响；③观察试样离开火焰后，是否继续燃烧，如果燃烧，观察试样燃烧状态；④闻火焰刚熄灭时的气味；⑤待试样冷却后，观察残留灰烬的颜色、硬度、形态，感觉灰烬的质地，如软、硬、松脆、能否压碎等。例如纤维素纤维（棉、麻、黏胶纤维等）与火焰接触时迅速燃烧，离开火焰后继续燃烧，有烧纸味，燃烧后留下少量灰白灰烬；蛋白质纤维（羊毛、蚕丝）接触火焰时徐徐燃烧，燃烧时有烧毛发的臭味，燃烧完毕留下黑色松脆的灰烬；合成纤维一般接近火焰时收缩，在火焰中熔融燃烧，不同品种产生不同的气味，灰烬呈硬块。

3. 纤维的燃烧特征

① 棉、麻、黏胶纤维　靠近火焰不收缩、不熔，遇火即燃，离火仍燃，火焰为黄色，烟为蓝色。由于它们都是纤维素纤维，所以燃烧时的气味与烧纸的气味一样。烧焦部分为黑褐色，原因是纤维素失水后成为炭状物继续燃烧后成为氧化物，气化逸去。所以灰烬很少，

灰末细软为灰白色，它们是不能气化的微量杂质。

② 羊毛　靠近火焰收缩，着火后冒烟、起泡并燃烧。由于羊毛为动物性蛋白纤维，所以燃烧时发出的气味和烧毛发时的臭味一样。灰烬为黑色有光泽的块状物。

③ 蚕丝　靠近火焰收缩，着火燃烧很慢，燃烧缩成球状物。由于蚕丝也是动物性蛋白质纤维，所以燃烧时发出的气味也同烧毛发时的臭味相似。蚕丝烧后的灰烬为黑褐色小球，一碾即碎。

④ 大豆纤维　靠近火焰收缩、熔融，着火后熔融燃烧，离开火焰断续燃烧，燃烧气味同烧毛发的臭味相似，灰烬为松脆黑色硬块。

⑤ 醋酯纤维、硝酸纤维素纤维　近火即熔化并收缩，遇火即烧，燃烧速度较慢。醋酯纤维虽然也是再生纤维素纤维，但经醋酯化已属半合成纤维，所以烧起来有刺鼻的醋酸味，灰烬为黑色，不仅松而且脆，未燃完部分成硬块。

⑥ 涤纶　燃烧时蜷缩、熔化并冒烟燃烧，火焰为黄色燃烧时发出芳香味，灰烬为黑褐色玻璃圆球状，用手可以碾碎。

⑦ 尼龙　遇火一面熔化，一面缓慢燃烧，燃烧时无烟或略有白烟，火焰很小，为蓝色，燃烧时有芹菜香味，灰烬为浅褐色玻璃圆球状，不易碾碎。

⑧ 氯纶　接近火焰时收缩燃烧，离火即熄。燃烧时有刺鼻的氯味，灰烬为无定形的黑色硬块。

⑨ 维纶　燃烧时收缩迅速，但燃烧缓慢，火焰很小，有黑烟。燃烧时散发出刺鼻的臭味。灰烬为褐色的无定形硬块，可以碾碎。

⑩ 丙纶　遇火时一面收缩，一面熔化燃烧。火焰为明亮的蓝色，并散发轻微的沥青味，灰烬呈褐色的小硬块，能碾碎。

⑪ 腈纶　遇火时边熔融边燃烧，燃烧速度很慢。火焰为白色，十分明亮，有时有少许黑烟，有鱼腥味，灰烬为黑色小硬球，很脆易碎。

⑫ 氨纶　在火焰中燃烧缓慢，火焰呈黄色或蓝色，离开火焰后缓慢熄火，有刺激气味。

**四、溶解法**

各种纤维在不同的化学溶剂中，其浓度、温度不同时会出现不同的溶解情况。溶解法是利用各种纤维在不同化学溶剂中的溶解性能的不同，来有效鉴别各种纺织纤维的方法。

1. 适用范围

各种天然纤维、再生纤维和合成纤维都可以通过溶解法进行鉴别或证实，溶解法不仅能定性地鉴别出纤维品种，还可以定量地测量出混纺产品的混合比例，适用于各种纯纺织物和混纺织物，包括已染色的纱线和织物，具有可靠、准确、简单的优点，是一种较常用的鉴别方法。

2. 鉴定步骤

鉴别时，先根据感官判断、燃烧鉴别或显微镜观察等初步鉴定后，再采用溶解法加以证实，即可准确鉴别出构成织物的纤维原料。特别是对某些合成纤维，如涤纶、尼龙、腈纶等外观十分相似的纤维或织物，用感官、燃烧和显微镜观察方法都难以准确区别，通过化学溶解法可做出准确判断。例如，分别将涤纶、尼龙、腈纶织物放入70%的硫酸溶液中，不溶者为涤纶，微溶者为腈纶，完全溶解的则是尼龙。

纤维的溶解性不仅与溶剂的种类有关，而且还与溶剂的浓度、温度及作用时间、条件等因素有关。因此，在具体鉴别时，应严格控制试验条件，按规定操作，其结果才能可靠无误。

(1) 鉴定纯纺面料　选择相应的溶液，进行溶解试验。把一定浓度的溶剂注入盛有待鉴别纤维的试管中，然后观察纤维在溶液中的溶解情况，如溶解、微溶解、部分溶解和不溶解等。并仔细记录溶解温度（常温溶解、加热溶解、煮沸溶解）。然后对照各种纤维的溶解性能表 6-2 以确定纤维种类。

**表 6-2　常见纤维在化学溶液中的溶解情况**

| 纤维＼溶液 | 20%盐酸 | 37%盐酸 | 75%硫酸 | 甲酸 | 间甲酚 | 次氯酸钠 | 二甲基甲酰胺 | 二甲苯 |
|---|---|---|---|---|---|---|---|---|
| 棉 | 不溶 | 不溶 | 溶 | 不溶 | 不溶 | 不溶 | 不溶 | 不溶 |
| 麻 | 不溶 | 不溶 | 溶 | 不溶 | 不溶 | 不溶 | 不溶 | 不溶 |
| 蚕丝 | 不溶 | 不溶 | 溶 | 不溶 | 不溶 | 溶 | 不溶 | 不溶 |
| 羊毛 | 不溶 | 不溶 | 不溶 | 不溶 | 不溶 | 溶 | 不溶 | 不溶 |
| 黏胶纤维 | 不溶 | 溶 | 溶 | 不溶 | 不溶 | 不溶 | 不溶 | 不溶 |
| 涤纶 | 不溶 | 不溶 | 不溶 | 不溶 | 溶(加热) | 不溶 | 不溶 | 不溶 |
| 尼龙 | 溶 | 溶 | 溶 | 溶 | 溶 | 不溶 | 不溶 | 不溶 |
| 腈纶 | 不溶 | 不溶 | 微溶 | 不溶 | 不溶 | 不溶 | 溶(加热) | 不溶 |
| 维纶 | 溶 | 溶 | 溶 | 溶 | 溶(加热) | 不溶 | 不溶 | 不溶 |
| 丙纶 | 不溶 | 不溶 | 不溶 | 不溶 | 不溶 | 不溶 | 不溶 | 溶 |
| 氯纶 | 不溶 | 不溶 | 不溶 | 不溶 | 不溶 | 不溶 | 溶 | 不溶 |
| 氨纶 | 不溶 | 不溶 | 大部分溶 | 不溶 | 溶 | 不溶 | 溶(加热) | 不溶 |

(2) 鉴定混纺面料　混纺面料鉴别及混纺比的测定方法：将织物拆成经纬纱线，并把经纬纱线解开成纤维状，采用前面所述的方法鉴别出组成纱线的各种纤维的种类；再采用溶解法用某种溶剂把其中一种或几种纤维溶解，从溶解失重或不溶纤维的质量计算出各种纤维的百分含量。

鉴定混纺面料可与显微镜法结合起来鉴别，具体做法是：需先把织物分解为纤维，然后将被测纤维放在凹面载玻片上，滴上溶液，直接在显微镜中观察溶解情况，然后对照各种纤维的溶解性能表 6-3 和表 6-4 以确定纤维种类。

**表 6-3　两种纤维混纺纱线溶解法鉴别的溶剂及判定**

| 混纺织物＼程序 | 溶解法鉴别 | | |
|---|---|---|---|
| | 溶　剂 | 被溶纤维 | 剩余纤维 |
| 羊毛/棉 | 1mol/L 次氯酸钠 | 羊毛 | 棉 |
| 羊毛/苎麻 | 1mol/L 次氯酸钠 | 羊毛 | 苎麻 |
| 羊毛/涤纶 | 1mol/L 次氯酸钠 | 羊毛 | 涤纶 |
| 羊毛/尼龙 | 1mol/L 次氯酸钠 | 羊毛 | 尼龙 |
| 羊毛/腈纶 | 1mol/L 次氯酸钠 | 羊毛 | 腈纶 |
| 尼龙/黏胶 | 20%盐酸 | 尼龙 | 黏胶 |
| 黏胶/棉 | 甲酸-氯化锌 | 黏胶 | 棉 |
| 黏胶/涤纶 | 75%硫酸 | 黏胶 | 涤纶 |
| 黏胶/腈纶 | 浓盐酸 | 黏胶 | 腈纶 |
| 醋酯纤维/羊毛 | 丙酮 | 醋酯 | 羊毛 |
| 醋酯纤维/涤纶 | 丙酮 | 醋酯 | 涤纶 |
| 尼龙/涤纶 | 80%甲酸 | 尼龙 | 涤纶 |
| 棉/氨纶 | 二甲基甲酰胺 | 氨纶 | 棉 |
| 尼龙/氨纶 | 20%盐酸 | 尼龙 | 氨纶 |
| 涤纶/氨纶 | 80%硫酸 | 氨纶 | 涤纶 |
| 氨纶/腈纶 | 65%硫氰酸钾 | 腈纶 | 氨纶 |

**表 6-4　三种以上纤维混纺纱线溶解法鉴别的溶剂及判定**

| 混纺织物＼程序 | 第一次 | | 第二次 | | 第三次 | | 剩余纤维 |
|---|---|---|---|---|---|---|---|
| | 溶剂 | 被溶纤维 | 溶剂 | 被溶纤维 | 溶剂 | 被溶纤维 | |
| 羊毛/黏胶/棉 | 1mol/L 次氯酸钠 | 羊毛 | 甲酸-氯化锌 | 黏胶 | — | — | 棉 |
| 羊毛/尼龙/黏胶 | 1mol/L 次氯酸钠 | 羊毛 | 80%甲酸 | 尼龙 | — | — | 黏胶 |
| 羊毛/黏胶/尼龙/涤纶 | 1mol/L 次氯酸钠 | 羊毛 | 20%盐酸 | 尼龙 | 75%硫酸 | 黏胶 | 涤纶 |
| 羊毛/尼龙/腈纶/黏胶 | 1mol/L 次氯酸钠 | 羊毛 | 20%盐酸 | 尼龙 | 二甲基甲酰胺(加热) | 腈纶 | 黏胶 |
| 羊毛/尼龙/苎麻/涤纶 | 1mol/L 次氯酸钠 | 羊毛 | 20%盐酸 | 尼龙 | 75%硫酸 | 苎麻 | 涤纶 |
| 桑蚕丝/黏胶/棉/涤纶 | 1mol/L 次氯酸钠 | 桑蚕丝 | 甲酸-氯化锌 | 黏胶 | 75%硫酸 | 棉 | 涤纶 |

## 五、着色剂法

着色剂法是根据各种纤维对不同化学药品的着色性能差别来迅速鉴别纤维的方法。

1. 适用范围

此法适用于未染色和未经整理剂处理的纤维、纱线和织物，对有色的纤维或织物需要先进行退色处理。

2. 常用着色剂及着色反应

国标标准规定的着色剂为 HI 纤维鉴别着色剂；除此之外，还有碘-碘化钾溶液、锡莱着色剂 A 和着色剂 1 号、着色剂 4 号。

着色剂 1 号和着色剂 4 号是纺织纤维鉴别试验方法标准草案所推荐的两种着色剂。

碘-碘化钾溶液是把 20g 碘溶解于 100mL 的碘化钾饱和溶液中，鉴别时把纤维浸入溶液 0.5～1min，然后取出用水冲干净，着色结果鉴别纤维。

HI 纤维鉴别着色剂是东华大学和上海印染公司共同研制的一种着色剂，鉴别时把试样放入微沸的着色溶液中，沸染 1min，然后用冷水清洗、晾干。为扩大色相差异，羊毛、蚕丝和尼龙则需沸染 3min，染完后与标准样对照，以确定纤维类别。

常用纤维经碘-碘化钾、HI 和锡莱着色剂 A 染色后的色相表如表 6-5 所示。

## 六、系统鉴别法

未知织物纤维鉴别先做定性分析（确定品种），后做定量分析（确定混合比）。首先用感官判定法（手触摸、眼睛观察等），初步判断纤维组成是天然纤维还是化学纤维；然后在显微镜下观察其组织结构，了解经纬纱是否为同一种纤维，是否为合股纱；再拆下经、纬纱，退捻，将纤维散开、理直，依次选用燃烧法、显微镜观察法、溶解法、着色剂法对其进行鉴别。对于常用纤维的鉴别，可以根据前面实验结果对照比较，得出结论。对于不常见或难以区别的未知纤维，除用上述方法外还应配合仪器分析法（如红外光谱法、热分析法等）才能做出准确判断。

**表 6-5 不同纤维经着色剂染色后的色相表**

| 纤维种类 | 碘-碘化钾显色 | HI 显色 | 锡莱着色剂 A 显色 |
|---|---|---|---|
| 棉 | 不着色 | 灰 | 蓝 |
| 麻 | 不着色 | 深紫 5B(苎麻) | 紫蓝(亚麻) |
| 黏胶纤维 | 黑蓝青 | 绿 3B | 紫红 |
| 羊毛 | 淡黄 | 桃红 5B | 鲜黄 |
| 蚕丝 | 淡黄黑 | 紫 3R | 褐 |
| 醋酯纤维 | 黄褐 | 艳橙 3R | 绿黄 |
| 涤纶 | 不着色 | 黄 R | 微红 |
| 尼龙 | 黑褐 | 深棕 3RB | 淡黄 |
| 腈纶 | 褐 | 艳桃红 4B | 微红 |
| 维纶 | 蓝灰 | 桃红 3B | 褐 |
| 丙纶 | 不着色 | 黄 4G | 不着色 |
| 氯纶 | 不着色 | — | 不着色 |
| 氨纶 | — | 红棕 2R | — |

未知纺织纤维系统鉴别一般步骤如下。

第一步 拉伸。如可拉伸 2 倍以上，放入浓硫酸。若溶解则为氨纶；若不溶解则为橡胶。如不可拉伸 2 倍以上，进入第二步。

第二步 显微投影。有独特形状，如纵向扭曲，横向腰形中腔，则为棉；如纵向有节，横向腰形中腔，则为麻；如纵向沟槽，横向锯齿形，则为黏胶；如纵向鳞片，横向近似圆形，则为羊毛；如为其他，进入第三步。

第三步 加入 70%硫酸。如溶解，再燃烧。如有毛发燃味，则为丝；如有纸燃味，则为其他再生纤维素纤维；如不溶解，进入第四步。

第四步 加入 36%～38%盐酸。如溶解，则为尼龙；再可用 15%盐酸，溶解的则为尼龙-6；如不溶解的，则为尼龙-66；如不溶解，进入第五步。

第五步 加入 65%～68%硝酸。如溶解，则为腈纶；如不溶解，则进入第六步。

第六步 加入 40%氢氧化钠。如溶解，则为涤纶；如不溶解，则为丙纶。

在表 6-6 中，比较了几种常用鉴别方法的特点。

**表 6-6 常用鉴别方法特点比较**

| 鉴别方法 | | 适用纤维 | 特点 |
|---|---|---|---|
| 物理鉴定法 | 感官鉴别法 | 所有常用纤维 | (1)操作简单<br>(2)合成纤维之间相互区别有时比较困难 |
| | 显微镜鉴别法 | 所有常用纤维 | (1)操作简单,但在截面观察时,制作切片较为麻烦<br>(2)鉴别天然纤维容易<br>(3)合成纤维之间相互区别有时比较困难<br>(4)异形纤维鉴别比较困难<br>(5)染色较深者不易辨别 |
| 化学鉴定法 | 燃烧鉴别法 | 所有常用纤维 | (1)操作简单<br>(2)混纺纱线鉴别时可能分辨不清,可作其他鉴别法的预备试验 |
| | 溶解法 | 所有常用纤维 | (1)操作简单<br>(2)在纤维类别不明确时,鉴别较困难(特别是合成纤维)<br>(3)鉴别要细心 |
| | 染色鉴别法 | 所有常用纤维 | (1)必须严格遵守染色条件<br>(2)已着色的试样不能原样作鉴别<br>(3)经树脂等加工的试样,如加工剂清除不干净,鉴别容易出差错<br>(4)合成纤维之间相互区别有时比较困难 |

# 第二节　纤维鉴别实验

**知识与技能目标**

- 了解显微镜鉴别的实验步骤；
- 掌握燃烧实验操作步骤；
- 掌握纤维燃烧特征。

纤维鉴别应根据具体条件选用合适的方法，由简到繁，范围由小到大，同时用几种方法来最后证实，才能准确无误地将纤维鉴别出来。上面介绍的纤维鉴别方法各具特点，各自的适用范围不同。只有根据这些方法的特点，将它们很好地配合使用，才能得出准确的结论，才能做到快速正确。

## 一、显微镜鉴别实验

1. 纤维纵向观察

（1）试验用品　显微镜、载玻片、盖玻片、封入剂（水或甘油）、滤纸。

（2）操作步骤　取一束散纤维或拆下的织物纤维，用手理直，放在载玻片上，并在载玻片的对角线上滴一滴甘油或蒸馏水，盖上盖玻片。将放有试样的载玻片放在载物台的夹持器内，调节显微镜，按规定步骤操作，并将在显微镜下观察到的纤维纵向形态描绘在纸上。取下试样，用滤纸擦去水或甘油，继续装上另一种纤维试样进行观察。

2. 纤维截面观察

（1）试验用品　切片器、刀片、显微镜、载玻片、盖玻片、封入剂、火棉胶、滤纸。

（2）操作步骤　用纤维切片器（又称哈氏切片器）切片后，在显微镜下观察纤维的横向结构特征，如图 6-2 所示。纤维切片是否成功，是显微镜法鉴别结果正确与否的关键。

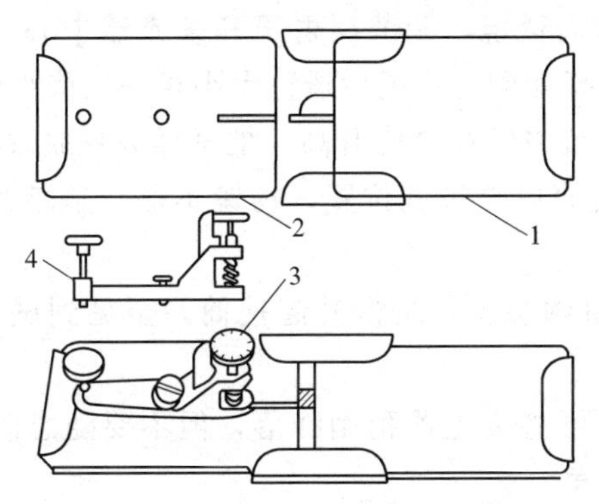


图 6-2　纤维切片器结构示意图

1,2—底板；3—匀给螺丝；4—销子

① 纤维切片的制作

a. 将切片器上的匀给螺丝 3 以逆时针方向向上旋转，使螺杆下端升离狭缝，提起销子 4，将螺座转到与底板成垂直位置，将底板 2 从底板 1 中抽出。

b. 取一束纤维（纱线可取数根并成小束），用手扯法除去短纤维并使纤维平直。把整理好的纤维嵌入底板 2 中间的狭缝中，纤维的多少以使底板 1 的塞片插入底板 2 的狭缝时，能填满留下的空隙，并使纤维压紧，将纤维束轻拉时能稍稍移动为度。

c. 用锋利的刀片切去露在底板正反两面的纤维。

d. 将螺座恢复到原来的位置并固定。此时匀给螺丝的螺杆下端应对准底板 2 中间的狭缝。

e. 旋转匀给螺丝 2～3 格，使纤维束稍稍伸出底板平面，然后在露出的纤维束表面用玻璃棒涂上一层薄薄的火棉胶。

f. 待胶液凝固后，用锋利的刀片沿底板平面切下切片。切片时刀片应尽可能平靠底板（即刀片和底板间夹角要小），并保持两者间夹角不变。由于第一片切片厚度较难控制，一般舍去不用。

g. 再旋转螺丝上刻度一格半，涂上火棉胶，待胶液凝固后进行切片。按此法切下所需片数试样。

h. 将切片放在载玻片上，滴少许甘油，盖上盖玻片，然后放在显微镜下观察。

② 显微镜调节　普通生物显微镜由底座、镜臂、目镜、物镜、载物台、光阑及集光器等组成，见图 6-3。显微镜的总放大倍数等于物镜放大倍数和目镜放大倍数的乘积。

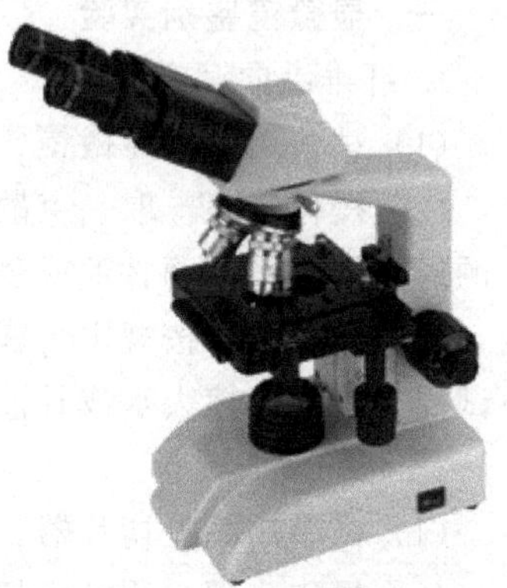
图 6-3　生物显微镜

a. 识别显微镜各主要部件的位置，并检查其状态是否正常，包括粗调和微调装置、物镜和目镜移动装置、集光器和光阑等。

b. 将显微镜面对北光，扳动镜臂，使其适当倾斜，以适应自己能比较舒适地坐着观察。

c. 选择适当倍数的目镜放在镜筒上，竟低倍物镜转至镜筒中心线上，以便调焦。

d. 将集光器升至最高位置，并开启光阑至最大，用一目从目镜中观察，调节反射镜，使整个视野明亮而均匀。

e. 除去目镜，观察物镜后透镜，调节反射镜和集光器中心，使在物镜后透镜处光线均匀明亮，再调节光阑，使明亮光阑与物镜后透镜大小相一致或小些。

f. 装上目镜，用粗调装置将镜筒稍许升高，把试样玻片放载物台上的移动装置中。

g. 旋转粗调装置，将镜筒放至最低位置，物镜不触及盖玻片，调节移动装置，是试样移在物镜中心。

h. 从目镜下视，旋转粗调装置，缓慢升起镜筒，至见到试样像后，再调节微调装置，是试样成像清晰。

i. 若视野中光线太强，可将集光器稍稍降落，但不要随意改动光阑大小，以免影响通过集光器进入物镜的光锥顶角。

j. 如果采用高倍物镜，一般先用低倍物镜，然后转动物镜转换器，使高倍物镜代替低倍物镜。此时，只要稍微旋转微调装置，便可得到清晰的物像。为了充分利用高倍物镜的数值孔径，在用高倍物镜观察时，集光器光阑可适当放大些。

③ 观察纤维

a. 显微镜调节完毕后，可在目镜中观察各种纤维的纵向和截面的形态。

b. 用笔将纤维形态描绘在纸上，并说明纤维的形态特征。

c. 实验完毕，将显微镜擦拭干净，并使镜臂恢复垂直位置，镜筒降至最低位置。

④ 操作注意事项

a. 切片时，因羊毛切取较为方便，所以可将其他纤维束固定在羊毛内进行切片，这样容易得到效果较好的切片。

b. 制作切片时，切下的纤维长度（厚度）应小于纤维直径，以免纤维倒伏，在显微镜下观察到的应是一小段一小段的纤维横向形态。

c. 盖玻片合上后，应注意尽量排尽空气，不能有气泡，以免影响观察效果。

d. 必须先把镜筒放至最低位置，再转动粗调装置使物镜逐渐上升找出物像，以保护物镜。

e. 擦盖玻片时，需将其放在载玻片上，不可握在手中擦拭，以免弄碎。

f. 观察时，两眼同时睁开，一眼观察，一眼照顾绘图，并可两眼轮流使用，以调节眼睛的疲劳。

**二、燃烧法鉴别实验**

（1）试验用品　镊子、酒精灯、打火机。

（2）操作步骤　用镊子夹持一束纤维或从织物上拆下的一束经、纬纱线的一端，将另一端靠近火焰，观察是否有蜷缩和熔融，然后伸入火焰中，观察燃烧情况和燃烧速度。将试样离开火焰，观察能否继续燃烧，燃烧后残留灰烬的颜色和形状，感觉其质地，如软、硬、松脆、能否压碎等。

在燃烧法的操作过程中，应仔细观察纤维束的燃烧现象，重点注意以下几方面：

① 纤维束接近火焰受热后，有无发生收缩及熔融现象；

② 纤维燃烧的难易程度；

③ 纤维燃烧时，火焰的颜色、火焰的大小及燃烧的速度；

④ 纤维燃烧时，是否同时冒烟，烟雾的浓度和颜色如何；

⑤ 纤维燃烧时，散发出的气味；

⑥ 纤维离开火焰后，是否继续燃烧；

⑦ 纤维燃烧后，灰烬的颜色和性状等。

燃烧法只适用于单一组分的纤维、纱线和织物的鉴别，而对于混合成分的纤维、纱线和织物以及经过阻燃整理或其他整理的纤维和纺织品，因燃烧特征发生变化，往往难于用燃烧法进行鉴别。

## 思考与练习

1. 常用纤维鉴别的方法有哪些？
2. 描述棉、毛、丝纤维的外观特征及燃烧特征。
3. 一块织物可能是涤棉混纺，也可能是纯棉，如何正确判断出它的成分？

# 纱线篇

# 第七章 纱线基本知识

## 第一节 纺纱方法

知识与技能目标

- 了解纺纱加工的主要方法；
- 掌握棉纺纺纱生产系统中精梳纱、普梳纱的加工工艺流程。

纺纱就是以各种纺织纤维为原料，通过纤维的集合、牵伸、加捻而纺成纱线的过程。纺纱过程通常包括原料准备、开松、梳理、除杂、混合、牵伸、并合、加捻以及卷绕等步骤。纺纱方法可分为传统的环锭纺纱方法和新型的纺纱方法。对于不同的纤维材料，应采取不同的纺纱方法和纺纱系统，所用的生产设备和生产流程也会不同，因此又可分为棉纺、麻纺、毛纺和绢纺。纺纱的基本过程如图 7-1 所示。

图 7-1 纺纱基本过程

### 一、棉纺纺纱

棉纺纺纱生产所用的原料包括棉纤维和棉型化纤，按照所使用原料的情况可分为纯纺纺纱和混纺纺纱两种。在棉纺纺纱生产中，根据原料的品质及成纱的质量要求，又可分为普梳（粗梳）纺纱、精梳纺纱和废纺纺纱。

1. 普梳（粗梳）纺纱

普梳（粗梳）纺纱在棉纺中应用较广泛，用于纺制中、粗特纱，供织造普通织物用，一般有纯原棉纺纱、纯化纤纺纱及棉与棉型化纤混纺纱三类。其纺纱工艺流程分别如下。

(1) 纯纺纱流程 原料选配→开清棉→梳棉→并条（2～3 道）→粗纱→细纱→后加工。

主要生产设备如图 7-2 至图 7-7 所示

(2) 棉与棉型化纤混纺纱流程

原棉选配→开清棉→梳棉→预并条 }→混并条（2～3 道）→粗纱→细纱→后加工
化纤选配→开清棉→梳棉→预并条 }

2. 精梳纺纱

精梳纺纱用于纺制高档的细特棉纱、特种用纱和细特棉混纺纱。因为对成纱的质量要求较高，因此需要在普梳生产流程中的梳棉工序之后增加精梳工序，以去除一定长度以下的短纤维和杂质、疵点，进一步伸直平行纤维，提高纱线质量。通常可分为纯棉纺纱和棉与棉型化纤混纺纱两类。其纺纱工艺流程分别如下。

(1) 纯棉纺纱流程 原棉选配→开清棉→梳棉→精梳准备→精梳→并条（1～2 道）→粗纱→细纱→后加工。

图 7-2　开清棉成卷机

图 7-3　梳棉机

图 7-4　并条机

图 7-5　粗纱机

（2）棉与棉型化纤混纺纱流程

原棉选配→开清棉→梳棉→精梳准备→精梳
化纤选配→开清棉→梳棉→预并条
} →混并条（2～3 道）→粗纱→细纱→后加工

精梳主要设备如图 7-8、图 7-9 所示。

3. 废纺纺纱

废纺纺纱是利用纺纱生产中的废料，加工生产低档粗特纱，以降低成本。其纺纱工艺流程如下：下脚、回花等→开清棉→梳棉→粗纱→细纱。

图 7-6 细纱机

图 7-7 自动络筒

图 7-8 精梳机

图 7-9 条卷机

## 二、麻纺纺纱

麻纺纺纱生产所用的原料主要是麻纤维，麻纤维种类较多，按照麻纤维原料、所用设备及工艺特征主要分为苎麻纺纱、亚麻纺纱和黄麻纺纱。

1. 苎麻纺纱

苎麻纺纱所使用的原料是由原麻预先经过加工处理成的精干麻。其纺纱工艺流程如下：精干麻→梳前准备→梳麻→精梳前准备（2道）→精梳精梳后并条（3～4道）→粗纱→细纱→后加工→苎麻成品纱。

2. 亚麻纺纱

亚麻纺纱所用的原料是由原麻预先经过加工处理成的打成麻，而打成麻还需经过带有针帘的栉梳机的进一步梳理，从而获得梳成麻和一部分短麻。由于梳成麻和短麻的长度与状态差异较大，必须采用不同的纺纱系统分别纺纱。加工梳成麻的叫长麻纺纱系统，加工短麻的叫短麻纺纱系统。其工艺流程分别如下。

（1）长麻纺　打成麻→梳前准备→梳麻（栉梳）→成条前准备→成条→并条→粗纱→煮漂→湿纺细纱→后加工→亚麻长麻成品纱。

（2）短麻纺　打成麻→梳前准备→梳麻（栉梳）→开清及梳前准备→梳麻→并条→粗纱→煮漂→细纱→后加工→亚麻短麻成品纱。

3. 黄麻纺纱

黄麻纺成纱主要供织麻袋用，要求不高，其纺纱工艺流程如下：原料→梳麻前准备→梳麻→并条→细纱→黄麻纱。

**三、毛纺纺纱**

毛纺纺纱生产所用的原料包括羊毛纤维、毛型化纤及特种动物纤维。根据产品的质量要求和加工工艺的不同，可分为粗梳毛纺、精梳毛纺及半精梳毛纺。

1. 粗梳毛纺

粗梳毛纺所用原料除一般的洗净毛外，还可用毛纺织厂的各种回用原料，纺制的纱线一般较粗，主要用于粗纺呢绒、毛毯、工业用织物的用纱。其纺纱工艺流程如下：原毛→初加工→选配毛→和毛→梳毛→细纱→后加工→粗梳毛纱。

2. 精梳毛纺

精梳毛纺对原料要求较高，多为同质毛，一般不掺用回用原料，纺制的纱线一般较细，且多用合股线，主要用于生产精纺呢绒、绒线、长毛绒等用纱。精梳毛纺纺纱工序多、流程长，可分为毛条制造和精梳毛纺纱两大部分，其加工工艺流程分别如下。

（1）毛条制造　原毛→初加工→选配毛→和毛加油→梳毛→里条（2～3道）→精梳→整条（2道）→精梳成品毛条。

（2）精梳毛纺纱　精梳成品毛条→前纺→后纺→精梳毛纱。

3. 半精梳毛纺

半精梳毛纺是介于粗梳毛纺和精梳毛纺之间的纺纱加工工艺，即用一般的梳毛条替代精梳成品毛条，在精梳毛纺纺纱系统上进行加工。其加工工艺流程如下：原毛→初加工→选配毛→和毛加油→梳毛→针梳（2～3道）→粗纱→细纱→后加工→半精梳毛纱。

**四、绢纺纺纱**

绢纺纺纱又分为绢丝纺和䌷丝纺两种。

1. 绢丝纺

绢丝纺是利用不能缫丝的疵茧和疵丝为原料，纺制的纱线较细，用于织造薄型高档绢绸。绢丝纺纱工艺流程很长，原料经过初加工（精炼）后到精干绵，从精干绵加工成成品绢丝一般要经过制绵、前纺和后纺三个工艺过程。其加工工艺流程如下。

（1）制绵工艺流程　有圆梳制绵和精梳制绵两种加工系统，以圆梳制绵为例，工艺流程如下：精干绵→配绵给湿→开绵→切绵→圆梳梳绵（2～3道）→精梳绵。

（2）前纺工艺流程　精梳绵→配绵→延展（2道）→制条→并条（2～3道）→延展→粗纱。

（3）后纺工艺流程　粗纱→细纱→并捻→整丝→烧毛→成品绢丝。

2. 䌷丝纺

䌷丝纺是利用制绵流程中末道圆梳机的落绵为原料，纺制的纱线较粗，用于织造绵䌷。可采用棉纺普梳纺纱流程、棉纺转杯纺纱流程或粗梳毛纺流程来纺纱生产。

**五、新型纺纱方法**

传统的纺纱采用环锭细纱机进行，随着纺纱技术的进步和发展，在传统的环锭细纱机的基础上进行革新，出现了赛络纺、赛络菲尔纺、紧密纺等新型纺纱技术，但其成纱机理还是与环锭纺相同。由于环锭纺的纺纱速度及卷装容量受到限制，新型的纺纱方法将加捻和卷绕分开进行，且省去了传统的粗纱和络筒两个工序，其成纱机理与环锭纺完全不同，实现了较高的纺纱速度、较大的卷装容量和较短的生产流程等突破。比较成熟的新型纺纱方法有转杯纺、摩擦纺和喷气纺等。

1. 赛络纺

赛络纺是在环锭细纱机上把两根粗纱平行喂入牵伸区，在某种程度上，赛络纺可以看做是一种在细纱机上直接纺制股线的新技术，其成纱具有近似股线的风格和特点。赛络纺中所用的两根粗纱可以是相同的原料，也可以是不同的原料或颜色，用这种方法纺制出来的纱线具有多种不同的风格特征。

2. 赛络菲尔纺

赛络菲尔纺与赛络纺相似，是在环锭细纱机上将一根粗纱和一根长丝平行喂入牵伸区，赛络菲尔纺技术新颖、工艺简便，在国内外均有较广泛的应用。

3. 紧密纺

紧密纺技术是利用在前罗拉钳口下方的负压或机械装置的凝聚作用，使得在完成牵伸后的纤维束中所有的纤维被紧密地凝聚加捻到纱体中。因此，大大减少了成纱毛羽，纱的强力也得到提高。紧密纺可分为负压式紧密纺和机械式紧密纺两大类。负压式紧密纺对纤维的控制柔和，毛羽减少的效果较明显，但胶圈、风机等消耗很大；机械式紧密纺结构简单，运行维护成本较低，但毛羽减少的效果不如负压式紧密纺显著。

4. 转杯纺

转杯纺又叫气流纺，是一种自由端纺纱，自由端纺纱需要经过：分梳牵伸→凝聚成条→加捻→卷绕四个工艺过程。转杯纺纱的工艺过程是由分梳辊将喂入的熟条握持分梳成单纤维状态，与空气混合成单纤维流，并随同气流通过输送管被吸入转杯，利用转杯高速回转产生的负压将单纤维流凝聚成自由端，并获得加捻的成纱，最后卷绕制成筒子纱。转杯纺经过近40年的发展，其使用范围已扩大到棉、麻、毛、丝及化纤等各种纤维领域，其优越性日益被人们接受和认可。转杯纺一般可分为自排风式转杯纺和抽气式转杯纺两大类。

5. 摩擦纺

摩擦纺又称为尘笼纺，也是一种自由端纺纱。它是利用具有网眼的吸网凝聚纤维，用搓捻使纱条获得捻度而成纱。摩擦纺一般用于纺制粗特纱线，供织制机织地毯、手工地毯、起绒毛毯和装饰用织物等用纱。

6. 喷气纺

喷气纺是一种非自由端纺纱，非自由端纺纱一般经过：罗拉牵伸→加捻→卷绕三个工艺过程。它是利用喷射气流对牵伸装置输出的须条施以假捻，并使露在纱条表面的头端自由纤维包缠在纱芯上形成具有一定强力的喷气纱。喷气纺纺纱速度很快，生产效率可达环锭纺的15倍、转杯纺的3倍，适纺范围较广，是一种具有广阔发展前景的新型纺纱方法。各种纱线实样见图7-10。

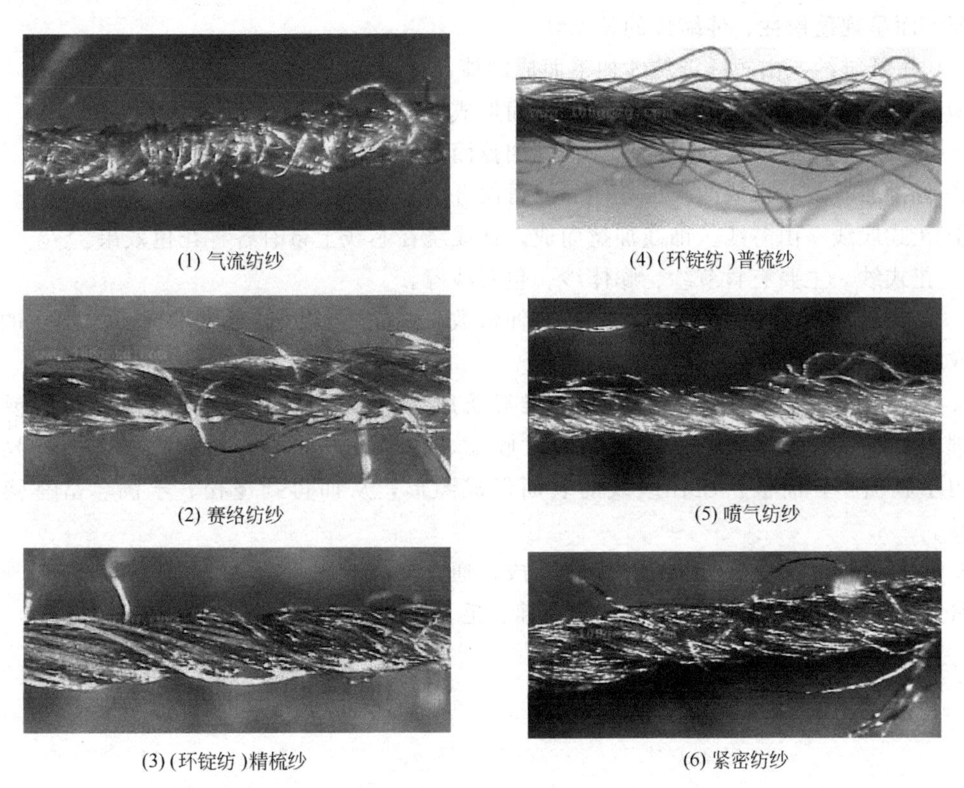

(1) 气流纺纱　(4)(环锭纺)普梳纱

(2) 赛络纺纱　(5) 喷气纺纱

(3)(环锭纺)精梳纱　(6) 紧密纺纱

图7-10　纱线实样

# 第二节　纱线的分类及特点

**知识与技能目标**

- 了解纱与线有何不同；
- 了解纱线分类的方法及各类纱线的名称、含义；
- 掌握常见纱线的外观形态及特点；
- 掌握常用纱线中不同用途纱线的质量要求。

纺织纤维经纺纱加工而构成的细而柔软，并具有一定力学性质的连续长条，统称为纱。两根或两根以上的单纱经合并加捻而构成线。纱或线可作为半制品供织造使用，有的线也可作为成品，如缝纫线、绣花线、绒线等。

## 一、纱线的分类

纱线的种类很多，从不同的角度出发，可对纱线作不同的分类。

1. 按结构和外形分

（1）长丝纱　由长丝构成的纱，称为长丝纱。一般可分为：

① 单丝纱　一根长丝构成的纱。

② 复丝纱　两根或两根以上的单丝合并在一起的丝束。

③ 捻丝　复丝加捻而成。

④ 复合捻丝　两根或两根以上的捻丝再次合并加捻而成复合捻丝。

⑤ 变形丝（或变形纱）　特殊形态的丝，化纤长丝经变形加工使之具有卷曲、螺旋等外观特征，而呈现蓬松性、伸缩性的长丝纱。

（2）短纤维纱　由短纤维纺纱加工而成的纱，称为短纤维纱。一般可分为：

① 单纱　短纤维集合成条，依靠加捻而形成单纱。

② 股线　两根或两根以上的单纱合并加捻而成股线。

③ 复捻股线　两根或两根以上的股线再次合并加捻而成复捻股线。

④ 花式股线　由芯线、饰线加捻而成，饰线绕在芯线上带有各种花色效果。

⑤ 花式纱　主要有竹节纱、膨体纱、包芯纱等。

a. 竹节纱　通过改变正常纺纱时的牵伸倍数，在正常纺纱过程中形成一定规律的长短不一或粗细不一的粗节。

b. 膨体纱　由两种不同收缩率的纤维混纺成纱，然后将纱放在蒸汽或热空气或沸水中处理。此时，收缩率高的纤维产生较大收缩，位于纱的中心；而混在一起的低收缩纤维，由于收缩小，而被挤压在纱线的表面形成圈形，从而得到蓬松、丰满、富有弹性的膨体纱。

c. 包芯纱　包芯纱由两种纤维组合而成，通常多以化纤长丝为芯，以短纤维为外包纤维。常用的长丝有涤纶、氨纶；短纤维有棉、毛、丝、腈纶。各种纱线结构见图 7-11。

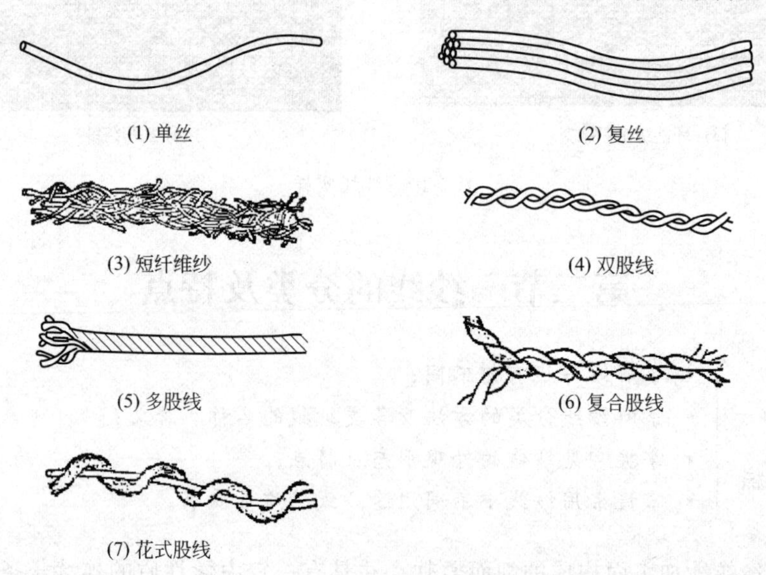


图 7-11　纱线结构示意图

2. 按纤维品种分

（1）纯纺纱线　一种纤维纺成的纱线。如棉纱线、毛纱线、涤纶纱线。

（2）混纺纱线　由两种或多种不同纤维混纺而成的纱线。

3. 按纺纱工艺和纺纱方法分

（1）按纺纱工艺（不同的纺纱系统）

① 棉纱线　用棉纤维或棉型化纤纺成的纱线。

② 毛纱线　用羊毛纤维、特种动物纤维或毛型化纤纺成的纱线。

③ 麻纺纱线　用麻纤维纺成的纱线。

④ 绢纺纱线　用不能缫丝的疵茧和疵丝为原料纺成的纱线。

⑤ 䌷丝纱线　用制绵流程中末道圆梳机的落绵为原料纺成的纱线。

（2）按纺纱方法

① 环锭纺纱　普通环锭纺纱、赛络纺纱、紧密纺纱等。

② 新型纺纱　转杯纺纱、摩擦纺纱、喷气纺纱等。

4. 按纤维长度分

（1）棉型纱线　用棉纤维或棉型化纤在棉纺设备上加工而成的纱线。

（2）毛型纱线　用毛纤维或毛型化纤在毛纺设备上加工而成的纱线。

（3）中长型纱线　用中长型化纤在棉纺设备或中长纤维专用设备上加工而成的纱线。

5. 按纱线的用途分

（1）机织用纱　用于织造机织物的纱线（经纱、纬纱）。

（2）针织用纱　用于织造针织物的纱线。

（3）起绒用纱　用于织造起绒织物的纱线。

（4）特种用纱　用于织造特种织物的纱线（如帘子线等）。

6. 按纱线的粗细分

（1）特细特纱　线密度在 10tex 及以下的纱。

（2）细特纱　线密度在 11～20tex 的纱。

（3）中特纱　线密度在 21～31tex 的纱。

（4）粗特纱　线密度在 32tex 以上的纱。

7. 按后处理方式分

（1）本白纱（原色纱）　未经任何染整加工而具有原来纤维颜色的纱线。

（2）漂白纱　经漂白加工使原来纤维颜色变白的纱线。

（3）染色纱　经染色加工而具有各种颜色的纱线。

（4）烧毛纱　经烧毛加工使表面较光洁的纱线。

（5）丝光纱　经丝光加工使表面具有光泽的纱线。

8. 按卷装形式不同分

按卷装形式可分为管纱、筒子纱、绞纱。

9. 按捻向分

按捻向分可分为 Z 捻纱、S 捻纱。

**二、纱线的种类及特点**

用不同的分类方法，可将纱线分为很多种类，不同种类的纱线有不同的特点。下面重点介绍常用纱线的种类及结构特点。

1. 常见长丝纱线的外观形态及特点

（1）普通长丝　没有经过变形加工的普通长丝的表面无毛羽，粗细均匀，丝身光滑紧密。主要包括单丝、复丝、捻丝、复合捻丝等。

（2）变形丝　经过各种变形加工制成的长丝。变形后改变了普通长丝的结构，膨松柔软，有的伸缩性较好，变形工艺不同外观形态各异。

① 高弹丝　其外表有丝辫与丝圈结构，手感柔软、膨松，其内的单丝呈不同直径的螺旋形卷曲，是一种伸缩性较好，弹性优良的变形丝。

② 低弹丝　其外表没有明显的丝辫、丝圈结构，其内的单丝，螺旋卷曲的直径较小，螺距较大，是一种伸缩性、弹性低于高弹丝的变形丝。

③ 空气变形丝　表面有丝圈、丝弧，单丝之间相互交缠较好，伸缩性很小，有短纤纱风格，有一定膨松性。

④ 网络丝　有网络结，网络结处纤维相互交缠，结构较紧密。无网络结处纤维基本上呈平行分布，较膨松。

2. 常见短纤纱的外观形态及特点

（1）环锭纺短纤纱　采用传统的环锭纺纱机，由短纤维通过纺纱工艺纺制而成。环锭纺纱中的纤维不存在明显的整体分层特征，纤维可在纱体中发生内外转移。

① 单纱　退捻分解后可直接得到短纤维的纱。单纱毛羽多且长短不一，手感较柔软膨松，纤维与纱轴有一定斜角，粗细不匀较显著。精梳纱的强度、均匀度、光洁度等都明显优于普梳纱。可以由一种原料纺成纯纺纱，由此构成纯纺织物；也可以由两种或两种以上原料构成混纺纱，由此构成混纺织物。

② 股线　由两根或两根以上的单纱合股而成，退捻后得到的是单纱。纱干光洁，毛羽较少，条干均匀。同时，股线还可按一定方式进行合股并合加捻，得到复捻股线，如双股线、三股线和多股线。主要用于缝纫线、编织线或中厚结实织物。

③ 精纺纱　也称精梳纱。是指通过精梳工序纺成的纱，包括精梳棉纱和精梳毛纱。纱中纤维平行伸直度高，条干均匀、光洁。但成本较高，纱支较高。精梳纱主要用于高级织物及针织品的原料，如细纺、华达呢、花呢、羊毛衫等。

④ 粗纺纱　也称粗梳毛纱或普梳棉纱。是指按一般的纺纱系统进行梳理，不经过精梳工序纺成的纱。粗纺纱中短纤维含量较多，纤维平行伸直度差，结构松散，毛茸多，纱支较低，品质较差。

⑤ 花式线　由芯纱与饰线组成，饰线呈各种形态固定在芯纱上，形成结节、圆圈、毛茸、波波、螺旋等各种花式效应。各种花式线的结构见图 7-12。

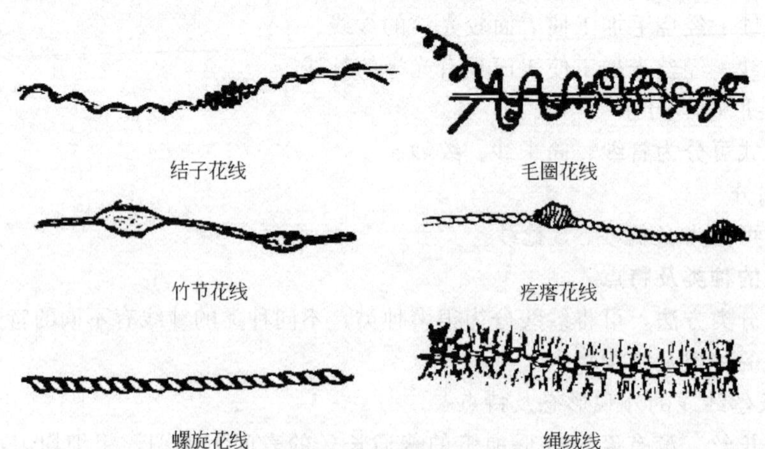


图 7-12　各种花式线的结构

⑥ 花色线　按一定比例将彩色纤维混入基纱的纤维中，使纱上呈现鲜明的长短、大小不一的彩段、彩点的纱线，如彩点线、彩虹线等。这种纱线多用于女装和男夹克衫。

⑦ 竹节纱　沿纱的长度方向有长短不一、粗细不一的粗节，且有一定规律性，竹节段捻度较少，纤维较松散，竹节纱染色时粗段与细段对染料的吸收不一致，布面能呈现出丰富多彩的风格。

⑧ 紧密纱　利用环锭新技术纺制而成的纱，它与普通环锭纱相比，纤维平行取向度好，毛羽明显减少，强力高提高显著。与同特数纱相比，管纱毛羽降低 50%，筒纱毛羽降低 70%左右，强力提高 5%～10%。

⑨ 赛络纱　组成赛络纱的两股纤维束以螺旋状相互捻合在一起，互不混淆，赛络纱两股须条上的捻度与成纱捻向一致，捻度很小。但表面纤维和纱条轴线的夹角较大，其截面与单纱一样呈近似圆形，外观似纱且结构上呈股线状态（也称假股线），成纱表面纤维排列较整齐，纱线结构紧密、光洁、毛羽少，手感柔软光滑，长细节较多。

（2）新型纺短纤纱　采用新型的纺纱方法（如转杯纺、喷气纺、摩擦纺、涡流纺等）纺制而成，新型纱的结构不同于环锭纱，并随纺纱方法的不同，具有各自的纱线结构特征。

① 转杯纱　又称气流纱或 OE 纱，是由纱芯和外包（缠绕）纤维两部分组成。其内层的纱芯结构近似于传统的环锭纱，比较紧密。但外层包有缠绕纤维，结构松散，纱中纤维的形态不如环锭纱整齐，其伸直度较差。条干均匀度较好、毛羽少、耐磨性强、膨松性好、吸水性强、染色性及吸浆性较好、棉结杂质较少，但强力比环锭纱略低些。

② 摩擦纱　也称尘笼纱，由多层纤维凝聚而成，具有捻度分层结构特点，纱芯捻度较外层大，形成内紧外松的特殊结构，因而纱的表面较丰满和蓬松，伸长率较高，吸湿性、染色性和手感均较好。但由于纤维伸直度差，排列较紊乱，扭结、缠绕、弯钩及对折的纤维较多，且内外层转移少，故强力较低，约为环锭纱的 70%左右。

③ 喷气纱　为包缠结构，由无捻或少捻的芯纱和外包纤维组成，外包纤维以螺旋形包缠较多，平行无包缠最少，无规则包缠次之。与传统的环锭纱相比，喷气纱强力较低，粗细节少，条干较好，短毛羽多，但 3mm 以上毛羽少，结构较蓬松，芯纱捻度较小，不需热定捻，外包层捻度大，手感较粗硬。

④ 涡流纱　涡流纱与转杯纱的结构相似，纱中内外层纤维捻角不同，呈包芯结构，较膨松。但短片段不匀率较高，粗细节、棉结较多，染色性及耐磨性较好。

3. 常见复合纱的外观形态及特点

复合纱是由短纤维、短纤纱或长丝与另一长丝通过包芯、包缠或加捻制成。

（1）包芯纱　具有以长丝为芯、短纤维为皮的包缠结构的纱。常用的纱芯长丝有涤纶丝、尼龙丝、氨纶丝；外包短纤维常用棉、涤/棉、腈纶、羊毛等。成纱性能超过单一纤维，具有长丝和短纤维的双重特性。长丝是构成单纱强力的主要部分。短纤维包缠在外，使成纱具有短纤维纱的风格特征。包芯纱拉伸时芯丝一般不会外露。包芯纱由摩擦纺、包缠纺等方法加工，也可用环锭纺加工。摩擦纺、包缠纺的纱芯为假捻，环锭纺的纱芯为真捻。包芯纱目前主要用作缝纫线、衬衫面料、烂花织物和弹力织物等。

（2）包缠纱　是以长丝为芯纱，外层包以棉纱、真丝、毛纱、尼龙丝、涤纶丝等加捻而成。包缠纱是一种新型结构的纱线，其特点为条干均匀、膨松丰满、纱线光滑而毛羽少、强力高、断头少。它与包芯纱的区别在于皮纱，皮纱为长丝或短纤维纱的是包缠纱，皮纱为短纤维的是包芯纱。包缠纱在张紧状态下有露芯现象。常见的包缠纱品种主要有氨纶棉纱包缠纱、氨纶真丝包缠纱、氨纶毛纱包缠纱、氨纶尼龙包缠纱、氨纶涤纶包缠纱等。

(3) 长丝短纤复合纱　由长丝（如黏胶长丝、涤纶长丝等）与短纤纱（如棉纱、毛纱、麻纱等）复捻制成。表观具有两者的复合特征，退捻后可分离成短纤纱与长丝。

4. 不同用途的纱线特点

(1) 机织用纱　指加工机织物所用纱线，分经纱和纬纱两种。经纱用作织物纵向纱线，在织造时要承受络筒、整经等加工工序的张力，一般应具有捻度较大、强力较高、耐磨较好的特点；纬纱用作织物横向纱线，通常不用上浆，所经工序简单，去除杂质机会少，因此要求棉结杂质少，条干均匀，具有捻度较小、强力较低、但柔软的特点。

(2) 针织用纱　指加工针织物所用纱线。针织用纱对纱线质量要求较高，一般具有条干均匀、细节少，棉结杂质少、纱疵少，捻度较小，强度适中，手感柔软的特点。

(3) 染色用纱　染深色坯布用纱，一般具有纱线的纤维成熟度好，吸色性能好，棉结白星少而小，混合均匀等特点；染浅色坯布用纱，一般具有纱线条干均匀，白星、油污及纱疵少等特点；印花坯布和漂白坯布用纱，纱线质量标准可以适当放宽些，供漂白原纱一般要防止“三丝”等异纤杂物的附入。

(4) 其他织物用纱　起绒用纱一般具有捻度低，容易起绒的特点，对条干、结杂要求不高；毛巾用纱一般要求结构丰满，手感柔软，强力适中；手帕用纱一般要求条干均匀，粗细节少，竹节要清除干净等。

(5) 特种用纱线　包括轮胎线、缝纫线、绣花线、编结线、杂用线等。根据用途不同，对这些纱的要求也是不同的。轮胎线要求强力高、伸长小，强力差异小，外观疵点稍可放宽；缝纫线要求强力高、毛羽少，结杂少而小，卷装大，接头少而小；绣花线要求低捻、高强，混合均匀，吸色性好，结杂少，接头少而小；编结线要求捻度多，表面光滑，使编结物有挺括感。

## 第三节　纱线主要性能

**知识与技能目标**

- 掌握表示纱线细度、纱线捻度的常用指标；
- 了解细度不匀的分类及测试方法；
- 了解纱线细度偏差、细度不匀对纱线质量的影响；
- 了解纱线捻度的测试方法及纱线捻度对纱线质量和风格的影响；
- 了解纱线强度的主要指标及纱线强度对纱线质量的影响。

纱线的性能主要包括纱线的细度及均匀程度、纱线的捻度、纱线的强力等方面，在一定程度上反映了纱线的品质，同时也影响着织物的性能和风格。

### 一、纱线细度

纱线的粗细是决定纱线结构的重要内容，它与所用的纤维粗细、纺纱设备及纺纱工艺有着密切的关系。

1. 纱线的细度指标

纱线的细度指标可分为直接指标和间接指标两类。直接指标指的是纱线的直径、截面积、截面周长等。但是在实际生产中，直接指标往往是比较难测量的，因此一般都不用直接指标来表示纱线的粗细，而是引入间接指标来表示纱线的粗细。间接指标是利用纱线的长度和质量的关系来表达纱线的细度，一般可分为定长制和定重制两种。

（1）定长制　指一定长度的纱线所具有的质量。常用的定长制指标一般有线密度和纤度。

① 线密度 $T_t$　线密度是指1000m长的纱线在公定回潮率下的质量（g）。单位是特克斯（tex）。

用公式表示
$$T_t=\frac{1000G_k}{L}$$

式中　$G_k$——纱线公定回潮率下的质量，g；

$L$——纱线的长度，m。

线密度是法定计量单位，纱线的粗细应采用线密度来表达，线密度数值越大，表示纱线越粗。在实际生产中，线密度通常习惯上称为号数或特数，是常用的细度指标。

② 纤度 $N_{den}$　纤度是指9000米长的纱线在公定回潮率下的质量（g），单位是旦尼尔（den），简称为旦。

用公式表示
$$N_{den}=\frac{9000G_k}{L}$$

式中　$G_k$——纱线公定回潮率下的质量，g；

$L$——纱线的长度，m。

（2）定重制　指一定质量的纱线所具有的长度。常用的定重制指标一般有公制支数和英制支数。

① 公制支数 $N_m$　公制支数是指1g重的纱线在公定回潮率下的长度（m），单位为公支。

用公式表示
$$N_m=\frac{L}{G_k}$$

式中　$G_k$——纱线公定回潮率下的质量，g；

$L$——纱线的长度，m。

公制支数数值越大，表明纱线越细。公制支数习惯上用来表示毛纱的粗细。

② 英制支数 $N_e$　一般是指棉型纱线的英制支数，指的是1磅（lb）重的纱线在英制公定回潮率下，所具有的840码的长度倍数。单位为英支。

用公式表示
$$N_e=\frac{L_e}{840G_{ek}}$$

式中　$L_e$——纱线的英制长度，码（1码＝0.9144m）；

$G_{ek}$——纱线英制公定回潮率下的质量，lb（1lb＝453.6g）；

英制支数数值越大，表明纱线越细。

这里需要指出的是，棉纱、毛纱、麻纱等不同原料品种的英制支数所定义的长度是不同的，如棉纱的英制支数规定为840码的长度倍数，精梳毛纱的英制支数规定为560码的长度倍数，粗梳毛纱的英制支数规定为256码的长度倍数，麻纱的英制支数规定为300码的长度倍数。在实际应用中，英制支数在贸易中使用较多，而且习惯上把棉纱的英制支数简称为“支”，一般用“S”表示。

（3）细度指标间的换算关系

① 线密度和纤度的换算　　$N_{den}=9T_t$

② 线密度和公制支数的换算　　$T_tN_m=1000$

③ 线密度和英制支数（棉纱）的换算　$T_tN_e=590.5$

细度指标间的换算常用的是线密度与英制支数之间的换算，在实际生产中，特别是外单的生产，客户订单往往习惯是以英制支数来表达品种的，实际排单生产或工艺设计时，一般要将英制支数转换成线密度，用线密度来控制纱线的粗细及其均匀程度。

(4) 细度的测试　纱线细度不同纺纱时所用原料的规格、质量不同，纱线的用途及纺织品的物理机械性能、手感、风格也不同。

在实际生产中，通常是采用缕纱称重法测出纱线的线密度，再根据定义计算出各细度指标。缕纱测长仪如图 7-13 所示。

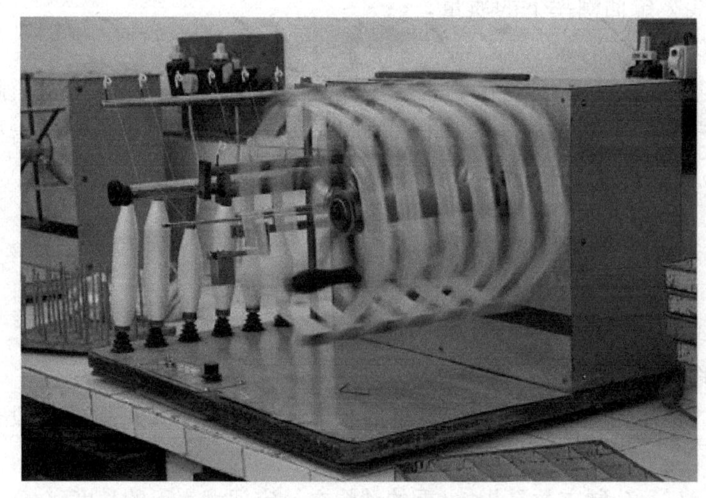

图 7-13　缕纱测长仪

2. 纱线的细度偏差

纱线的细度偏差指的是纱线的实际线密度与设计线密度差异的百分率，或称线密度偏差，工厂中也习惯称为重量偏差。

在实际生产中，由于工艺、设备、操作等原因会使得生产纺制的纱线细度与设计细度的标准值出现一定的偏差，习惯上把实际生产纺制的纱线线密度称为实际线密度，而把客户订单要求生产的最终产品的纱线线密度称为公称线密度或名义线密度。为了满足客户订单中品种细度的要求或国家标准规定的公称线密度的要求，结合纺纱生产中细纱及后加工工序的伸长率和纱线捻缩率的影响，在进行工艺设计时所确定的纱线线密度成为设计线密度。纱线细度的偏差控制就是要控制纱线的实际线密度与设计线密度的差异，即重量偏差的控制，用公式表示：

$$\text{重量偏差}=\frac{\text{实际线密度}-\text{设计线密度}}{\text{设计线密度}}\times 100\%$$

一般情况下，重量偏差应满足国家标准的控制范围，如果超出了标准的控制范围，则说明实际纺出的纱线细度不符合设计要求。如果重量偏差为正值，表明纱线的实际线密度大于公称线密度，即纱线细度比设计细度偏粗，如果重量偏差为负值，表明纱线的实际线密度小于公称线密度，即纱线细度比设计细度偏细。

在上述重量偏差的公式中，如果纱线的细度用公制支数来控制，其结果称为支数偏差，如果纱线的细度用纤度来控制，其结果称为纤度偏差，但在实际生产中常用的还是线密度偏差即重量偏差。

3. 纱线的细度均匀度

纱线的细度决定了纱线品种的结构，而细度的均匀程度则决定了纱线的品质，在一定程度上影响着织物的外观和质量。在实际生产中常常用纱线的不匀率来反映纱线的均匀程度，它是评定纱线品质的主要指标之一，是纺纱原料和纺纱生产中机械、工艺、操作、环境的综合反映。

(1) 粗细不匀的分类　纱线的粗细不匀主要包括反映长片段不匀的重量不匀率和反映中、短片段不匀的条干不匀率。

① 长片段不匀　出现不匀的间隔长度大约是几十米，一般为纤维长度的100～3000倍左右。

② 中片段不匀　出现不匀的间隔长度大约为几米，一般为纤维长度的10～100倍左右。

③ 短片段不匀　出现不匀的间隔长度大约为1m以下，一般为纤维长度的1～10倍左右。

(2) 细度不匀的测试　细度不匀的测试方法主要有切断称重法、目光检验法和仪器检验法。

① 切断称重法　又称测长称重法，是测定纱线粗细不匀的最基本、最简便、最准确的方法之一，目前纺纱厂普遍采用切断称重法来测定纱线的长片段不匀。测定时，用缕纱侧长器绕取一定长度的纱线作为一个片段，绕取若干片段，将每一片段逐一称重，通过计算比较即可等到片段间的重量不匀率（一般用百米重量变异系数来表示）。在实际生产中，不同原料品种及规格的纱线所取的片段长度是不同的，按规定棉型纱线为100米，精梳毛纱为50m，粗梳毛纱为20m，49tex及以上的苎麻纱为50m，49tex以下的苎麻纱为100m，生丝为450m。

② 目光检验法　又称黑板条干法，是测定纱线短片段表观粗细不匀的方法之一。测定时，将纱线均匀地绕在一定规格的黑板上，然后将黑板放在暗房内，在一定的照度和距离下，与标准样照进行对比，通过目光检验反映出纱线短片段中不匀的具体内容。如粗节、细节、阴影、云斑、竹节、白点等，是一种以形定性的检验。这种测定方法简单易行，能快速得到检验结果，但不能得到定量的数据，且与检验人员的目光有关。因此必须定期核对和统一检验人员的目光，以保证检验结果的正确性。见图7-14。

图7-14　摇黑板机

③ 仪器检验法　有光电式条干均匀度仪和电容式条干均匀度仪两种，目前纺纱厂常用电容式条干均匀度仪来测定纱线中、短片段的不匀。其检测原理：利用两块平行的、相对的金属极板构成一个电容器（即检测槽），让被检测的纱线匀速从两块极板中通过。如果纱线

线密度发生变化就会引起电容量发生变化，通过检测电容量的变化来反映出纱条条干（即纱条粗细均匀）的变化。用条干均匀度仪检验纱线，可直接得到纱线不匀的变异系数；粗节、细节、棉结（即疵点）；不匀曲线以及波谱图等测试结果，是一种以值定量的检验，可直观地反映出纱线的均匀情况。通过对测试结果的分析，还能快速诊断产生不匀的工序及原因（如机械原因、工艺原因或是操作原因），对生产过程工艺调整及产品的品质控制起到了积极的指导和监督作用。电子条干仪如图 7-15、图 7-16 所示。

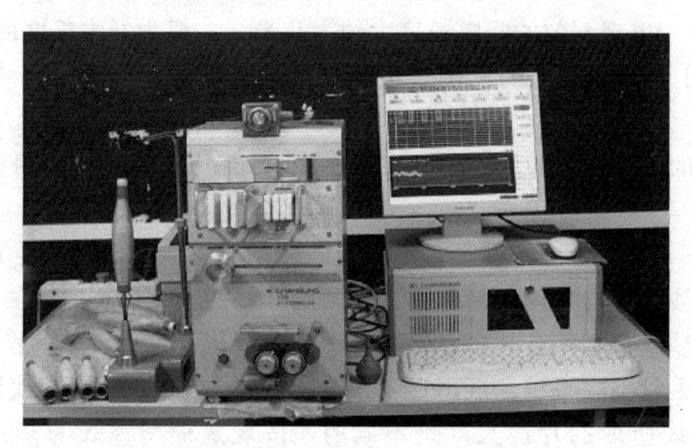

图 7-15　电子条干仪——测成纱

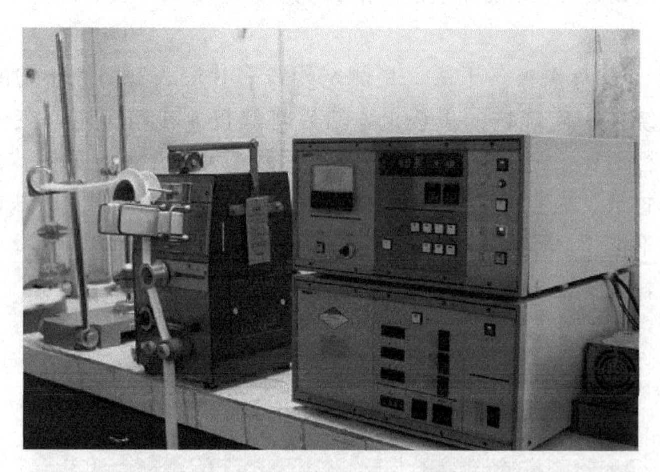

图 7-16　电子条干仪——测棉条

（3）细度不匀对纱线质量的影响　纱线的细度不匀指的是沿纱线长度方向粗细的变化程度，对成纱的强力及强力不匀、捻度不匀等有着直接的影响，是纱线品质评定的主要指标，同时也影响着细纱的断头及生产效率。纺织品的质量，有很大程度上也取决于纱线细度均匀度，用不均匀的纱线织成布时，织物上会呈现各种疵点，影响织物质量和外观。在织造工艺过程中，会导致断头率增加，生产效率下降。

在实际生产中，对于纱线的不匀通常是从反映长片段不匀的重量不匀率和反映中、短片段不匀的条干不匀率来控制的。造成纱线不匀的原因有机械因素、工艺因素、操作因素等诸多方面，原料及生产环境的稳定性也会对纱线的不匀造成影响。

**二、纱线捻度**

如果纱条一端被握持，另一端绕着轴线方向回转，即实现了加捻的过程。加捻可使纱线获得强力并具备一定的物理机械特性，捻度的大小及方向决定纱线的结构和性能，同时也会影响织物的内在质量、手感、外观及服用性能等。

1. 纱线的捻度指标

表示加捻程度大小的指标有捻度、捻系数、捻回角、捻幅等，表示加捻方向的指标有捻向。

（1）捻度　单位长度内纱线的捻回数称为捻度，一般用 $T$ 来表示。纱条绕着轴线方向转一圈称为一个捻回。实际生产中，捻度的单位长度随着纱线的细度表达不同而有不同的选择，通常有以下三种。

① 线密度制捻度 $T_{tex}$　通常是用纱线 10cm 长度上的捻回数来表示，即捻/10cm，一般用于表示棉型纱线的加捻程度，有时粗梳毛纱的加捻程度也用线密度制的捻度来表示。

② 公制支数制捻度 $T_m$　通常是用纱线 1m 长度上的捻回数来表示，即捻/m，一般用于表示精梳毛纱及化纤长丝的加捻程度。

③ 英制支数制捻度 $T_e$　通常是用纱线 1inch 长度上的捻回数来表示，即捻/inch。

对于相同粗细的纱线，用捻度的大小即可表示纱线的加捻程度，一般来说捻回数多，捻度就大，纱线的加捻程度也就越大。

捻度测量比较方便，利用纱线的捻度仪可直接测出纱线的捻度大小。但对于不同粗细的纱线，不能用捻度的大小来表示纱线的加捻程度，实际生产中引入了另一个指标即捻系数来表示不同粗细纱线的加捻程度。

（2）捻系数　结合纱线的细度和捻度计算而得到的，用来表示不同粗细纱线的加捻成度的指标，一般用 $\alpha$ 表示。根据细度的不同表达，捻系数也可分为以下三种。

① 线密度制捻系数 $\alpha_{tex}$　$\alpha_{tex}=T_{tex}\sqrt{T_t}$

② 公制支数制捻系数 $\alpha_m$　$\alpha_m=T_m/\sqrt{N_m}$

③ 英制支数制捻系数 $\alpha_e$　$\alpha_e=T_e/\sqrt{N_e}$

式中，$T_{tex}$，$T_m$，$T_e$ 分别为线密度制、公制支数制、英制支数制捻度；$T_t$，$N_m$，$N_e$ 分别为线密度、公制支数、英制支数。

在实际工作中，通常是通过测量纱线的捻度，然后再利用公式计算出纱线的捻系数，捻系数大，加捻的程度就越大，捻系数大小的选择一般由纱线的用途来决定。

（3）捻回角　加捻前，纱线中的纤维是相互平行的，加捻后纤维发生了倾斜，纤维在纱线中的倾斜角，即纤维与纱条轴线的夹角成为捻回角，一般用 $\beta$ 表示。捻回角大，纱线的加捻程度就越大。捻回角既可以用来衡量相同粗细纱线的加捻程度，也可以用来衡量不同粗细纱线的加捻程度。但捻回角的测量非常困难，一般在工作中不用该项指标。

（4）捻幅　加捻时，纱截面上的一点在单位长度内转过的弧长称为捻幅。捻幅实际就是捻回角的正切函数，所以它也能表示加捻程度的大小。这一指标在生产中不常用，主要用于科研。

（5）捻向　捻向是指纱线的加捻方向，它是根据加捻后纤维在纱线中的倾斜方向来确定的，一般可分为 Z 捻向和 S 捻向两种（如图 7-17）。纤维在纱线中由左下往右上方向倾斜的，称为 Z 捻向（也称反手捻），纤维在纱线中由右下往左上方向倾斜的，称为 S 捻向（也称顺手捻）。纱线不同的捻向对织物的外观、手感等风格有较大影响。

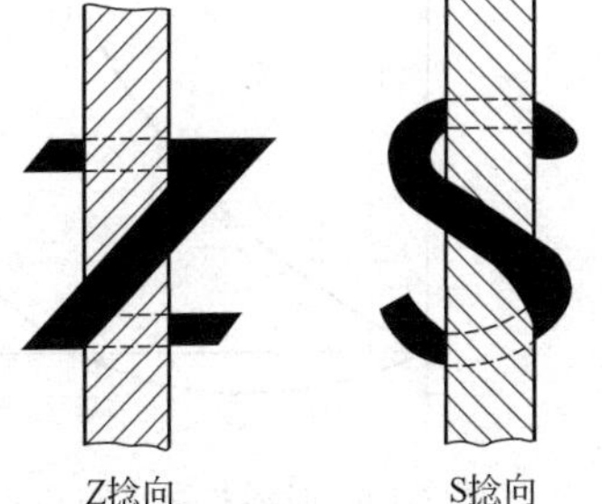

图 7-17　捻向

2. 纱线捻度的测试

纱线捻度测试的方法有两种，一种是直接退（解）捻法，另一种是退（解）捻-加捻法。

（1）直接退捻法　将测试的纱线夹持在纱线捻度仪的夹头上，其中一夹头固定，另一夹头按纱线原来加捻的相反方向回转（即退捻），当纱线上的捻回退完时，夹头即停止回转，通过计算单位长度上的捻回数即可得到捻度。

（2）退捻-加捻法　将测试的纱线夹持在纱线捻度仪的夹头上，其中一夹头固定，另一夹头按纱线原来加捻的相反方向回转（即退捻）。纱线上的捻回退完时，夹头继续回转（即加捻）。由于纱线因退捻会产生伸长，因加捻而会缩短，当纱线长度经过退捻后伸长又经加捻后收缩至原来的试样长度时，夹头即停止回转，此时得到的纱线捻回为原来纱线捻回数的2倍，通过计算单位长度上的捻回数即可得到捻度。

纱线捻度测试仪如图7-18所示。

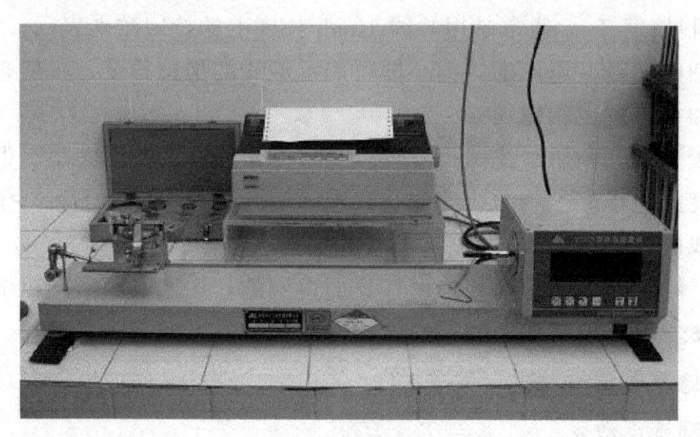

图7-18　纱线捻度测试仪

3. 加捻对纱线主要性质的影响

加捻可以增加纱线的强力，恰当的捻度可使纱线获得最佳的强度、伸长、弹性、柔性、光泽和手感等物理机械性能和风格。

（1）加捻对纱线长度的影响（即对捻缩的影响）　加捻会使纱线产生收缩，即捻缩，捻缩的大小用捻缩率$\mu$来表示，它是指加捻前后纱条长度的差值占加捻前纱条原长的百分率。

单纱的捻缩率随着捻系数的增大而增加，股线的捻缩率与股线、单纱的捻向配置有关，同向加捻的股线（即股线捻向和单纱捻向相同时）捻缩率随捻系数的增大而变大；反向加捻的股线（即股线捻向和单纱捻向相反时）捻缩率随捻系数的增大，开始减小，然后增大（见图7-19）。

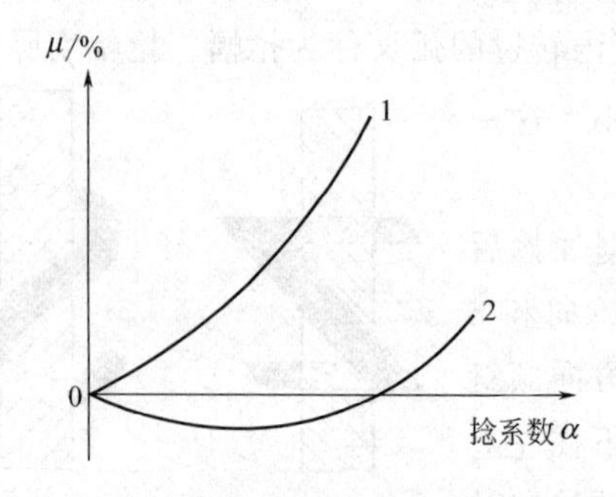


图7-19　股线捻缩率与捻系数的关系

1—双股同向加捻；2—双股反向加捻

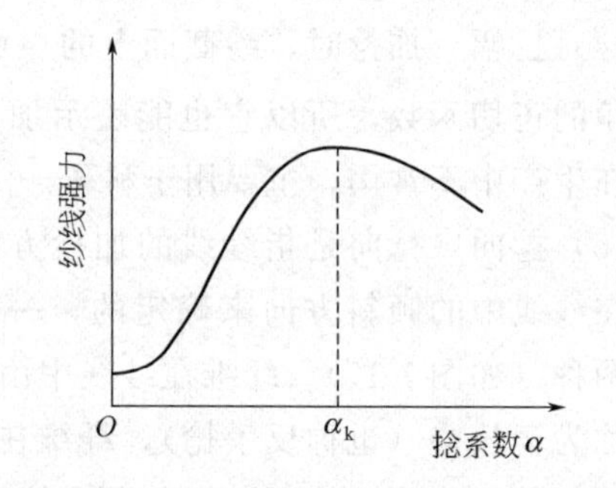


图7-20　纱线强力与纱线捻系数的关系

捻缩率的大小除了影响纱线的长度外，对纱线的粗细也有影响，捻缩率的大小会直接影响着成纱的规格，在实际应用中，应考虑捻缩率大小与捻系数的关系，选择合理的捻系数以保证成纱规格满足设计要求。

(2) 加捻对纱线强度的影响　加捻可以使得纱线强度得到增加，但并不是加捻程度越大，纱线的强度就越大。当捻系数较小时，纱线强度随着捻系数的增加而增大；当捻系数增加到一定值，再增加捻系数，纱线强度反而下降。纱线强度达到最大值时的捻系数叫临界捻系数（如图 7-20 中的 $\alpha_k$）。在实际应用中，工艺设计时一般都采用小于临界捻系数的捻度，以在保证细纱强度的前提下提高细纱机的生产率。

股线的加捻对股线强度的影响比较复杂，股线的强度除了与股线本身的捻系数有关外，还与组成股线的单纱的捻系数有关。同向加捻的股线，当单纱捻系数大时，股线强度随着捻系数的增加而下降；当单纱捻系数小时，开始随着捻系数增大，股线强度稍有上升，以后则随捻系数增大强度下降。反向加捻的股线，开始随着捻系数增加，股线强力先表现为下降，捻幅分布逐渐均匀后，纤维受力逐渐均匀，股线强度表现为上升。当各处捻幅分布均匀时（即双股线股线捻系数与单纱捻系数比值等于 1.414 时）表现出股线强度最高。

(3) 加捻对纱线伸长和弹性的影响　对于单纱而言，在一般采用的捻系数范围内，随着捻系数的的增加，断裂伸长率是增加的。对于股线而言，如果是同向加捻的股线，随着捻系数增加，断裂伸长率增大；反向加捻的股线，开始随着捻系数增大，断裂伸长率稍有下降，随着捻系数增大至一定值后，断裂伸长率又随之呈上升趋势。

纱线的弹性取决于纤维的弹性和纱线的结构，而加捻对纱线的结构起着决定性的影响。对单纱和同向加捻的股线而言，加捻可使纱体内纤维滑移的可能性减少，使得纱线结构紧密。在合理的捻系数范围内，随着捻系数的增加，纱线的弹性增加。

(4) 加捻对纱线光泽和手感的影响　加捻的大小及加捻的方法对纱线的光泽和手感有较大的影响，单纱的捻系数较大时，外层纤维倾斜程度越大，光泽较差，手感较硬。股线的光泽和手感主要取决于股线表面纤维的倾斜程度。如果外层纤维捻幅大，光泽就差，手感就硬；外层纤维捻幅小，光泽就好，手感柔软。反向加捻的股线，当股线捻系数与单纱捻系数的比值等于 0.707 时，外层捻幅为零，即纤维平行于股线轴线，此时股线光泽优良，手感柔软。

实际应用中，对于单纱或股线捻系数的选择，一般在满足纱线强力的要求下，要结合考虑纱线的风格要求，以发挥纱线及织物的优良服用性能。此外，在生产过程中，还要加强对捻度不匀的控制，如果纱线中捻度不匀差异过大，有可能会造成强力的分布不匀而影响到织造的生产，或者由于捻度不匀的差异造成纱线对染料的吸附不匀而产生色差。

## 三、纱线强度

纱线的强度是衡量产品质量的主要指标之一，纱的强度高，加工过程中断头率就低，有利于纺纱过程及织造过程的顺利进行；纱的强度高，相应的织物也具有较高的强度和坚牢度，产品耐穿耐用，使用寿命长；纱的强度的高低，在一定程度上对织物的风格也会有影响。

### 1. 纱线强度指标

表示纱线强度的指标一般有绝对指标和相对指标两类。

(1) 绝对指标　断裂强力是表示纱线强力的一项绝对指标，它是指纱线受外界直接拉伸至断裂时所需的力（即纱线承受的最大外力），单位为牛顿（N）或厘牛（cN）。利用纱线强力测试仪可直接测得纱线的拉伸强力，拉断一根单纱所需的力，称为单纱强力。但不同粗细的纱线，断裂强力缺乏可比性，必须引入相对指标来反映不同粗细纱线的强力。

(2) 相对指标　为了便于不同粗细纱线之间进行强力方面的比较，必须将绝对强力折算为相对强力，即相对指标。主要的相对指标如下。

① 断裂强度　所谓断裂强度就是指拉断单位细度的纱线所需要的强力，单位为牛顿/特克斯（N/tex）或厘牛/特克斯（cN/tex）。

② 断裂应力　所谓断裂应力就是指纱线单位截面面积上能承受的最大拉力，单位为牛顿/平方毫米（$N/mm^2$）。由于纱线的截面形状不规则，且有不少空腔、孔洞和缝隙，截面面积比较难精确测量，因此实际生产中，基本上不用断裂应力这个指标。

(3) 与纱线拉伸断裂有关的其他指标

① 断裂长度　设想将纱线连续悬吊起来，直到它因自重而断裂时的长度，即重力等于强力时的纱线长度，单位为千米（km）。在实际生产中，测量纱线的断裂长度不是使用悬吊的方法，而是通过强力折算出来的。

② 断裂伸长率　纱线拉伸至断裂时产生的伸长占原来长度的百分率称为断裂伸长率，它表示纱线受外力拉伸作用而产生的变形的能力。

③ 初始模量　表示纱线或纤维在小负荷作用下变形的难易程度，它反映了纱线或纤维的刚性。初始模量大，表示材料在小负荷作用下不易变形，刚性较好，其制品比较挺括。初始模量小，材料刚性较差，其制品比较柔软。

在实际生产中，通常使用断裂强度、断裂伸长率以及强力的不匀率来综合反映纱线的质量水平。

2. 纱线强度的测试

纱线强度的测试，在实际生产中一般是指拉伸强度的测试。测试时，先利用单纱强力仪直接测出纱线的断裂强力，再利用缕纱称重法测试出纱线的线密度，然后通过相关公式计算出纱线的断裂强度、强力不匀率等指标。图 7-21 为单纱强力仪。

图 7-21　单纱强力仪

3. 纱线强度及强力不匀对纱线性能质量的影响

纱线强度的大小不仅影响着纱线的物理机械性能和产品的风格，对生产效率及企业的经济效益也会有一定的影响。纱线强度的大小主要由纱线中纤维的性能和排列结构决定，同时纱线捻系数的大小对纱线的强度起着决定性的影响。此外，在实际应用中，强力的不匀率指标对纱线的质量及织造的生产效率影响也很大，纱线强力的不匀是原料成分混合不匀、条干不匀、线密度不匀、捻度不匀等诸多不匀的综合反映。一般情况下，纱线的强力不匀更能反映出纱线的实际内在质量水平，更能体现出织造对纱线的要求。因此，在实际生产中，不仅要提高纱线的强度，关键是要控制好纱线的强力不匀率，以确保纱线的质量水平能满足织造的要求。

# 第四节　常用纱线品种的表示方法

知识与技能目标

- 掌握常用纤维原料的品种代号；
- 掌握单纱品种和股线品种的表示方法；
- 看懂生产加工过程或商品销售中产品标识的含义。

## 一、常用原料品种的表示方法

原料品种习惯上是利用其英文单词的第一个字母或前两个字母来表达。表 7-1 是常用原料品种的代码表达。

表 7-1　纤维代号一览表

| 代　　号 | 纤维种类 | 代　　号 | 纤维种类 |
|---|---|---|---|
| C | 棉(Cotton) | T | 涤纶(Polyester) |
| Ram | 苎麻(Ramie) | A | 腈纶(Acrylic) |
| J | 黄麻(Jute) | Sp | 氨纶(Spandex) |
| L | 亚麻(Linen) | N | 尼龙(Nylon) |
| W | 羊毛(Wool) | Pp | 丙纶(Polypropylene) |
| M | 马海毛(Mohair) | Pv | 维纶(Polyvinyl) |
| RH | 兔毛(Rabbit hair) | V | 黏胶(Viscose) |
| WS | 羊绒(Cashmere) | R | 人造丝(黏胶的一种)(Rayon) |
| S | 真丝(Silk) | Md | 莫代尔(Model) |
| Ms | 桑蚕丝(Mulberry silk) | Tel | 天丝(Tencel) |
| Ts | 柞蚕丝(Tussah silk) | Ly | 莱卡(Lycra) |

## 二、单纱品种的表示方法

单纱品种通常是按照原料成分、单纱规格（即单纱的粗细程度）的顺序来表达的。

1. 纯纺单纱品种的表示

所谓纯纺品种是指使用单一成分的原料来纺成的纱。原料成分用原料品种代号来表示，习惯上原料品种的代号放在单纱规格的前面。

单纱规格用纱的粗细程度来表示，用得较多的有线密度和英制支数。线密度表示符号是“tex”，英制支数的表示符号是英文字母“S”。通常习惯上是把表示符号的英文字母放在单纱规格的后面，英制支数的符号一般用右上标字符表示。例如：纯棉 18 特纱表示为 C18tex，纯棉 60 英支纱表示为 $C60^{S}$。

2. 混纺单纱品种的表示

所谓混纺品种是指使用两种或两种以上的原料成分来纺成的纱，一般要把按原料成分及比例含量放在单纱规格的前面来表达。

(1) 混纺比不同时，按比例多少顺序，比例多的在前，比例少的在后。

如 65％涤纶与 35％棉混纺而成的 18 特纱表示为 T/C (65/35) 18tex。

(2) 混纺比相同时，按天然/合成/再生顺序命名。

如 50％涤纶与 50％棉混纺而成的 18 特纱表示为 C/T (50/50) 18tex。

如 50％涤纶与 50％黏胶混纺而成的 18 特纱表示为 T/R (50/50) 18tex。

## 三、股线品种的表示方法

1. 股线品种的粗细表达

(1) 采用线密度来表达纱线粗细规格时，股线品种的表示方法如下：

① 当组成股线的单纱的特数相同时，股线特数＝单纱特数×股数，如 14×2tex；

② 当组成股线的单纱的特数不同时，股线特数＝单纱特数之和，如 (16＋18)tex。

(2) 采用英制支数来表达纱线粗细规格时，股线品种的表示方法如下：

① 当组成股线的单纱的英制支数相同时，以组成股线的单纱的英制支数除以股数来表示，例如：由两根 26 英支单纱组成的股线表示为 $26^S/2$ 英支；

② 当组成股线的单纱的英制支数不同时（如股线中各根单纱英制支数为 $N_{e_1}$，$N_{e_2}$ …，$N_{e_n}$），则股线的英制支数 $N_e$（不计捻缩）表示为：$N_{e_1}/N_{e_2}/\cdots/N_{e_n}$，如一根 20 英支的单纱和一根 30 英支的单纱组成的股线表示为：$20^S/30^S$。

2. 股线品种的捻向表达

(1) 经过一次加捻的股线　股线捻向的表示方法为：第一个字母表示单纱的捻向，第二个字母表示股线的捻向。例如，单纱为 Z 捻、股线为 S 捻，则股线的捻向以 ZS 表示。

(2) 经过两次加捻的股线　股线捻向的表示方法为：第一个字母表示单纱的捻向，第二个字母表示初捻捻向，第三个字母表示复捻捻向。例如，单纱为 Z 捻、初捻为 S 捻，复捻为 Z 捻的股线，则股线的捻向以 ZSZ 表示。

在实际生产中，纱线品种的表达除了原料、规格外，往往还会把生产加工方式及产品用途也用代号表示出来。一般把原料及生产过程方式代号写在前面，产品的用途代号写在后面。常用纱线种类表达如表 7-2 所示。

**表 7-2　常用纱线种类的符号代码**

| 纱线品种 | 符号表示 | 举例(规格以线密度表示) | |
|---|---|---|---|
| 经纱线 | T | 26T | 13×2T |
| 纬纱线 | W | 28W | 14×2W |
| 绞纱线 | R | R28 | R14×2 |
| 筒子纱线 | D | D20 | D14×2 |
| 精梳纱线 | J | J10 | J7×2 |
| 针织汗衫布用纱 | K | 10K | 7×2K |
| 精梳针织汗衫布用纱 | JK | J10K | J7×2K |
| 起绒用纱 | Q | 96Q | |
| 烧毛纱线 | G | G10×2 | |
| 气流纺纱线 | OE | OE48 | |
| 涤棉混纺纱线 | T/C | T/C 13 | T/C 13×2 |
| 精梳涤棉混纺纱线 | T/CJ | T/CJ 11.8 | T/CJ 11.8×2 |
| 涤黏混纺纱线 | T/R | T/R 18 | T/R 18×2 |
| 棉黏混纺纱线 | C/R | C/R 19.7 | C/R 19.7×2 |
| 棉维混纺纱线 | C/V | C/V18.5 | C/V 18.5×2 |
| 维黏混纺纱线 | V/R | V/R18 | V/R 18×2 |
| 纯棉精梳纱线 | CJ | CJ13 | CJ 13×2 |
| 纯黏胶纱线 | R | R14.8 | R 14.8×2 |
| 腈纶纱线 | A | A32 | |
| 丙纶纱线 | O | O18 | |
| 氯纶纱线 | L | L16 | |

## 思考与练习

1. 纺纱的基本原理是什么？纺纱过程包括哪些方面？
2. 根据所加工的原料不同，纺纱系统可分为几类？
3. 新型纺纱的方法有哪些？
4. 如何识别单纱和股线？
5. 机织纱和针织纱各有什么特点？
6. 精梳纱和普梳纱在品质上有哪些不同？
7. 表示纱线细度的主要指标有哪些？
8. 纱线的粗细不匀可分为哪几类？细度不匀对纱线质量有何影响？
9. 表示纱线捻度的指标有哪些？纱线的捻向一般可分为哪两种？
10. 什么是临界捻系数？加捻对纱线的长度、强度、伸长和弹性、光泽和手感有什么影响？
11. 表示纱线强度的指标有哪些？纱线强度的不匀对纱线质量有何影响？
12. 了解常用单纱品种和股线品种的表示方法。

# 第八章 纱线常见疵点、识别方法及品质评定

## 第一节 纱线常见疵点

知识与技能目标

- 掌握纱线中棉结、白星的含义及特征、判定；
- 了解减少棉结、白星的措施；
- 了解毛羽对纱、布质量的影响及减少毛羽的措施；
- 了解布面纱疵的含义及分类方法；
- 掌握常见布面纱疵的特征及判定。

### 一、棉结、杂质和白星

1. 定义

（1）棉结是由纤维、未成熟纤维或僵棉，因轧花或纺纱过程中处理不善而集结而成的团粒。

（2）杂质是附有或不附有纤维（或毛绒）的籽屑、碎叶、碎枝干、棉籽软皮、毛发及麻草等杂物。

（3）白星是在印染加工后，显现在布面上的白点。

2. 特征及判定

（1）棉结是棉纤维纠缠而成的结点，检验人员以不费力的目光可直接看到，有白色或黄色的，有圆形或扁形的，有大棉结或小棉结，根据其缠结的程度可分为松棉结和紧棉结，一般在染色后形成深色或浅色的细点。

（2）杂质一般为黑色或深色，杂质有大有小，在一定的照度下，检验人员视线与纱线垂直，凡目力所能辨认的都计为杂质。但如果是受油污、色污或虫屎等污染的均不算杂质。

（3）白星只有在染色加工后才看得到，一般在纱线和坯布上不易检测到。主要是由于未成熟纤维潜伏在纱线或坯布的组织里，经染色加工后才明显地显现出来。如果是加工浅色织物，白星对布面外观影响不大；如果是加工深色织物，吸色较浅的白星对布面外观的破坏更为显著。

3. 白星与棉结的结构区别

白星与棉结是两种不同类型的疵点，它们的结构区别可以从可见性、形状、附着情况、印染后的情况四个方面来说明。具体情况见表8-1。

4. 减少棉结杂质的措施

（1）合理选配原棉，尤其要控制原棉中低成熟纤维和超细纤维的含量以及原棉中的含杂率、短纤维率、带纤维籽屑等指标，控制混合棉中回花和再用棉的比例。

（2）优化工艺配置，尤其要保证梳棉的分梳效果，提高棉网清晰度，合理分配清梳工序的除杂，控制半制品的短绒率。

**表 8-1　白星、棉结的疵点特征**

| 类别 \ 项目 | 白星 | 棉结 |
| --- | --- | --- |
| 可见性 | 在白坯布上难以看到 | 在白坯布上可以观察到 |
| 形状 | 有圆形的、长形的、丝状的 | 表面是圆形的 |
| 附着情况 | 有的附着在纱的表面，有的平平整整嵌在纱和织物的组织里，用手不能剥掉 | 突出在织物的表面，用手去刮布面，部分联系较弱的棉结可被刮掉 |
| 印染后情况 | 印染后布面上显现明显的白点，其显现率随染色深度的加深而增加 | 印染后大部分为吸色较深的点子，只有小部分紧棉结转化为白星 |

(3) 加强温湿度管理，确保纱条通道的光滑、清洁。

5. 减少白星的措施

(1) 对白星有特殊要求的高档产品，要严格控制原棉的疵点内容，特别要控制原棉中的僵棉、软籽表皮等指标，以保证深色布布面上白星的显现率。

(2) 清梳工艺与减少棉结杂质的措施类同外，还应加强僵棉的排除措施。

(3) 采用染料遮盖的途径来改变布面白星的状况，即选择遮盖白星的染料品种，将染料渗入薄壁纤维内部，对死棉有遮盖力，遮盖的白星是耐洗涤的。

## 二、纱线毛羽

1. 定义

纱线毛羽是指伸出纱线主体的纤维端或圈。

2. 形态特征

毛羽在纱线上呈空间分布。毛羽的性状（长短，形态）比较复杂，随纤维特性，纺纱方法，纺纱工艺参数，捻度，纱线的线密度等而异，一般有端毛羽、圈毛羽、浮游毛羽三种基本形态。

3. 毛羽对纱、布质量的影响

毛羽的作用根据纱线用途而论，对于缝纫线，高支织物，轻薄织物，抗起球织物，纱线毛羽应尽可能短而少；而起毛保暖织物，则要求毛羽多而长，必要时还用拉毛工艺达到应有的绒毛效果。

纱线毛羽少，织物表面光洁、手感滑爽，具有较好的透明性和清晰度。毛羽多使纱线的耐磨性差，成纱强力降低。毛羽不匀会导致染色不均匀，毛羽多的地方颜色较深，毛羽少的地方颜色较浅。

纱线毛羽过多、过长，不利于后道工序的织造加工，如喷气织机会因纬纱毛羽多，使喷射受阻而造成引纬失败，毛羽多会影响上浆后正常分绞，造成开口不清易产生疵点等，此外过多的毛羽还会使布面起球。

4. 减少毛羽的措施

(1) 合理选择原料，控制原料中纤维的线密度、长度、整齐度及短绒率等指标。

(2) 优化配置前纺工艺，增强梳棉的分梳效果，提高纤维的平行伸直分离度，积极排除短绒，并避免纤维的损伤。

(3) 优选细纱工艺，防止纤维的扩散，如合理配置罗拉隔距、牵伸倍数、捻系数等；改进细纱机构，如采用紧密纺，减小前罗拉输出须条的宽度，从而加强了对加捻三角区边纤维的有效控制；合理选配钢领、钢丝圈。

（4）改善半制品结构和光洁度，保证纺纱通道的光滑顺畅，减少对纤维的摩擦。

（5）合理选择落纱工艺，如槽筒型式、落纱速度、落纱张力等工艺参数，控制落纱过程中毛羽的增长。

在实际生产中，毛羽主要是形成于细纱工序，增长于络筒工序。对纱线毛羽的评价可用纱线单位长度内纱体单侧面的毛羽累积总根数 $A$（1m 纱线中毛羽的根数），毛羽的平均长度 $B$（mm），毛羽总长度 $L=AB$（$L$ 的单位为 mm）来评价。一般认为长度超过 2mm 的毛羽才会发生相互缠结，危害纱线的可织性。因此，在生产中重点是要控制好 2mm 以上长度的毛羽。

**三、布面纱疵**

1. 定义

由于原纱产生的疵点织入布面造成的外观疵点，统称为布面纱疵。布面纱疵一般包括影响布面降等的纱疵和不影响布面降等的纱疵。

2. 布面纱疵的分类

（1）按纱疵出现的规律分

① 随机产生的、零星出现的随机性纱疵，也称常见性纱疵。大多无明显规律，一般由操作因素造成。

② 突发性的、大批出现的突发性纱疵，大多有一定规律，一般由机械因素造成。

（2）按纱疵形成的原因分

① 长片段重量分布不匀形成的纱疵，包括粗经、错纬。

② 短片段重量分布不匀形成的纱疵，包括条干不匀、竹节。

③ 纱线捻度过多或过少形成的纱疵，包括紧捻、松捻、纬缩等。

④ 纤维污染颜色、油渍、夹杂质或混合不匀造成的纱疵，包括油经、油纬、油花纱、煤灰纱、色经、色纬、布开花、花纬等。

⑤ 纱线卷绕成形不良造成的纱疵，包括脱纬、稀纬、百脚等。

⑥ 其他与纺部间接有关的纱疵，如结头、棉球、烂边及裙子皱等。

其中，粗经、错纬、条干、竹节是纺部的主要纱疵，纬缩、脱纬、百脚、烂边等疵点，纺部、织布均有可能产生。

3. 常见布面纱疵的特征及判定

（1）粗经和错纬　粗经是指直径偏粗，长 5m 及以上的经纱织入布内。错纬是指直径偏粗、偏细，长 5m 及以上的纬纱（即粗纬、细纬）或紧捻、松捻纬纱织入布内。

对于纱线本身而言，粗经和错纬产生的原因是相同的，只是根据织入布内的经纬方向不同而分别定义而已。

粗经和错纬大多是由于操作不慎而引起，也有少数机械原因造成。一般根据纱疵本身的外观特征（如长短、粗细、表面均匀与否）形态，又可分为下列几种情况（以错纬为例）。

① 粗纬纱疵

a. 1～3m 明显粗纬，质量为原纱的 2～3 倍。粗纬本身比较均匀、光洁，粗纬的一端可能有粗节。该类疵点主要是由于粗纱机断头飘入邻纱，细纱机纱架不良引纱太快或盘粗纱时不慎双根卷入，细纱挡车工违规操作粗纱纱尾夹入或粗纱搭头等造成的。

b. 1～3m 明显毛粗纬，质量为原纱的 2 倍左右。粗纬本身粗细不匀，比较毛糙，粗纬的一端有粗节。该类疵点主要是由于粗纱机锭翼通道不畅产生锭壳花带入纱条，棉条桶口破裂、毛糙或纱条通道不光洁纤维挂花带入纱条等造成的。

c. 1～3m 淡粗纬，质量为原纱的 1.3 倍左右。粗纬本身均匀、光洁。该类疵点主要是由于细纱后牵伸失效造成的。

d. 3～5m 均匀粗纬，质量为原纱的 2 倍。粗纬本身较均匀，粗纬的一端或两端有粗节。该类疵点主要是由于细纱机纱架上粗纱纱尾带入邻纱造成的。

e. 3～5m 毛粗纬，质量为原纱的 2 倍左右，粗纬本身粗细不匀、较毛，粗纬的一端有粗节。该类疵点主要是由于末并圈条器斜管毛刺挂花带入纱条，细纱机断头飘入邻纱造成的。

f. 3～5m 弓背形粗纬，质量为原纱的 1.5～2 倍。整体粗纬粗细不匀，中间较粗。该类疵点主要是由于末并、粗纱棉条接头包卷不良造成的。

g. 3～5m 粗细纬，粗纬前后的一端有细节。粗纬本身较毛、粗细不匀。该类疵点主要是由于操作或运输过程中拉破、拉毛条子造成的。

h. 5m 以上的明显粗纬，质量为原纱的 2 倍左右。粗纬本身较均匀，大多数无粗节，少数在粗纬的一端有粗节。该类疵点主要是由于细纱机上换粗纱时未盘好粗纱头搭入邻纱，粗纱落纱时纱尾下垂卷入正常生产的纱条，细纱挡车工口袋的粗纱头不慎搭入正常生产的纱条等造成的。

i. 5m 以上的粗细不规则粗纬，长度不一（一般较长），大多数夹有较长的竹节，形成几梭或不整梭的粗纬。该类疵点主要是由于挡车工碰破、拉毛条子形成棉束倒挂或条子扭结，并条集棉器裂损、跳动棉条破边，棉条中夹有“三丝”或超长纤维棉网打皱等造成的。

j. 5m 以上的长度不等粗纬。粗纬的本身较为均匀。该类疵点主要是由于粗纱破边形成粗细节，粗纱摇架加压失效等造成的。

k. 5m 以上的淡粗纬，质量为原纱的 1.3 倍。粗纬表面均匀、光洁。该类疵点主要是由于粗纱头绕后罗拉、前罗拉、皮辊或须条未正常进入纺纱通道而使加压失常等造成的。

② 细纬纱疵　一般特征：细纬质量为原纱的 0.8 倍左右，细纬一般较长且本身较为均匀。该类疵点主要是由于棉条包卷扯头过薄或搭头过短造成的。

③ 紧捻纱疵　一般特征：在布面上形成的紧捻纱线，捻度为原纱线的 1.5 倍以上，质量为原纱线的 1.1 倍左右，呈淡黄色，有长度在 30cm 左右且纱表面较细的短紧捻纱，也有长度可达几十米甚至上百米且粗度略粗的长度不一的紧捻纱。该类疵点主要是由于细纱挡车工操作不熟练、接头动作缓慢造成的。

④ 松捻纱疵　一般特征：当捻度低于正常捻度时形成松捻纱，又叫弱捻纱。较严重的松捻纱在布面上呈现一段白色，俗称“白纬”，一般在纺制粗号纱时捻度比正常捻度低 10% 就会产生松捻纱，纺制中、细号纱时则在布面上不易显露松捻纱，一般需比正常捻度低 30%左右才会显现松捻纱。该类疵点主要是由于细纱锭子缠回丝引起跳管，锭带过长，锭子缺油等造成的。

（2）竹节纱疵　竹节纱是在纺纱过程中，由于通道不光洁、机件有毛刺、牵伸过程不良、清洁工具与方法不完善、生产不稳定等因素而造成的，在纱体表面形成的节粗节细。

根据竹节纱产生的原因及其颜色，可分为白竹节、黄竹节、灰黑色竹节、油飞花竹节。

① 白竹节纱疵　一般特征：色泽呈白色，质量为原纱的 2～3 倍，阔度为原纱的 2～4 倍，长度多为 2～3cm，多数为 3～5cm，个别为 10cm 左右。将粗节部分分解，大多为好纤

维，粗节两端状态不一，大部分粗节与纤维粘连在一起，粗节固定，不可上下窜动，极少数粗节黏附在纱条表面，粗节上纤维可上下窜动，布面上的分布状态有零星、分散、密集、连续等。

a. 粗节长度1～2cm，阔度为原纱的2倍左右。粗节的一端粗、一端尖，纱条略毛。竹节附近捻度较多、纱较紧，色泽淡黄，一般在布面上呈分散的状况。该类竹节疵点主要是由细纱接头不良造成的。

b. 粗节长度2～3cm，阔度为原纱的2倍，纤维卷曲且较乱，在布面上分布比较稀散。该类竹节疵点主要是由于末并条子罗拉绕花造成的。

c. 粗节长度3cm左右，阔度为原纱的3～4倍的紧捻白竹节，在布面上连续出现较为密集。该类竹节疵点主要是由于细纱机前皮辊严重缺油造成的。

d. 粗节长度为2～4cm，阔度为原纱的3～4倍。粗节表面较粗、较毛，在布面上的分布较密集。该类竹节疵点主要是细纱机胶圈打顿或胶圈内嵌入飞花，以及细纱机小铁辊严重缺油等造成的。

e. 粗节长度为2～4cm，阔度为原纱的2倍左右。粗节两端稍尖，表面光洁，个别粗节长而毛，在布面上呈零星分布状态。该类竹节疵点主要是由于粗纱包卷以及粗纱机前接头不良，粗纱肩胛飞花附入等造成的。

f. 粗节长度为4～5cm，阔度为原纱的2倍左右。粗节表面毛糙，在布面上连续出现，分布较为密集。该类竹节疵点主要是由于细纱机前皮辊表面毛糙或部分皮辊涂料剥落等造成的。

g. 粗节长度为5～10cm，阔度为原纱的2倍左右。粗节表面较毛，在布面上分布比较稀散。该类竹节疵点主要是由于末并条、粗纱皮辊表面毛糙或皮辊表面涂料剥落造成的。

h. 粗节长度为10～15cm，阔度为原纱的2～3倍。粗节表面较粗较毛，在布面上一次性出现。该类竹节疵点主要是粗纱机锭壳花夹入纱条时造成的。

i. 粗节长度长短不定，阔度为原纱的2倍，在布面上断断续续出现。该类竹节疵点主要是由于粗纱机上胶圈绕粗纱头，细纱机吸棉笛管失效、断头后飘入邻纱，或细纱个别喇叭头偏斜，少数纱条滑出皮辊失去牵伸作用等造成的。

② 黄竹节纱疵　一般特征：色泽呈黄色或淡黄色，质量为原纱的3倍左右，个别达5～6倍，阔度为原纱的3～5倍，长度一般为1～2cm，少数为3～4cm，个别为5cm以上。将粗节部分分解，大多为短、乱纤维，并夹有杂质。粗节阔度较粗，手感、目测非常明显，大多数竹节表面比较毛糙，黏附在纱条表面，粗节处短、乱纤维可以上下窜动，在布面上分布的状态多数呈连续出现，也有少数零星出现。

a. 粗节长度为1～2cm，形态为短、乱纤维，表面毛，色泽呈黄色，分布在布面2～3cm的长度上。该类竹节疵点主要是由于并条机、粗纱机绒板花夹入，末并条喇叭口飞花积聚不及时清扫带入棉条，或清扫并条、粗纱车面积花时不慎带入棉条等造成的。

b. 粗节长度为1～2cm，形态为短、乱纤维，表面较毛，色泽呈黄色，在布面上分布比较密集，且连续出现3～5点及以上。该类竹节疵点主要是由于细纱机后罗拉下绒辊不转时绒辊花夹入棉条，细纱机上皮辊、皮圈间积聚短绒带入棉条等造成的。

c. 粗节长度为3～4cm。粗节中间粗硬，两端较细，表面较毛，色泽呈黄色，在布面上断断续续出现，分布在布面2～4cm的长度上。该类竹节疵点主要是由于精梳机分离罗拉绒板花夹入造成的。

d. 粗节长度为 1～2cm，形态为短、乱纤维。粗节较粗，表面较毛并夹有杂质，色泽呈淡黄色，比较密集连续出现在布面上。该类竹节疵点主要是由于梳棉机棉网下垂，部分棉网把托板或地面上的飞花和杂质带起卷入棉条造成的。

e. 粗节长度为 1～2cm。粗节表面短纤维较乱、较毛。竹节上的短纤维可上下窜动，色泽呈淡黄色，在布面上零星出现。该类竹节疵点主要是由于细纱清洁工作不良，刷笛管时毛刷上的飞花卷入纱条，打插板时飞花不慎卷入纱条等造成的。

f. 粗节长度为 2cm 左右，粗节表面较毛，色泽呈淡黄色，连续 3～5 点出现，分布在布面 2～4cm 的长度上。该类竹节疵点主要是由于梳棉机、并条机的喇叭口处有短绒、飞花附入造成的。

g. 粗节长度为 2cm 左右。粗节较粗，表面较毛并夹有大量杂质，色泽呈淡黄色，在布面上连续出现，比较密集。该类竹节疵点主要是由于梳棉机的锡林、道夫、盖板三角区密封不良，积聚飞花较多混入棉网，梳棉机绕锡林、绕罗拉，或梳棉机漏底花扬起跟进等造成的。

h. 粗节长度为 3～4cm。粗节较粗、较硬、较毛，色泽呈淡黄色，在布面是上连续出现，分布在布面 1～4cm 的长度上。该类竹节疵点主要是由于精梳机锡林针齿有毛刺，造成挂花，精梳机毛刷清除作用不良，造成挂花等形成的。

i. 粗节长度长短不一。粗节表面较毛，色泽呈淡黄色，在布面上断断续续出现，分布在布面上 10cm 左右的长度上。该类竹节疵点主要是由于细纱机车顶板飞花附入或各工序高空飞花附入等造成的。

③ 灰黑色竹节纱疵　一般特征：色泽多数呈灰黑色，少数呈淡黑色，质量为原纱的 2～4 倍，阔度为原纱的 2～5 倍，长度多数为 1～4cm，少数为 4cm 以上。将粗节部分分解，大多为灰黑色短、乱纤维。粗节部分一般比白竹节要略短、略阔些，表面毛糙，大部分竹节处的短、乱纤维可以上下窜动，在布面上分布比较分散、零星，一般分布在布面 2cm 以内的长度。

a. 粗节长度为 1cm 左右，呈黑、灰黑色。粗节表面较毛、较粗，断断续续出现，分布在布面 1cm 左右的长度上。该类竹节疵点主要是由于细纱空调风管清洁工作不良，黑灰附入纱条，或细纱机罗拉颈绕油花附入纱条等造成的。

b. 粗节长度为 2cm 左右，呈灰黑色。粗节表面较毛，粗细不匀，有芯，零星、断续出现，分布在布面 1cm 的长度上。该类竹节疵点主要是由于细纱车间高空清洁或揩车工作不良，飞花附入造成的。

c. 粗节长度为 2～4cm，呈灰黑色。粗节表面较毛，粗细不匀，节距较大，分布比较分散，分布在布面 1～2cm 的长度上。该类竹节疵点主要是由于前纺车间高空清洁工作不良，飞花附入造成的。

d. 粗节长度为 4cm 左右，呈灰黑色。粗节表面毛糙，较粗，分布比较分散，分布在布面 1~2cm 长度上。该类竹节疵点主要是由于前纺揩车工作不良，飞花附入或前纺棉条落地受到污染等造成的。

④ 油飞花竹节纱疵　一般特征：色泽呈淡黄色或灰黑色，质量为原纱的 2～5 倍，阔度为原纱的 2～4 倍，长度多数为 1.5～2.5cm，少数为 4～5cm，个别为 5cm 以上。将粗节部分分解，大部分为黑色短、乱纤维，小部分为淡黄色纤维。竹节部分比白竹节要短些，略阔些，表面毛糙，粗细不匀，绝大部分粗节的短、乱纤维可以上下窜动，在布面上分布比较分

散、零星。

a. 粗节长度为2cm左右，呈淡黄色。表面较毛，布面分布多数零星出现，少数连续出现。该类竹节疵点主要是由于细纱揩车工作不良，油飞花附入纱条造成的。

b. 粗节长度为3～5cm，呈淡黄、灰黑色。表面较毛，粗细不匀，布面分布比较分散。该类竹节疵点主要是由于前纺揩车工作不良，油花附入纱条，或前纺棉条落地受到油污染等造成的。

c. 粗节长度长短不一，呈淡黄、灰黑色。表面较毛，粗细不匀，布面分布比较分散。该类竹节疵点主要是由于各工序清洁工作不慎，将油飞花带入造成的。

(3) 条干纱疵　条干纱疵习惯上也称为条干不匀。条干不匀一般可分为两大类，一类为规律性条干不匀，因摇在黑板上分布呈斜条状规律，俗称“斜规律条干”；另一类为非规律性条干不匀，因摇在黑板上分布呈雨点状、无规律，俗称“雨状条干”。规律性条干不匀大都为突发性纱疵，主要是由于机械部件不良造成的，规律性条干不匀出现的波长长短，根据随机机件的缺陷位置而异，一般是并条、粗纱工序的影响较大。非规律性条干不匀一般属常见纱疵类，产生的原因很多，有工艺参数不当、原料波动、温湿度突变等，有时来势很猛，影响面也很大。

① 规律性条干纱疵　一般特征：在黑板上呈斜条状分布，波长规律十分明显，粗细较分明，在布面上的分布比较密集。由于产生缺陷的工序、机件的位置不同，其波长规律也各不相同，一般牵伸倍数小，机件缺陷严重时，波长较短；反之，波长较长。

实际生产中，一般可依据条干不匀出现的波长来计算判断机件的缺陷部位。

② 非规律性条干纱疵　一般特征：在黑板上呈雨点状分布，无规律，条干不匀处出现的片段长度长短不一，短的有1～3cm，长的可达10cm及以上。条干不匀处出现的粗段一般较毛，粗细间隔，断断续续出现，在布面上的分布有的密集、有的稀散。一般属于细纱工序出现的条干不匀较密集，而属于细纱以前工序出现的条干不匀则较稀散。

(4) 其他布面纱疵

① 双纬、脱纬　双纬是指单纬织物一梭口内有2根纬纱织入布内；脱纬是指一梭口内有3根及以上纬纱织入布内(包括连续双纬)。

该类疵点主要是由于直接纡纱成形不良，卷绕张力较小或卷绕层与束缚层配置不当等造成的。

② 稀纬、百脚　稀纬是指在平纹织物中纬纱缺根；百脚是指在斜纹织物中纬纱缺根。

该类疵点主要是由于直接纡纱保险纱定位不良，细纱落纱接头未用保险纱或使用的保险纱太松、太短，卷绕成形不良退绕时脱圈、断头等造成的。

③ 花纬、花经　花纬是指由于配棉成分变化，或陈旧的纬纱，使布面色泽不同有差异，且有1～2个分界线；花经是指由于配棉成分变化，使经向上布面色泽不同有差异。

该类疵点主要是由于配棉成分变化过大(如原料接批的比例、接批的频次及回花的使用量)，纺纱过程中混合均匀效果控制不良造成的。

④ 油经、油纬　油经、油纬是指经纱、纬纱上被油污沾染。油经、油纬一般是浅色多，花色多，深色少。该类疵点主要是由于各工序平车、揩车不慎，使产品污染，平、揩车后未洗净手而接头，或产品不慎落地沾上油污等造成的。一般属于细纱以前的工序造成的油污纱片段较长，细纱以后工序造成的油污纱片段较短。

⑤ 色经、色纬　色经、色纬是指被颜色沾染的经纱、纬纱织物布面。一般分为两种

情况，一种是直接以白坯出口的织物织入了色经、色纬；另一种是经染整加工的不退色的色经、色纬织入布面。该类疵点主要是由于各车间使用的责任粉记、印记等颜色污染造成的。

⑥ 布开花　布开花是指是指纺入纱内的有色线头、绒线头、化纤丝、塑料丝等有色杂纤维，织成坯布后，布面呈满天星状的有色纱疵。该类疵点主要是由于原棉包头布薄，刷唛头时颜色污染棉花，装盘时棉包布、包装绳等未清理干净而混入原棉中，打包的铁线、铁皮锈蚀原料等造成的。

⑦ 纬缩　纬缩是指因纬纱捻度过大、捻回不稳定等因素使纬纱扭结织入布内或起圈现于布面的一种密集性疵点。该类疵点主要是由于捻度设计过大，定捻时间不够等造成的。

⑧ 橡皮纱　橡皮纱是指布面上层小竹节或纬缩状，把纱挑出后如橡皮筋那样可以伸长。该类疵点主要是由于超长纤维混入，细纱前皮辊压力失效，纤维长度与隔距配置不当出现牵伸不开等造成的。

⑨ 裙子皱　一般是在涤棉混纺平纹织物中，由于不同缩率的纬纱交替织在布面上，坯布时看不出，但印染加工经热碱处理后，纬纱产生不同的收缩。收缩小的部位织物幅度宽，收缩大的部位织物幅度窄，宽幅与窄幅多次交替出现，布面即形成明显的“裙子皱”。

⑩ 棉球　棉球与正常棉结相似，但有区别。棉球纤维比较蓬松，成熟度正常，颗粒大；棉结纤维比较紧密，成熟度差，颗粒小。该类疵点主要是由于钢领、钢丝圈选配不当，钢领、钢丝圈使用周期过长未及时更换，细纱机前牵伸区集聚的短绒附入纱条等造成的。

4. 减少布面纱疵的措施

纱疵是工艺、机械、操作三项基本工作的综合反映，涉及纺纱原料、工艺设计、机械设备、温湿度、操作以及运转管理等各方面的工作，是衡量一个企业技术水平和管理水平的重要内容。

在生产中，国家标准规定由于布面上暴露的纱线上的四种疵点（粗经、错纬、条干、竹节）引起棉布降等的，而降等布的合计匹数超过检验总匹数的2%时，纺纱厂应承担纱疵降等布的降等差价损失。部分纱疵虽然不影响棉布的降等，但影响棉布的外观，需要修织，修织后常会造成内在质量不良，影响棉布的使用价值，且修织要耗费大量的人力物力，也会影响到企业的经济效益。因此要减少纱疵，首先要对各类型纱疵进行分析，正确找出造成该类纱疵的原因，从而有针对性地采取各项有效措施。具体的经验和做法如下。

(1) 将纱疵指标层层分解、层层落实、层层考核，使纱疵管理在组织上得到保证。

(2) 建立疵布分析制度，由专职人员定期组织生产车间相关人员看疵布开分析会，查找疵布产生原因、落实责任、采取措施。

(3) 加强关键工序和关键部件的管理，把好质量关。对容易产生疵点的部位和因素拟定把关项目及把关要求，采取群众把关和专业把关相结合的方法，做好关键工序和机台的管理。

(4) 狠抓基础管理，落实工作责任。重点是抓好原料、设备、操作、工艺、温湿度等基础管理工作，充分发挥试验室检测人员的检测分析把关作用，做好数据的分析，有针对性地采取各项措施，强化落实工作责任，提高管理水平，使防疵降疵工作真正落到实处，确保产品质量。

## 第二节 纱线识别及品质评定

知识与技能目标

- 了解棉型纱线的识别方法；
- 掌握棉型纱线的品质评定指标和评定方法；
- 了解毛型纱线的识别及品质评定。

### 一、棉型纱线的识别及品质评定

1. 棉型纱线的识别

棉型纱线是指用棉纤维及棉型化纤在棉纺设备上经过纺纱加工生产所得的各类纱线产品。一般包括纯棉纱线、棉型化纤纱线和棉与化纤混纺纱线等。

棉型纱线最显著的特点是所使用的纤维长度相对来说都比较短，不管是纯棉纱线、棉型化纤纱线还是棉与化纤混纺纱线，纤维长度一般都在25～40mm。因此根据纤维的长度性能特点，通过目测和手感的方法可对棉型纱线的外观结构进行识别。如将纱线退捻分解得到纤维后，再利用纤维的长度特征作出判断。如果要对棉型纱线的内在结构成分及各组分的比例含量进行识别，可利用显微镜观察法、燃烧法、溶解法等对构成纱线的纤维做进一步的鉴别。

2. 棉型纱线的品质评定

(1) 棉纱线的品质包括内在质量和外观质量，根据国家标准《棉本色纱线》(GB/T398—2008) 的规定，棉纱线的品质评定通常以同品种一昼夜的生产量作为一批，按规定的试验周期和试验方法进行试验，并按其试验结果对照指标水平来对棉纱线的品等进行评定。棉纱线的品等按质量指标分为优等品、一等品、二等品，低于二等品作为三等品。

① 棉纱的品等由单纱断裂强力变异系数、百米重量变异系数、单纱断裂强度、百米重量偏差、条干均匀度、一克内棉结粒数、一克内棉结杂质总粒数、十万米纱疵八项中最低的一项评定。

② 棉线的品等由单纱断裂强力变异系数、百米重量变异系数、单纱断裂强度、百米重量偏差、一克内棉结粒数、一克内棉结杂质总粒数六项中最低的一项评定。

③ 检验单纱条干均匀度可以选用黑板条干均匀度或条干均匀度变异系数两者中的任何一种。但一经确定，不得任意变更。发生质量争议时，以条干均匀度变异系数为准。

④ 梳棉纱的质量要求如表8-2所示，实际捻系数的测定结果不作为评等的依据，仅为工艺设计及工艺调整提供参考。

⑤ 梳棉股线的质量要求如表8-3所示，实际捻系数仅为参考值，不作为评等依据。

(2) 精梳涤棉混纺纱线的品质评定依据标准《精梳涤棉混纺本色纱线》(GB/T5324—2009) 来执行。以同品种一昼夜的生产量为一批，按规定的试验周期和各项试验方法进行试验，按其结果评定纱线的品等。纱线评等分为优等品、一等品、二等品，低于二等指标者为三等品。

① 优等品单纱以单强变异系数 (%)、百米重量变异系数CV (%)、条干均匀度、黑板棉结粒数 (粒/g)、十万米纱疵五项中最低的一项品等评定。一、二等品单纱以单强变异系数CV (%)、百米重量变异系数CV (%)、条干均匀度、黑板棉结粒数 (粒/g) 四项中最低的一项品等评定。

**表 8-2　梳棉纱的质量要求**

| 线密度/tex（英制支数） | 等别 | 单纱断裂强力变异系数 CV/% ≤ | 百米重量变异系数 CV/% ≤ | 单纱断裂强度/(cN/tex) ≥ | 百米重量偏差/% | 条干均匀度 | | 1g 内棉结粒数/(粒/g) ≤ | 1g 内棉结杂质总粒数/(粒/g) ≤ | 实际捻系数（参考值） | | 十万米纱疵/(个/$10^5$m) ≤ |
|---|---|---|---|---|---|---|---|---|---|---|---|---|
| | | | | | | 黑板条干均匀度 10 块板比例（优：一：二：三）不低于 | 条干均匀度变异系数 CV/% ≤ | | | 经纱 | 纬纱 | |
| 8～10（70～56） | 优 | 10.0 | 2.2 | 15.6 | ±2.0 | 7：3：0：0 | 16.5 | 25 | 45 | 340～430 | 310～380 | 10 |
| | 一 | 13.0 | 3.5 | 13.6 | ±2.5 | 0：7：3：0 | 19.0 | 55 | 95 | | | 30 |
| | 二 | 16.0 | 4.5 | 10.6 | ±3.5 | 0：0：7：3 | 22.0 | 95 | 145 | | | — |
| 11～13（55～44） | 优 | 9.5 | 2.2 | 15.8 | ±2.0 | 7：3：0：0 | 16.5 | 30 | 55 | 340～430 | 310～380 | 10 |
| | 一 | 12.5 | 3.5 | 13.8 | ±2.5 | 0：7：3：0 | 19.0 | 65 | 105 | | | 30 |
| | 二 | 15.5 | 4.5 | 10.8 | ±3.5 | 0：0：7：3 | 22.0 | 105 | 155 | | | — |
| 14～15（43～37） | 优 | 9.5 | 2.2 | 16.0 | ±2.0 | 7：3：0：0 | 16.0 | 30 | 55 | 330～420 | 300～370 | 10 |
| | 一 | 12.5 | 3.5 | 14.0 | ±2.5 | 0：7：3：0 | 18.5 | 65 | 105 | | | 30 |
| | 二 | 15.5 | 4.5 | 11.0 | ±3.5 | 0：0：7：3 | 21.5 | 105 | 155 | | | — |
| 16～20（36～29） | 优 | 9.0 | 2.2 | 16.2 | ±2.0 | 7：3：0：0 | 15.5 | 30 | 55 | 330～420 | 300～370 | 10 |
| | 一 | 12.0 | 3.5 | 14.2 | ±2.5 | 0：7：3：0 | 18.0 | 65 | 105 | | | 30 |
| | 二 | 15.0 | 4.5 | 11.2 | ±3.5 | 0：0：7：3 | 21.0 | 105 | 155 | | | — |
| 21～30（28～19） | 优 | 8.5 | 2.2 | 16.4 | ±2.0 | 7：3：0：0 | 14.5 | 30 | 55 | 330～420 | 300～370 | 10 |
| | 一 | 11.5 | 3.5 | 14.4 | ±2.5 | 0：7：3：0 | 17.0 | 65 | 105 | | | 30 |
| | 二 | 14.5 | 4.5 | 11.4 | ±3.5 | 0：0：7：3 | 20.0 | 105 | 155 | | | — |
| 32～34（18～17） | 优 | 8.0 | 2.2 | 16.2 | ±2.0 | 7：3：0：0 | 14.0 | 35 | 65 | 320～410 | 290～360 | 10 |
| | 一 | 11.0 | 3.5 | 14.2 | ±2.5 | 0：7：3：0 | 16.5 | 75 | 125 | | | 30 |
| | 二 | 14.5 | 4.5 | 11.2 | ±3.5 | 0：0：7：3 | 19.5 | 115 | 185 | | | — |
| 36～60（16～10） | 优 | 7.5 | 2.2 | 16.0 | ±2.0 | 7：3：0：0 | 13.5 | 35 | 65 | 320～410 | 290～360 | 10 |
| | 一 | 10.5 | 3.5 | 14.0 | ±2.5 | 0：7：3：0 | 16.0 | 75 | 125 | | | 30 |
| | 二 | 14.0 | 4.5 | 11.0 | ±3.5 | 0：0：7：3 | 19.0 | 115 | 185 | | | — |
| 64～80（9～7） | 优 | 7.0 | 2.2 | 15.8 | ±2.0 | 7：3：0：0 | 13.0 | 35 | 65 | 320～410 | 290～360 | 10 |
| | 一 | 10.0 | 3.5 | 13.8 | ±2.5 | 0：7：3：0 | 15.5 | 75 | 125 | | | 30 |
| | 二 | 13.5 | 4.5 | 10.8 | ±3.5 | 0：0：7：3 | 18.5 | 115 | 185 | | | — |
| 88～192（6～3） | 优 | 6.5 | 2.2 | 15.6 | ±2.0 | 7：3：0：0 | 12.5 | 35 | 65 | 320～410 | 290～360 | 10 |
| | 一 | 9.5 | 3.5 | 13.6 | ±2.5 | 0：7：3：0 | 15.0 | 75 | 125 | | | 30 |
| | 二 | 13.0 | 4.5 | 10.6 | ±3.5 | 0：0：7：3 | 18.0 | 115 | 185 | | | — |

注：十万米纱疵为 FZ/T01050 — 1997 中规定的纱疵 $A_3+B_3+C_3+D_2$ 之和。

**表 8-3　梳棉股线的质量要求**

| 线密度/tex（英制支数） | 等别 | 单纱断裂强力变异系数 CV/% ≤ | 百米重量变异系数 CV/% ≤ | 单纱断裂强度/(cN/tex) ≥ | 百米重量偏差/% | 1g 内棉结粒数/(粒/g) ≤ | 1g 内棉结杂质总粒数/(粒/g) ≤ | 实际捻系数（参考值） | |
|---|---|---|---|---|---|---|---|---|---|
| | | | | | | | | 经纱 | 纬纱 |
| 8×2～10×2（70/2～56/2） | 优 | 8.0 | 1.5 | 17.8 | ±2.0 | 20 | 30 | 400～530 | 360～470 |
| | 一 | 11.0 | 2.5 | 15.6 | ±2.5 | 40 | 70 | | |
| | 二 | 14.0 | 3.5 | 12.2 | ±3.5 | 65 | 95 | | |
| 11×2～20×2（55/2～29/2） | 优 | 7.5 | 1.5 | 18.2 | ±2.0 | 20 | 40 | 400～530 | 360～470 |
| | 一 | 10.5 | 2.5 | 15.8 | ±2.5 | 40 | 75 | | |
| | 二 | 13.5 | 3.5 | 12.4 | ±3.5 | 70 | 105 | | |
| 21×2～30×2（28/2～19/2） | 优 | 7.0 | 1.5 | 18.8 | ±2.0 | 20 | 40 | 400～530 | 360～470 |
| | 一 | 10.0 | 2.5 | 16.6 | ±2.5 | 40 | 75 | | |
| | 二 | 13.0 | 3.5 | 13.2 | ±3.5 | 70 | 105 | | |
| 32×2～60×2（18/2～10/2） | 优 | 6.5 | 1.5 | 18.6 | ±2.0 | 20 | 40 | 400～530 | 360～470 |
| | 一 | 9.5 | 2.5 | 16.4 | ±2.5 | 40 | 75 | | |
| | 二 | 12.5 | 3.5 | 13.0 | ±3.5 | 70 | 105 | | |
| 64×2～80×2（9/2～7/2） | 优 | 6.0 | 1.5 | 18.2 | ±2.0 | 20 | 40 | 400～530 | 360～470 |
| | 一 | 9.0 | 2.5 | 15.8 | ±2.5 | 40 | 75 | | |
| | 二 | 12.0 | 3.5 | 12.4 | ±3.5 | 70 | 105 | | |
| 8×3～10×3（70/3～56/3） | 优 | 5.5 | 1.5 | 20.2 | ±2.0 | 12 | 30 | 400～530 | 360～470 |
| | 一 | 8.5 | 2.5 | 16.0 | ±2.5 | 30 | 65 | | |
| | 二 | 11.5 | 3.5 | 13.8 | ±3.5 | 55 | 90 | | |
| 11×3～20×3（55/3～29/3） | 优 | 5.0 | 1.5 | 20.6 | ±2.0 | 15 | 35 | 400～530 | 360～470 |
| | 一 | 8.0 | 2.5 | 17.8 | ±2.5 | 35 | 70 | | |
| | 二 | 11.0 | 3.5 | 14.0 | ±3.5 | 65 | 100 | | |
| 21×3～30×3（28/3～19/3） | 优 | 4.5 | 1.5 | 21.4 | ±2.0 | 15 | 35 | 400～530 | 360～470 |
| | 一 | 7.5 | 2.5 | 18.8 | ±2.5 | 35 | 70 | | |
| | 二 | 11.0 | 3.5 | 16.8 | ±3.5 | 65 | 100 | | |

② 优等品股线以单强变异系数 CV（%）、百米重量变异系数 CV（%）、条干均匀度变异系数 CV（%）、黑板棉结粒数（粒/g）四项中最低的一项品等评定。一、二等品股线以单强变异系数 CV（%）、百米重量变异系数 CV（%）、黑板棉结粒数（粒/g）三项中最低的一项品等评。

③ 单纱（线）的断裂强度或百米重量偏差超出允许范围时，在单纱（线）强力变异系数 CV（%）和百米重量变异系数 CV（%）二项指标原评定的基础上作顺降一个等处理。如两项都超出范围时，亦只顺降一次。降至二等为止。

④ 检验条干均匀度可以由生产厂选用黑板条干均匀度或条干均匀度变异系数 CV（%）两者中的任何一种。但一经确定，不得任意变更。发生质量争议时，以条干均匀度变异系数 CV（%）为准。

(3) 普梳涤棉混纺纱线的品质评定依据标准《普梳涤与棉混纺本色纱线》(FZ/T12005—1998) 来执行。以同品种一昼夜三个班的生产量为一批，按规定的试验周期和各项试验方法进行试验，按其结果评定纱线的品等。纱线评等分为优等品、一等品、二等品，低于二等指标者为三等品。

① 优等品单纱以单强变异系数（%）、百米重量变异系数 CV（%）、条干均匀度、黑板棉结粒数（粒/g）、黑板棉结杂质总粒数（粒/g）、十万米纱疵六项中最低的一项品等评定。一、二等品单纱以单强变异系数 CV（%）、百米重量变异系数 CV（%）、条干均匀度、黑板棉结粒数（粒/g）、黑板棉结杂质总粒数（粒/g）五项中最低的一项品等评定。

② 优等品股线以单强变异系数 CV（%）、百米重量变异系数 CV（%）、条干均匀度变异系数 CV（%）、黑板棉结粒数（粒/g）、黑板棉结杂质总粒数（粒/g）五项中最低的一项品等评定。一、二等品股线以单强变异系数 CV（%）、百米重量变异系数 CV（%）、黑板棉结粒数（粒/g）、黑板棉结杂质总粒数（粒/g）四项中最低的一项品等评定。

③ 单纱（线）的断裂强度或百米重量偏差超出允许范围时，在单纱（线）强力变异系数 CV（%）和百米重量变异系数 CV（%）二项指标原评定的基础上作顺降一个等处理。如两项都超出范围时，亦只顺降一次。降至二等为止。

④ 检验条干均匀度可以由生产厂选用黑板条干均匀度或条干均匀度变异系数 CV（%）两者中的任何一种。但一经确定，不得任意变更。发生质量争议时，以条干均匀度变异系数 CV（%）为准。

(4) 涤棉混纺色纱的品质评定依据标准《涤与棉混纺色纺纱》(FZ/T12016—2006) 的规定来执行。以同品种一昼夜的生产量为一批，按规定的试验周期和各项试验方法进行试验，按其结果评定纱线的品等。纱线评等分为优等品、一等品、二等品，低于二等指标者为三等品。

① 涤棉混纺色纱以单纱断裂强度变异系数 CV（%）、百米重量变异系数 CV（%）、条干均匀度变异系数 CV（%）、十万米纱疵、明显色结（粒/100m）及千米棉结、耐洗色牢度、耐汗渍色牢度、耐摩擦色牢度九项评定，当九项的品等不同时，按九项中最低的一项品等评定。

② 单纱断裂强度或百米重量偏差超出允许范围时，在单纱断裂强度变异系数和百米重量变异系数两项指标原评定的基础上作顺降一个等处理。如单纱断裂强度和百米重量偏差都超出范围时，亦只顺降一次，降至二等为止。

③ 涤棉混纺色纱的实际捻系数一般不低于 280。

④ 涤棉混纺色纱的色差，对标样不低于4级。(耐汗渍色牢度只考核针织用纱)

## 二、毛型纱线的识别及品质评定

1. 毛型纱线的识别

毛型纱线是指用毛纤维及毛型化纤在毛纺设备上经过纺纱加工生产所得的各类纱线产品。一般包括精梳毛纱线、粗梳毛纱线、毛型化纤纱线和毛与化纤混纺纱线等。

2. 毛纱线的品质评定

毛纱的品质评定以批为单位，根据国家标准，毛纱线的品等按内在质量和外观质量的检验结果来综合评定，分为优等品、一等品、二等品，低于二等品为等外品。

(1) 精梳毛纱线的品质评定

① 精梳毛纱线内在质量的评等按物理指标和染色牢度综合评定，并以其中最低项定等。物理指标的检测项目有八项，即线密度偏差率、线密度变异系数、捻度偏差率、捻度变异系数、单根纱线平均断裂强力、断裂强力变异系数、断裂伸长率、纤维含量。染色牢度的检测项目有七项，即耐光色牢度、耐水色牢度、耐汗渍色牢度、耐熨烫色牢度、耐摩擦色牢度、耐洗色牢度、耐干洗色牢度。

② 精梳毛纱线外观质量的评等按毛纱线的表面疵点和十万米纱疵数来评定，以其中最低一项评等。外观疵点主要是指毛粒、竹节纱、大肚纱、粗节、细节、小辫纱、油污纱、多(缺)股纱、松紧纱、弓纱和双纱等。

③ 优等品精梳毛纱线另加一项条干均匀度变异系数作为考核指标。

(2) 粗梳毛纱线的品质评定

① 粗梳毛纱线内在质量的评等按物理指标和染色牢度综合评定，并以其中最低项定等。物理指标的检测项目有八项，即线密度偏差率、线密度变异系数、捻度偏差率、捻度变异系数、单根纱线平均断裂强力、断裂强力变异系数、纤维含量、含油脂率。染色牢度的检测项目有六项，即耐光色牢度、耐水色牢度、耐汗渍色牢度、耐熨烫色牢度、耐摩擦色牢度、耐干洗色牢度。

② 粗梳毛纱线外观质量的评等按毛纱线的外观疵点来评定，以其中最低一项定等。外观疵点项目主要有大肚纱、超长粗纱、毛粒及其他纱疵。

# 思考与练习

1. 什么是棉结？什么是白星？棉结和白星特征上有什么不同？如何识别判定？
2. 毛羽一般有哪几种基本形态？毛羽对纱、布质量有何影响？
3. 什么是布面纱疵？布面纱疵一般如何分类？
4. 了解常见布面纱疵（粗经、错纬、条干、竹节）的特征及判定方法。
5. 棉纱线品质评定的指标有哪些？如何评定？
6. 精梳毛纱线和粗梳毛纱线品质评定的指标有哪些？如何评定？

# 织物篇

# 第九章　织物基本知识

织物是扁平、柔软又具有一定力学性质的纺织纤维制品。在不同场合又被称为布料、面料。它不仅是人们日常生活的必需品，也是工农业生产、交通运输和国防工业的重要材料。

## 第一节　织造方法

**知识与技能目标**

- 了解形成织物的两种方法；
- 掌握机织的流程和方法；
- 掌握针织的特点和方法。

### 一、机织

机织就是由互相垂直的一组经纱和一组纬纱在织机上按一定的规律形成机织物的工艺过程（见图 9-1）。经纬纱交织规律与形式称为组织。

机织通常包括把经纱做成织轴、把纬纱做成纡子（或筒子）的织前准备、织造和织坯整理三个部分。机织是纺织工业生产的重要组成部分，根据所用原料种类可分为棉织、毛织、丝织和麻织，其产品统称为机织物。机织物的品种和用途极其广泛，根据不同的使用要求选择合适的纱线原料和相宜的织物组织。图 9-2 为机织物示意图。

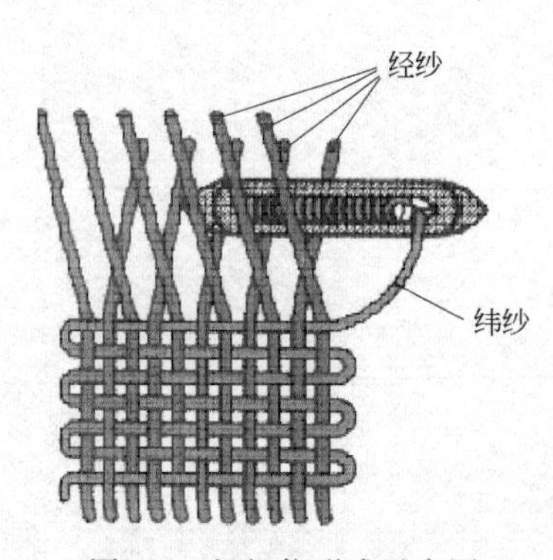


图 9-1　机织物形成示意图

图 9-2　机织物示意图

机织技术的发展已有 5000 多年的历史，经历了原始织布、普通织机、自动织机、无梭织机等阶段。以棉型纤维和中长纤维为例，机织工艺过程一般包括络筒、整经、浆纱、穿经或接经、卷纬、定捻、织造和坯布整理。织造设备包括络筒机、整经机、浆纱机、穿综结经设备、给湿设备、织机、验布机等。织造生产流程见图 9-3。

络筒是把管纱或绞纱绕成容量较大、卷装形式符合需要的筒子纱，便于后道工序顺利进行；同时除去纱线上的杂质和疵点，提高纱线质量。

筒子的形式如图 9-4。

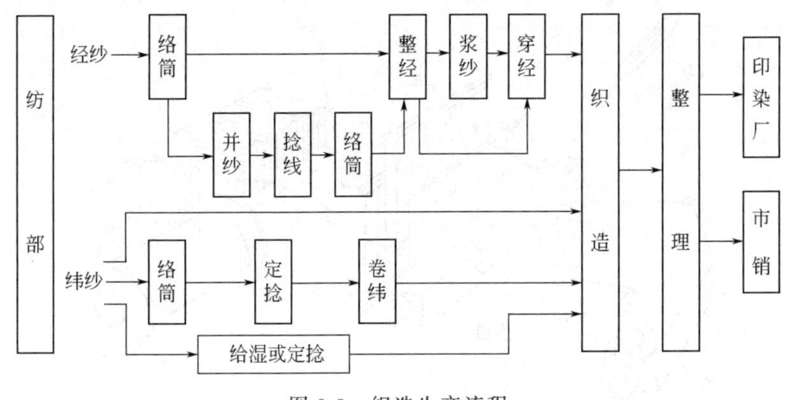


图 9-3　织造生产流程

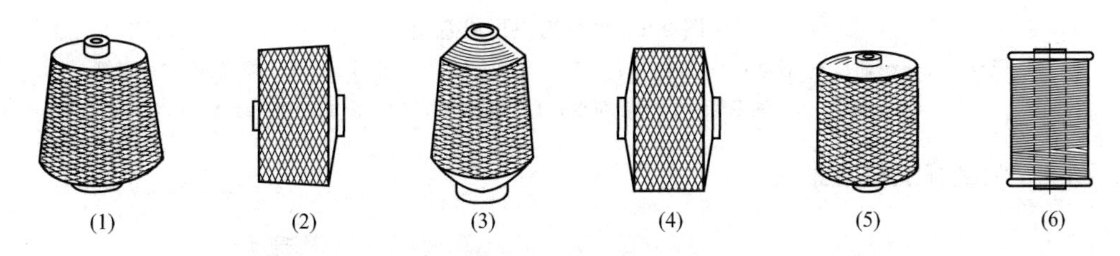


图 9-4　筒子的形成示意图

(1)，(2)—圆锥形无边筒子（宝塔形），纱线卷绕张力均匀，适合高速退绕，使用广泛；
(3)—菠萝形无边筒子，具有贺锥形无边筒子的优点，结构稳定，容量大，多用于化纤长丝；
(4)，(5)—圆柱形无边筒子，用于低速整经；(6)—圆柱形有边筒子，近似于平行卷绕，
容量较大，退绕速度低，多用于丝、黄麻纱

整经是将许多筒子纱，按一定根数和规定长度平行地卷绕在规定幅度的经轴上，使各根经纱张力一致，密度均匀分布。可分为分批整经法、分条整经法、分段整经法和球形整经法四种方法。整经要求张力适当、一致，保持经纱的强力和弹性，经轴表面平整，成形良好，卷绕密度均匀，接头要小而牢，回丝要少，整经长度、根数和纱线排列符合工艺要求。

浆纱是使一部分浆液浸透到纱线内部以增加纱线的弹性和强度；另一部分浆液被覆在纱线表面，提高其耐磨牢度，以便抵抗织造时综筘的拉伸和摩擦作用，减少经纱断头率。浆料的种类很多，常用浆料有：天然淀粉、变性淀粉、PVA（聚乙烯醇）、聚丙烯酸类。除了上述主要浆料外，浆液中还会有柔软剂、吸湿剂、消泡剂、防腐剂、防静电剂、表面活性剂等辅助助剂，根据其发挥的作用有选择地添加，可以改善浆料的上浆性能，增进上浆效果。

穿经是把织轴上的经纱，按照一定次序逐根穿过经停片、综丝眼孔和钢筘的齿隙；接经是用接续的方法把上机新织轴上的经纱头与了机时的经纱尾逐根打结连接起来。

卷纬是把各种卷装形式的纬纱重新卷绕成适用的纡子，并除去纱线上的部分杂质，提高纱线质量。为了降低纱线加捻后的内应力，防止纬纱或经过并纱、捻线工艺后的纱线在松弛状态下出现扭结，纬纱尤其是并纱捻线后的纱线还要经过热湿定捻。

织造就是在布机上纡子或筒子的纬纱和织轴上的经纱按一定组织结构交织构成符合需要的织物。图 9-5 是机织物形成示意图。

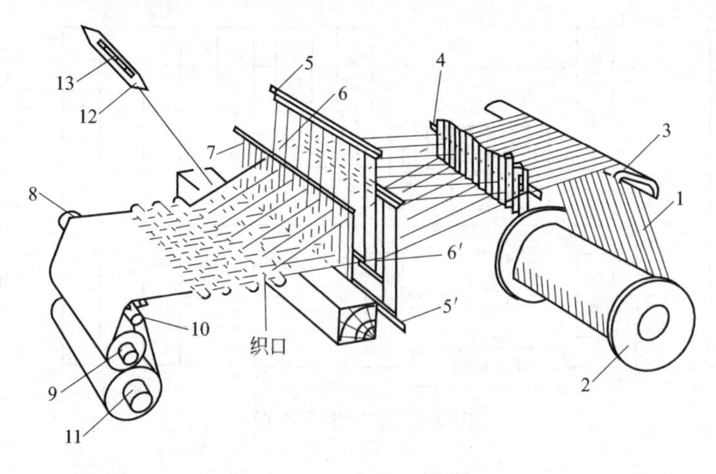


图 9-5 机织物织形成意图

1—经纱；2—织轴；3—后梁；4—停经片；5，5′—综框；6—上层经纱；6′—下层经纱；7—钢筘；8—胸梁；9—刺毛辊；10—导布辊；11—卷布辊；12—梭子；13—纡子

图 9-6 为剑杆织机示意图。

图 9-6 剑杆织机

坯布整理过程通常包括检验、清刷、烘布、折叠、分等和成包等。

## 二、针织

针织是利用织针将纱线弯成线圈，然后将线圈相互串套而成为针织物的一门工艺技术。针织分手工针织和机器针织两类。手工针织使用棒针，历史悠久，技艺精巧，花形灵活多变，在民间得到广泛流传和发展。机器针织始于 1589 年，英国人 W. 李从手工编织得到启示而创制了第一台手摇针织机。它有 3500 多个零件，钩针排列成行，一次可以编织 16 只线圈。中国第一家汗衫针织厂在 1896 年创建于上海，中国第一家织袜厂于 1907 年建立在广州。

根据不同的工艺特点，针织生产分纬编和经编两大类，示意图分别见图 9-7 和图 9-8。

纬编和经编针织示意图分别见图 9-9 和图 9-10。

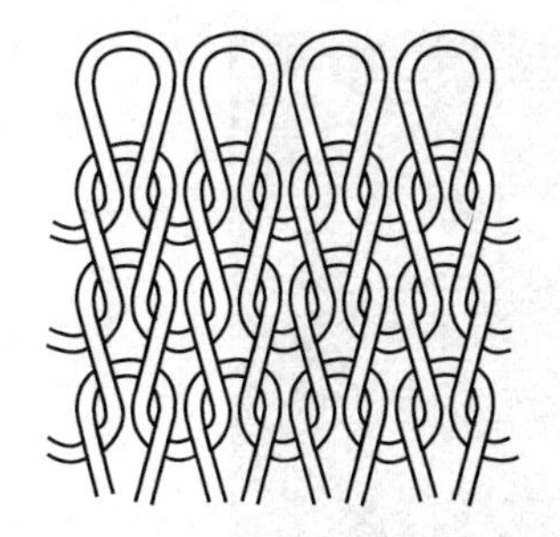

图 9-7　纬编线圈示意图

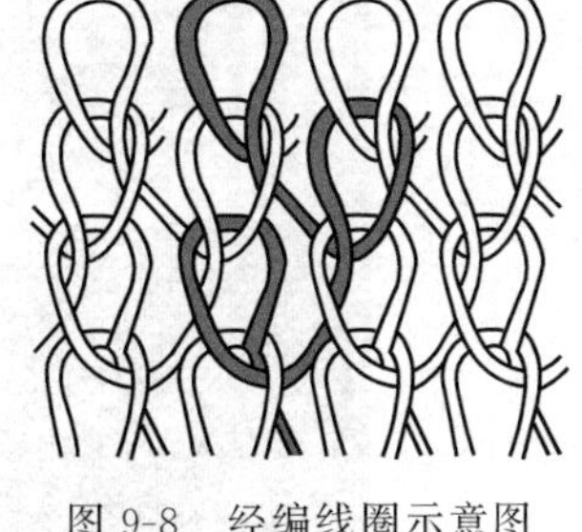

图 9-8　经编线圈示意图

图 9-9　纬编针织物示意图

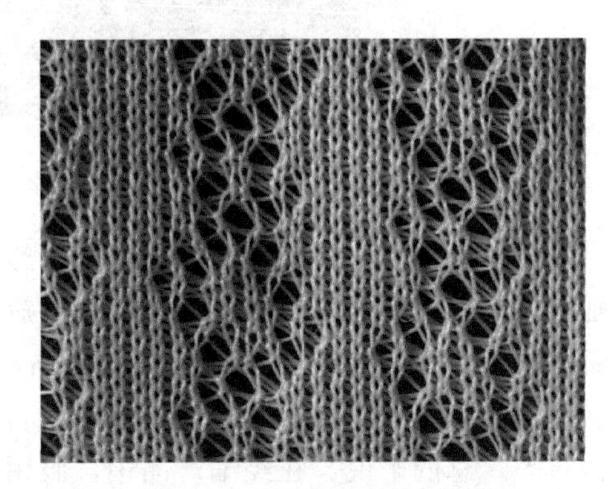

图 9-10　经编针织物示意图

在纬编生产中原料经过络纱以后便可把筒子纱直接上机生产。纬编是将一根或数根纱线由纬向喂入针织机的工作针上，使纱线顺序地弯曲成圈，且加以串套而形成纬编针织物。用来编织这种针织物的机器称为纬编针织机。纬编对加工纱线的种类和线密度有较大的适应性，所生产的针织物的品种也甚为广泛。纬编针织物的品种繁多，既能织成各种组织的内外衣用坯布，又可编织成单件的成形和部分成形产品，同时纬编的工艺过程和机器结构比较简单，易于操作，机器的生产效率比较高。因此，纬编在针织工业中比重较大。纬编针织机的类型很多，一般都以针床数量，针床形式和用针类别等来区分。图 9-11 为针织大圆机、图 9-12 为针织电脑横机。

图 9-11　针织大圆机

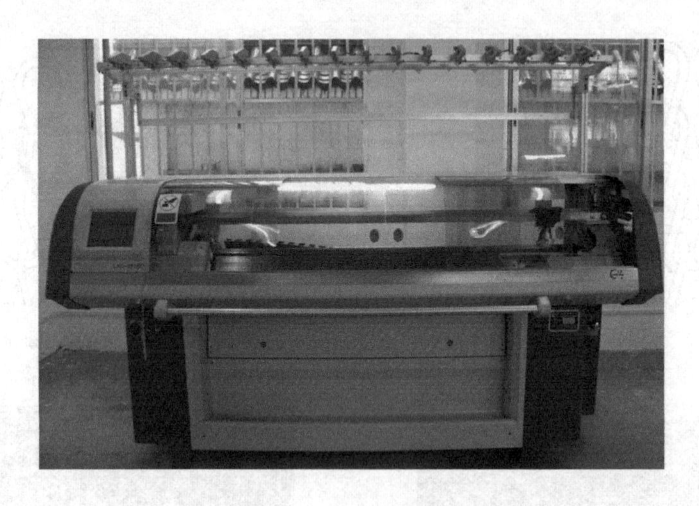

图 9-12　针织电脑横机

在经编生产中原料经过络纱、整经，纱线平行排列卷绕成经轴，然后上机生产。纱线从经轴上退解下来，各根纱线沿纵向各自垫放在经编针织机的一只或至多两只织针上，以形成经编织物。经编最终产品包括服用、装饰用和产业用三类。服用类产品有泳装、女装饰内衣、运动休闲服等。装饰类产品有窗帘、台布、毯子等。产业类产品有土工格栅、灯箱布、篷盖布等。总的来说，在经编产品中，服用类所占的比重不如纬编大，而装饰和产业类所占的比重则超过纬编。图 9-13 为高速经编机。

图 9-13　高速经编机

经编与纬编针织物形成方法的差别在于：纬编是在一个成圈系统由一根或几根纱线沿着横向垫入各枚织针，顺序成圈；而经编是由一组或几组平行排列的纱线沿着纵向垫入一排织针，同步成圈。

在某些针织机上也有把纬编和经编结合在一起的方法，这时在针织机上配置有两组纱线，一组按经编方法垫纱，而另一组按纬编方法垫纱，织针把两组纱线一起构成线圈，形成针织物。由同一根纱线形成的线圈在纬编针织物中沿着纬向配置，而在经编针织物中则沿着经向配置。

针织除可织制成各种坯布，经裁剪、缝制而成各种针织品外，还可在机上直接编织成形产品，以制成全成形或部分成形产品。采用成形工艺可以节约原料，简化或取消裁剪和缝纫工序，并能改善产品的服用性能。针织生产因工艺过程短，原料适应性强，翻改品种快，产品使用范围广，噪声小，能源消耗少，而得到迅速发展。

# 第二节 织物分类及特点

知识与技能目标

- 了解机织物和针织物的分类；
- 掌握各类织物的特点。

## 一、机织物分类及特点

1. 按使用的纤维原料分类

根据使用的原料不同，机织物可分为纯纺织物、混纺织物和交织物三类。

（1）纯纺织物 纯纺织物是指经纬纱均用同种纤维纯纺纱线织成的织物，此种织物的特点主要体现了纤维本身的性能。如纯棉织物的经纬纱都是棉纱：纯棉卡其 21×21/108×58，黏胶纤维织物的经纬纱都是黏胶纤维纱线。

（2）混纺织物 混纺织物是指两种或两种以上不同品种的纤维混纺的纱线织成的织物。混纺织物的最大特点是在纺纱过程中将纤维混合在一起，织物体现各种纤维的优良特性，并弥补各种纤维的不足。如棉麻混纺织物、涤棉混纺织物、毛涤混纺织物等。棉麻混纺织物体现棉纤维和麻纤维优良的吸湿透气性，棉纤维的柔软手感弥补了麻纤维的硬挺缺点；涤棉混纺织物有耐磨、挺括、抗皱、吸湿透气特点，涤纶纤维的耐磨、挺括、抗皱和不变形弥补了棉纤维耐磨性差、易皱、易缩水的缺点，棉纤维良好的吸湿透气性克服了涤纶吸湿性差的缺陷。

混纺织物的命名方式如下。

① 混纺原料比例不同时，按所占比例的多少，顺序排列，多者在前，少者在后。如 65%涤纶与 35%的棉混纺的府绸，称涤棉府绸；75%黏胶与 25%的尼龙混纺的花呢，称黏/锦花呢；或三种以上纤维混纺织物的命名与之相同。

② 混纺原料比例相同时，按天然纤维、合成纤维、再生纤维的顺序排列。如 50%的羊毛与 50%的涤纶混纺的华达呢，称毛/涤华达呢；50%的涤纶与 50%的黏胶混纺的花呢称涤/黏花呢。

（3）交织织物 交织织物是指经纬向使用不同纤维的纱线或长丝织成的织物。交织织物的最大特点是在织造过程中将各种纤维均匀分布在一块织物上，如同混纺织物一样能体现各种纤维的优良特性，并弥补各种纤维的不足，如经向用尼龙长丝、纬向用黏胶的锦黏交织面料，经向用真丝、纬向用毛纱的丝毛交织物等。

2. 按纤维的长度分

根据使用纤维长度的不同，织物可分为棉型织物、中长纤维织物、毛型织物和长丝织物。

(1) 棉型织物　棉型织物是以棉纤维或棉型化学纤维为原料纺制的纱线织成的织物，如棉府绸、涤棉布、维棉布、棉卡其等。该类织物共同的特点是使用的纤维长度较短，长度范围 30～40mm，细度为 1.67dtex 左右。

(2) 中长纤维织物　中长纤维织物是以中长型化学纤维为原料经中长纺纱加工成纱线织成的织物，如涤黏中长华达呢、涤腈中长纤维织物等。该类织物使用的纤维长度介于棉型纤维与毛型纤维之间，长度范围 51～76mm，细度为 2.22～3.33dtex。

(3) 毛型织物　毛型织物是指以羊毛、兔毛等各种动物毛及毛型化纤为主要原料制成的织品，如纯毛华达呢、毛涤黏哔叽、毛涤花呢等。该类织物使用的纤维长度较长，长度范围 70～150mm，细度为 3.33dtex 以上。

(4) 长丝织物　长丝织物是以蚕丝或化学纤维长丝作经、纬，织制成丝织物。各类丝织物的生产过程不尽相同，大体分生织和熟织。经纬丝不经练染，先制成织物，坯绸再经练染制成成品的为生织，这种生产方式工艺过程短、成本低，是目前丝织生产中的主要方式。经纬丝在织造之前先经练染，坯绸不需再行练染即为成品的为熟织，这种方式多用于高级丝织物的生产。

3. 按纱线的结构和外形分

按纱线的结构和外形的不同，可分为纱织物、线织物、半线织物。

经纬纱均由单纱构成的织物称为纱织物，如各种平布。

经纬纱均由股线构成的织物称为线织物，如精纺呢绒、毛华达呢、毛哔叽等。

经纱是股线、纬纱是单纱织造加工成的织物叫半线织物，如纯棉或涤棉半线卡其等。

4. 按原料纺纱加工工艺分

按原料纺纱加工工艺不同，棉织物分为精梳织物、粗（普）梳织物和废纺织物；毛织物可分为精梳毛织物（精纺呢绒）和粗梳毛织物（粗纺呢绒）。

精梳织物使用的是精梳纱，质地细密、轻薄、布面柔软、滑爽、挺括，表面织纹清晰，颗粒饱满，光泽莹润，属于高档品质织物。

粗（普）梳织物使用的是普梳纱，品质比精梳织物要差些。

废纺织物使用的是废纺纱（用纺纱过程中所处理下来的废棉作原料纺成的纱），品质较低，如低级棉毯、绒布和包皮布等。

5. 按染整加工方法分

按染色、印花和后整理工艺的不同，织物可分为本色织物、漂白织物、煮练织物、染色织物、印花织物、色织织物等。

本色织物是指未经练漂、染色的纱线为原料，经过织造加工而成的不经整理的织物，织物保持了所有材料原有的色泽。也称本色布、本白布和白坯布。此品种大多数用于印染加工。

漂白织物是指坯布经过漂白加工的织物。

煮练织物是指经过蒸煮加工去除部分杂质的本色织物。

染色布织物指经过染色加工的织物。染料渗透到织物纤维内部，正反面颜色相一致。

印花织物是指经过印花加工，表面印有图案、花纹的织物。

色织织物是指以练漂、染色之后的纱线为原料，经过织造加工而成的织物。

6. 按用途分

按织物用途可分为服用织物、装饰用织物、产业用织物。

（1）服用织物　用于人们服装与服饰及其制品、饰品、辅助服装用品的织物称服用织物，如外衣、衬衣、内衣、袜子和鞋帽等织物。服用织物生产的历史最长，相对也最为完善，已形成一个完整、独立的体系，具有非常强的时效特征。

（2）装饰用织物　用于人们生活和工作环境美化和改善用纺织品称装饰用织物。用于人们家居、室内的纺织品称为家用纺织品，如床上用品（床单、床垫、巾被、枕套等）、室内装饰用布（如窗帘、家具布、墙布、地毯等）、卫生盥洗用布（如毛巾、浴帘、地巾），室外、公共场所、娱乐场所用织物称为装饰织物。

装饰织物品种较为丰富，一般都具有显著的功能特征，如装饰美化特征、吸尘防尘功能、抗噪隔音功能、抗菌除菌功能、提醒警示功能、励志勉励功能、情绪引导功能等。这些功能能更有效地使人们的精神与环境融为一体，更有利于人们的身心健康。装饰织物目前虽然不是非常完善而成熟的行业，但目前已较有规模，并以较高速度发展，已逐渐在纺织行业中崭露头角。

（3）产业用织物　产业用纺织品是专门设计的、具有工程结构的纺织品，一般用于非纺织行业的产品、加工过程或公共服务设施。这些纺织品不以外观和舒适性作为主要目标，而以满足一种或几种功能为目的。如传送带、帘子布、篷布、包装布、过滤布、筛网、绝缘布、土工布、医药用布、软管、降落伞、宇航布等织物。产业用纺织品发展越来越迅速，已形成自己的产业化体系，在现代科学技术中的地位将更加重要。

## 二、针织物分类及特点

1. 按纤维原料分

按纤维原料的不同，可分为纯纺针织物、混纺针织物、交织针织物。

纯纺针织物是指采用一种纤维纯纺纱线织成的针织物，此种织物的特点主要体现了纤维本身的性能。如纯棉针织布、纯羊毛衫、真丝针织织物等。

混纺针织物是指两种或两种以上不同品种的纤维混纺的纱线织成的针织物。混纺针织物的最大特点是在纺纱过程中将纤维混合在一起，织物体现各种纤维的优良特性，并弥补各种纤维的不足。如涤棉针织布、毛腈针织衫、涤纶真丝针织织物等。

交织针织物是指使用两种或以上不同纤维的纱线或长丝织成的针织物，交织针织物的最大特点是在织造过程中将各种纤维纱线均匀分布在织物上，织物能体现各种纤维的优良特性，并弥补各种纤维的不足，如涤盖棉针织织物。

2. 按加工方法分

按加工方法的不同，可分针织坯布、成形产品两大类。

针织坯布是将纱线经过针织方法织制成各种坯布，得到的这种坯布要经过裁剪、缝制才能成为各种针织品。该类织物主要用于制作内衣、外衣、围巾等。

成形产品是在针织机上直接编织成形产品，如袜子、手套和羊毛衫等。

3. 按加工工艺分类

按加工工艺不同，可分为纬编针织物和经编针织物两大类。

纬编针织物纱线沿纬向喂入，弯曲成圈并互相串套而成的织物（见图 9-14）。常见的产品有内衣（如汗衫、棉毛衫、羊毛内衣等）、羊毛衫、袜品、手套等。

经编针织物纱线从经向喂入，弯曲成圈并互相串套而成的织物（见图 9-15）。常见产品有家庭及宾馆装饰用布（如厚型、薄型窗帘布）、床上用品（如蚊帐、床罩、拉舍尔毛毯）以及部分产业用品等。

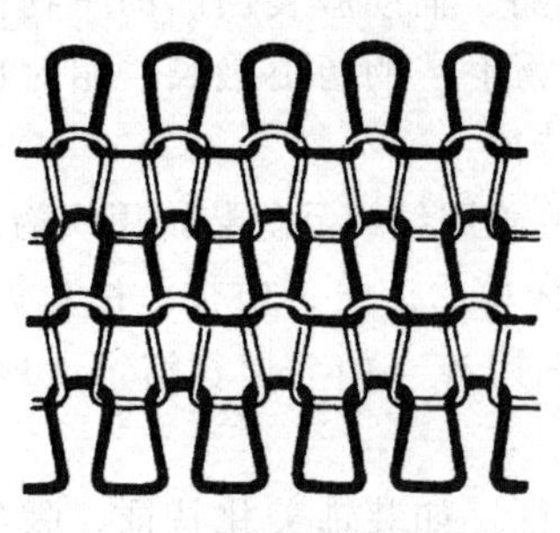

图 9-14 纬编针织线圈图

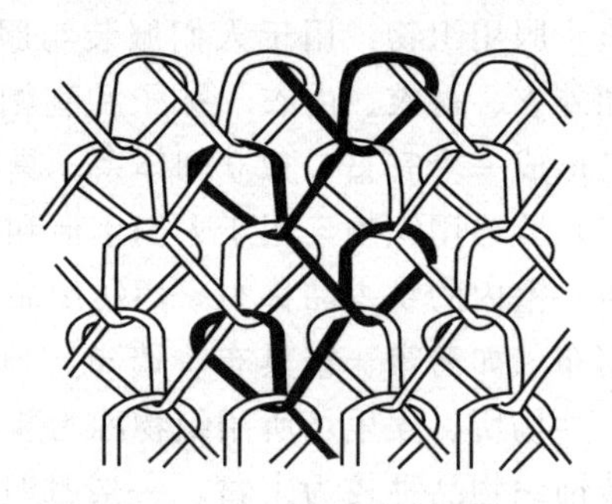

图 9-15 经编针织线圈图

## 第三节 常见棉织物的特点及应用

**知识与技能目标**

- 了解棉织物的分类；
- 掌握常见棉织物的特点和应用；
- 掌握棉印染织物的特点与应用。

### 一、棉织物的分类

(1) 按原料分类 分为纯棉织物、棉混纺织物。纯棉织物是用原棉为原料，棉纺加工成纱线织成的织物；棉混纺织物是指用棉纤维与其他纤维混合纺成的纱线织成的织物。

(2) 按工艺特征分类 分为本色布、染色布、印花布和色织布。

(3) 按织物组织分类 分为原组织织物、小花纹组织织物、复杂组织织物和大提花组织织物。

(4) 按经纬纱结构不同 分为纱织物（经纬纱都用单纱）、半线织物（经纱用股线、纬纱用单纱）、全线织物（经纬纱全用股线）。

(5) 按织物用途分类 分为内衣织物、外衣织物、衬里织物等。

内衣织物要求：织物柔软，穿着舒适，对皮肤没有刺激感。织物的吸湿和放湿性能要好，要具有耐摩擦、耐洗涤、耐日晒、不易污染等特点。

外衣织物要求：具有较好的强力，并防止在人体表面积聚过多的热量和水气；织物的弹性伸长最好在12%～15%；织物的结构要稳定，而且不易折皱。夏季的外衣织物宜薄爽、耐汗、耐洗、耐日晒、吸湿和散湿快，而且织物不会粘贴在身上妨碍工作和劳动。冬季外衣织物属厚重类型，要求保暖性强，外形尺寸稳定。春秋季外衣用织物的厚度介于冬季和夏季织物之间，属中型厚度，织物的色泽比冬季外衣用织物鲜明些，采用变化组织或重组织作为织物组织。

衬里织物主要用于春秋外衣和冬季外衣的夹里，为了减小对四肢活动的阻力，衬里织物的表面应光滑、耐磨。

### 二、棉织物主要品种特点及应用

1. 平布

平布的共同特点是，采用平纹组织织制（图 9-16），经纬纱的线密度和织物中经纬纱的密度相同或相近。根据所用经纬纱的粗细，可分为粗平布、中平布和细平布。

粗平布又称粗布，大多用纯棉粗特纱织制。其特点是布身粗糙、厚实，布面棉结杂质较多，坚牢耐用。市销粗布主要用作服装衬布等。在山区农村、沿海渔村也有用市销粗布做衬衫、被里的。经染色后作衫、裤用料。

中平布又称市布，市销的又称白市布，系用中特棉纱或黏纤纱、棉黏纱、涤棉纱等织制。其特点是结构较紧密，布面平整丰满，质地坚牢，手感较硬。市销平布主要用作被里布、衬里布也有用作衬衫裤、被单的。中平布大多用作漂布、色布、花布的坯布。加工后用作服装布料等。

细平布又称细布，系用细特棉纱、黏纤纱、棉黏纱、涤棉纱等织制。其特点是布身细洁柔软，质地轻薄紧密，布面杂质少。市销的细布主要用作同中平布。细布大多用作漂布、色布、花布的坯布。加工后用作内衣、裤子、夏季外衣、罩衫等面料。

图 9-16　平纹组织结构图

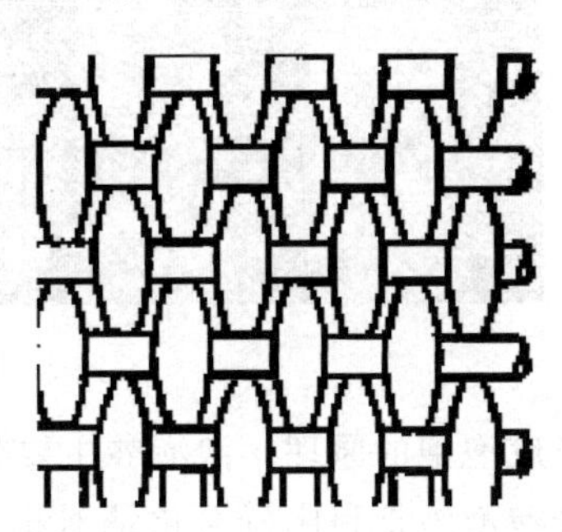

图 9-17　府绸效应

2. 府绸

这种织物也用平纹组织织制。同平布相比不同的是，其经密与纬密之比一般为（1.8～2.2）∶1。由于经密明显大于纬密，织物表面形成了由经纱凸起部分构成的菱形粒纹，称为府绸效应（见图 9-17）。织制府绸织物，常用纯棉或涤棉细特纱。

根据所用纱线的不同，分为纱府绸，半线府绸（经向用股线）、线府绸（经纬向均用股线）；根据纺纱工程的不同，分为普梳府绸和精梳府绸；以织造花色分，有隐条隐格府绸、缎条缎格府绸、提花府绸、彩条彩格府绸、闪色府绸等；以本色府绸坯布印染加工情况分，又有漂白府绸、杂色府绸和印花府绸等。

各种府绸织物均有布面洁净平整、质地细致、粒纹饱满、光泽莹润柔和、手感柔软滑糯等特征。府绸是棉布中的一个主要品种，主要用作衬衫、夏令衣衫及日常衣裤。

3. 麻纱

麻纱通常采用平纹变化组织中的纬重平组织织制，也有采用其他变化组织织制的。采用细特棉纱或涤棉纱织制，且经纱捻度比纬纱高，比一般平布用经纱的捻度也高，因此使织物具有像麻织物那样挺爽的特点。麻纱织物表面纵向呈现宽狭不等的细条纹。织物质地轻薄、条纹清晰、挺爽透气、穿着舒适。有漂白、染色、印花、色织、提花等品种。用作夏令男女衬衫、儿童衣裤、裙料等面料。

4. 麦尔纱、巴里纱

麦尔纱织物经纬常用普梳纱，采用与一般纱相同的捻系数，线密度一般在 10.5～14.5tex。巴里纱织物经纬多用精梳纱线，强捻纱。麦尔纱、巴里纱都是稀薄平纹织物，织物穿着凉爽，为夏用面料的佳品。

外观特点：稀薄、透明、布孔清晰、透气性佳、手感柔软滑爽、富有弹性，具有“轻薄、透明、凉爽、柔韧”的风格。因为用纱不同，使得麦尔纱与巴里纱的成品性能有所区别。麦尔纱的布身稍软，其透气性、耐磨性、挺爽性及布纹清晰度不及巴里纱。

5. 泡泡纱

泡泡纱是一种布面呈凹凸状泡泡的薄型织物。其特点是利用化学的或织造工艺的方法，在织物表面形成泡泡（图 9-18 泡泡纱织物）。

图 9-18　泡泡纱织物

按形成泡泡的原理，泡泡纱主要分为印染泡泡纱和色织泡泡纱。

印染泡泡纱是利用氢氧化钠对棉纤维的收缩作用，使碱液按设计的要求作用于织物表面，使受碱液作用和不受碱液作用的织物表面，由于收缩情况的差异而产生泡泡。若采用涤纶与棉相间隔的经纱或纬纱织造，则可利用在碱液作用下两种纤维收缩率的不同也可形成泡泡。

色织泡泡纱则是利用地经和泡经两种经纱，由双轴织造而成。织造时，利用泡经和地经不同的送经量形成经纱张力的差异。送经量小的地经纱，张力大而直；送经量大的泡经纱，张力小而弯曲。由于泡经、地经的张力差异造成了它们与纬纱交织后织物紧度的差异，使得泡经与地经缩率不同，于是布面产生了泡泡。一般泡经比地经粗 1 倍或采用双股线。

根据所用材料的不同，泡泡纱分单纱泡泡纱和半线泡泡纱（经向为股线，纬向为单纱）。色织泡泡纱有的是半线泡泡纱。

泡泡纱织物表面呈现有规律的、犹如泡泡的波浪状皱纹所形成的纵向条子，外观别致，立体感强，质地轻薄，穿着不贴体，凉爽舒适，洗后不需熨烫。主要用作妇女、儿童的夏令衫、裙、睡衣裤等。

6. 斜纹类织物

该类织物在服用纺织品中占有较大的比重，其需求量仅次于平纹织物。斜纹织物要求纹路“匀、明、直”。“匀”是指斜向线条间距相等；“明”是指斜向线条清晰、明显；“直”是指斜线笔直，无歪斜、弯曲现象。纹路的匀、明、直取决于原纱质量、织物结构和织造工艺参数等因素。图 9-19 为斜纹织物。

按结构不同可分为斜纹布、哔叽、华达呢、卡其。

（1）斜纹布　普通斜纹布一般采用 2/1（即二上一下）斜纹组织，斜纹线条在正面较为明显，属于单面斜纹，其手感在斜纹织物中是最柔软的。这类织物在经纬纱线密度相同，经纬向紧度比例接近的条件下，斜线倾角约为 45°。

（2）哔叽　哔叽是二上二下加强斜纹组织，正反面斜纹线条的明显程度大致相同，属于双面斜纹，哔叽经纬纱的线密度和经纬向紧度比较接近，斜纹线倾角约为 45°。

（3）华达呢　华达呢也是二上二下加强斜纹组织，属于双面斜纹。其主要特点是经密高而纬密低，经向紧度为90%～100%，纬向紧度为45%～55%，两者之比为2∶1，斜纹倾角约为63°，纹路细而深。华达呢织物的手感要比哔叽厚实，纹路明显、细致，富有光泽。

（4）卡其　卡其织物的品种较多，按织物组织的不同，可分为单面卡其（3/1组织）、双面卡其（2/2组织）、人字卡其和缎纹卡其。双面卡其经向紧度为100%～110%，纬向紧度为50%～60%，两者之比约为2∶1，纹路最细、最深，织物比华达呢紧密而硬挺。

图9-19　斜纹织物

图9-20　绉布织物

7. 绉布

绉布一般为强捻纬纱的稀薄平纹织物，经密大于纬密，沿着织物横向有自然优美的绉纹，光泽柔和，手感轻薄、柔软，富有弹性，透气性较好。绉布的绉效应是经染整的煮练工艺获得的，加工中，高温碱液渗透到强捻的纬纱内部，引起纤维膨润，直径增大，使得纱线发生收缩卷曲，使织物横向打裥起绉，形成均匀的绉纹（图9-20绉布织物）。

按纬纱捻度、捻向配置方法不同可分为顺纡绉布、双绉绉布和花式绉布。

顺纡绉布是纬向为同一种捻向的强捻纱，织物表面呈现波浪形的羽状或柳条状绉纹。双绉绉布的纬向为间隔配置的异捻向的强捻纱，织物表面呈现鸡皮状的碎小绉纹。花式绉布的纬向间隔配置着强捻纱和普通纱，利用交界两侧纱线的不同收缩力而获得绉纹效应。

8. 贡缎

经纬纱采用缎纹组织结构交织而成，具有“光、软、滑、弹”的风格。其表面光洁，手感柔软，富有光泽，结构紧密。按织物组织不同，贡缎可分为经面缎纹（商业上称直贡缎）与纬面缎纹（商业上称横贡缎）。前者经密大于纬密，其经纬密度比为3∶2；后者纬密大于经密，其经纬密度比为2∶3。贡缎可用作妇女、儿童服装面料、鞋面料、被面、被套等。

9. 劳动布

劳动布又称坚固呢，多数由2/1↖组织织制。其特点是用粗特纯棉纱、棉维纱等织制。经纱染色、纬纱多为本白纱，因此织物正反异色，正面呈经纱颜色，反面主要呈纬纱颜色。按经纬所用材料不同，可分为纱劳动布（经纬均单纱）、半线劳动布（经向系股线、纬向为单纱）、全线劳动布（经纬均股线）。劳动布一般均经防缩整理。这种织物的纹路清晰，质地紧密，坚牢结实，手感硬挺。主要用作工厂的工作服、防护服，尤其适宜制作牛仔裤、女衣裙及各式童装。

10. 烂花布

烂花布又称凸花布（图9-21）。其特点是织制织物所用的经纬纱一般为涤棉包芯纱，利用内芯纤维和外层纤维不同的耐酸程序，根据布面花型设计的要求，将含酸印花糊料印到坯布上，并经焙烘、水洗，使腐蚀、焦化后的棉纤维被洗除，得到半透明的花纹图案。烂花布所用的原料，除涤棉外，还有涤黏、维棉、丙棉等。按加工不同，烂花布有漂白、染色、印花和色织等品种。烂花布的花纹有立体感，透明部分如蝉翼，透气性好，布身挺爽，弹性良好，主要用作夏服装、童装等。

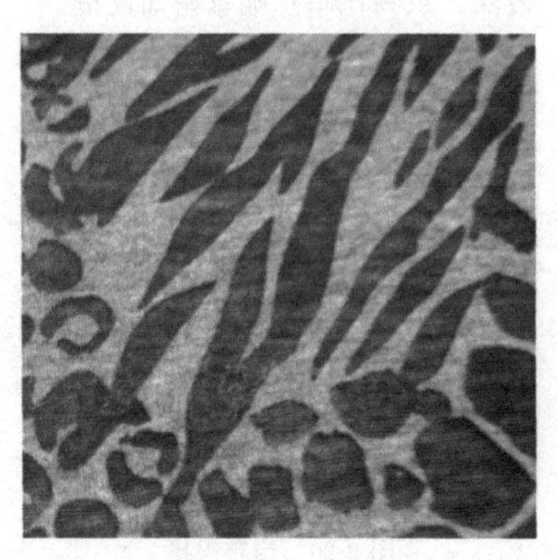

图 9-21 烂花布

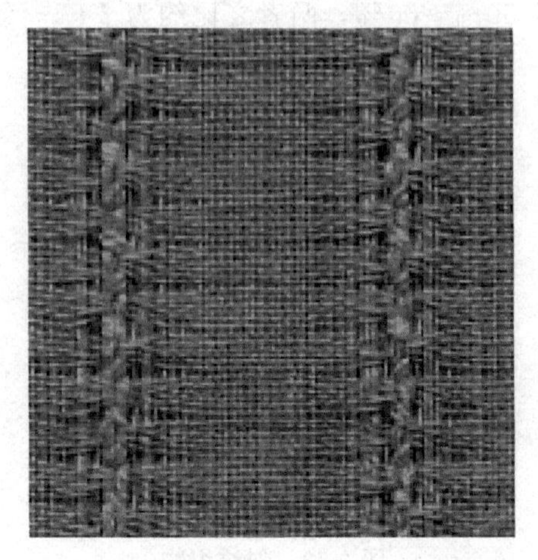

图 9-22 纱罗

11. 纱罗

纱罗又称网眼布（图 9-22），是用纱罗组织织制的一种透孔织物。其特点是由地经、绞经这两组经纱与一组纬纱交织。所用原料常为纯棉、涤棉及各种化纤。按加工不同，可分为色纱罗、漂白纱罗、印花纱罗、色织纱罗、提花纱罗等。纱罗织物透气性好，纱孔清晰，布面光洁，布身挺爽。主要用作夏季衣料、披肩和蚊帐等。

12. 水洗布

水洗布是利用染整生产技术使织物洗涤后具有水洗风格的织物。按所使用的原料分，有纯棉、涤棉和涤纶长丝等水洗织物。纯棉水洗布采用细特纱、平纹组织织制，为紧捻纱。织物有漂白、染色、印花等品种。水洗布的手感柔软，尺寸稳定，外观有轻微绉纹，免烫。主要用作各种外衣、衬衫、连衣裙、睡衣等面料。

13. 氨纶弹力织物

氨纶弹力织物是用氨纶丝包芯纱（如棉氨包芯纱）作经或纬，与棉纱或混纺纱交织而成的织物，也可以是经纬均用氨纶丝包芯纱织制。这种织物，利用氨纶的弹性，形成非常优良的适体性。常见的品种有弹力牛仔布、弹力泡泡纱、弹力灯芯绒、弹力府绸等。这种织物的弹性良好，柔软舒适，穿着适体，服用性能好。主要用作运动服、练功服、牛仔裤、内衣裤、青年衣裤面料等。

14. 牛津布

牛津布系用平纹变化组织中的纬重平或方平组织织制（图 9-23）。其特点是，经纬纱中一种是涤棉纱，一种是纯棉纱，纬纱经精梳加工；采用细经粗纬，纬纱特数一般为经纱的 3 倍左右，且涤棉纱染成色纱，纯棉纱漂白。织物色泽柔和，布身柔软，透气性好，穿着舒适，有双色效应。主要用作衬衣、运动服和睡衣等面料。

15. 绒布

绒布是坯布经拉绒机拉绒后呈现蓬松绒毛的织物，通常采用平纹或斜纹织制。其特点是织物所用的纬纱粗而经纱细，纬纱的特数一般是经纱的一倍左右，有的达几倍，纬纱使用的原料有纯棉、涤棉、腈纶。绒布品种较多，按织物组织分有平布绒、哔叽绒和斜纹绒；按绒面情况分有单面绒和双面绒；按织物厚薄分有厚绒和薄绒；按印染加工方法分有漂白绒、杂色绒、印花绒和色织绒。色织绒按花式分又有条绒、格绒、彩格绒、芝麻绒、直条绒等。绒布手感松软，保暖性好，吸湿性强，穿着舒适。主要用作男女冬季衬衣、裤、儿童服装、衬里等。

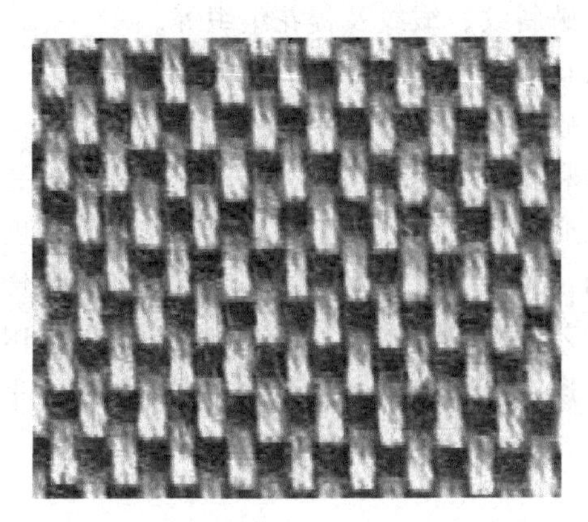

图 9-23　牛津布

图 9-24　灯芯绒

16. 羽绒布

羽绒布又称防绒布、防羽布。其特点是织物的经纱、纬纱均为精梳细特纱，织物中经密、纬密均比一般织物高，从而可防止羽绒纤维外钻。所用的原料为纯棉或涤棉，一般采用平纹组织织制。按加工方法不同，通常有漂白、染色两种，且以后者为多。也有印花的品种。羽绒布结构紧密，平整光法，富有光泽，手感滑爽，质地坚牢，透气而又防羽绒。主要用作登山服、滑雪衣、羽绒服装、夹克衫、羽绒被面料等。

17. 灯芯绒

灯芯绒是用纬起毛组织织制的（图 9-24）。由于用纬起绒方法，表面绒条像一条条灯芯草，故称灯芯绒。织物表面具有清晰、圆润的经向绒条，织物美观、大方、厚实、保暖、手感柔软、光泽柔和。由于织物具有地组织与绒组织两部分，服用时与外界摩擦的大都是绒毛部分，地组织很少触及，所以使用寿命和耐磨性较一般棉织物显著提高。灯芯绒一般用于制作春、秋、冬季大众化的衣服、鞋、帽，尤其适于制作儿童服装。

18. 桃皮绒

桃皮绒又称桃皮布，是一种织物表面触觉和视觉都似桃皮的绒面织物。这是由超细合成纤维织制的一种度薄型砂磨起绒织物。织物表面覆盖一层特别短而精致细密的小绒毛。具有吸湿、透气、防水的功能以及蚕丝般的外观和风格，织物柔软，富有光泽，手感滑糯。主要用作西服、妇女上衣、套裙等面料，也可与真皮、人造革、牛仔布、呢绒等搭配作夹克、背心等服装面料。

19. 牛仔织物

牛仔织物是由本白纯棉粗支纱染成靛蓝色作经纱，本白纯棉纱作纬纱，采用 3/1 斜纹等组织结构交织而成的斜纹粗布。随着经济的发展和消费者需求的不断变化，牛仔织物的品种也在不断增多。

(1) 按重量分　牛仔织物一般可分为轻型、中型和重型3类。轻型牛仔布重为203.5～330.6g/m$^2$；中型牛仔布重在339.1～432.4g/m$^2$；重型牛仔布重为440.8～508.7g/m$^2$。

(2) 按弹性分　牛仔织物有非弹力牛仔织物和弹力牛仔织物。在弹力牛仔织物中，又可分为经纬双弹牛仔织物、经弹牛仔织物和纬弹牛仔织物。

(3) 按所用原料分　牛仔织物有全棉、棉与麻混纺、棉与黏胶纤维混纺或棉与其他化纤混纺、绸丝混纺、毛混纺、氨纶包芯纱弹力牛仔织物等。

(4) 按色彩不同分　牛仔织物有深蓝、浅蓝、淡青、褐、黑、红、白色、彩色等。

(5) 按组织不同分　牛仔织物有平纹、斜纹、破斜纹、缎纹及提花组织等。

(6) 按印染工艺不同分　牛仔织物有印花、涂料印花、涂料浸染、超漂白等。

(7) 按后整理不同分　牛仔织物有水洗石磨、砂洗、磨绒等。

(8) 按织物品种分　牛仔织物有传统牛仔织物和花色牛仔织物两类。传统牛仔织物是以纯棉靛蓝染色的经纱与本色纬纱，采用右斜纹组织交织而成的。由于经纬纱线密度及密度配置不同，可生产出各种规格及重量不同的产品系列。花色牛仔织物是为了满足人们对服饰多姿多彩的需要，采用不同的原料结构、不同加工工艺及不同的物理、化学方法生产的。国产花色牛仔织物主要品种有花色白坯牛仔织物、靛蓝提花牛仔织物、提花弹力牛仔织物、牛仔绸等。

**三、棉印染布的特点及应用**

没有染过颜色的棉纱织成坯布以后，进行印染后整理以后就是印染布了。该类产品的成本比色织布要低，但是色牢度比色织布要差。棉印染布包括棉织物的漂白布、丝光布、染色布、印花布和色织布等。

纯棉织物染整工艺流程的选择，主要是根据织物的品种、规格、成品要求等，可分为练漂、染色、印花、整理等。纯棉织物练漂加工的主要过程有原布准备、烧毛、退浆、煮练、漂白、丝光。

棉印染布的主要特点如下：吸湿性能强，染色性能良好，织物缩水率为4%～10%左右；具有优良的穿着舒适性，光泽柔和，富有自然美感，坚牢耐用，经济实惠；手感柔软，但弹性较差，经防皱免烫树脂整理可提高其抗皱性和服装保形性；棉织物耐碱不耐酸，用浓度达20%的苛性钠处理棉织物，可使布面光泽增加，起到丝光作用，此时织物强度提高而长度及宽度剧烈收缩；在日晒及大气条件下棉布可缓慢氧化使其强度下降，100℃温度下长时间处理会造成一定破坏，在125～150℃高温条件下将随时间的延续而炭化，因此在熨烫、染色和保管中应加以注意；棉织物不易虫蛀，但易受微生物的侵蚀而霉烂变质，在棉服装及棉布存放、使用和保管中应防湿、防霉。

1. 纯棉漂白布

由原色坯布经过漂白处理而得到的洁白外观的棉织物。棉漂白布表面光泽暗淡，手感粗糙，一般用来制作内衣、床单或后道印染加工等。

棉布上的色素通过使用氧化剂或还原剂进行氧化或还原反应成为无色物质的过程就是漂白。棉织物经煮练后，由于纤维上还有天然色素存在，其外观不够洁白，用以染色或印花，会影响色泽的鲜艳度。漂白的目的就在于去除色素，赋予织物必要的和稳定的白度，而纤维本身则不受显著的损伤。

棉织物常用的漂白方法有次氯酸钠法、双氧水法和亚氯酸钠法。

次氯酸钠漂白的漂液pH为10左右，在常温下进行，设备简单，操作方便、成本低。

但对织物强度损伤大，白度较低。

双氧水漂白的漂液 pH 为 10，在高温下进行漂白，漂白织物白度高而稳定，手感好，还能去除浆料及天然杂质。缺点是对设备要求高，成本较高。在适当条件下，与烧碱联合，能使退浆、煮练、漂白一次完成。

亚氯酸钠漂白的漂液 pH 为 4～4.5，在高温下进行，具有白度好，对纤维损伤小的优点，但漂白时易产生有毒气体，污染环境，腐蚀设备，设备需要特殊的金属材料制成，故在应用上受到一定限制。

次氯酸钠和亚氯酸钠漂白后都要进行脱氯，以防织物在存在过程中因残氯存在而受损。

2. 丝光棉布

棉布在有张力的条件下，用浓的烧碱溶液处理，然后在张力下洗去烧碱、可获得蚕丝般的光泽的处理过程称为丝光。丝光可以使面料光泽度更佳、更挺括、保型性更好。

棉纤维在氢氧化钠浓溶液中，纤维发生急剧溶胀，直径增大，胞腔几乎消失，原有的纵向扭曲消失表面变得光滑，横截面由不规则的腰子形变为近似圆形，对光线的有规则反射增加，因而产生蚕丝般的光泽。

丝光加工顺序有以下几种。

(1) 先漂后丝　丝光效果好，废碱较净，但白度差，易沾污，适合色布，尤其厚重织物。

(2) 先丝后漂　白度好、但光泽差，漂白时纤维易受损伤，适用于漂布，印花布。

(3) 染后丝光　适合易擦伤或不易匀染的品种（丝光后，织物手感较硬，上染较快），染深色时为了提高织物表面效果及染色牢度，以及某些对光泽要求高的品种，也可采用染后丝光。

(4) 原坯丝光　个别深色品种（如黑），可在烧毛后直接进行丝光，但废碱含杂多，给回收带来麻烦，很少用。

(5) 染前半丝光，染后常规丝光　能提高染料的吸附性和化学反应性。

丝光棉面料优点：面料色泽明亮，久洗不变色；面料具有丝绸面料一般的光泽；面料尺寸比较稳定，垂悬感较好；面料挺括、抗皱性能好、不易起球起皱。丝光棉产品成本较高，终端消费品一般是高档 POLO 衫、T 恤、衬衫和商务袜。

3. 纯棉染色布

染色是借染料与纤维发生物理或化学的结合或用化学方法在纤维上生成颜料，使整个纺织品具有一定色泽的加工过程。染色是在一定温度、时间、pH 和所需染色助剂等条件下进行的。染色产品应色泽均匀，还需要具有良好的染色牢度。

织物的染色方法主要分浸染和轧染。浸染是将织物浸渍于染液中，而使染料逐渐上染织物的方法。它适用于小批量多品种染色。绳状染色、卷染都属于此范畴。轧染是先把织物浸渍于染液中，然后使织物通过轧辊，把染液均匀轧入织物内部，再经汽蒸或热熔等处理的染色方法。它适用于大批量织物的染色。

4. 纯棉印花布

印花就是在纺织品上印上各种颜色的花纹图案的方法。传统的印花过程包括图案设计、花纹制版、色浆调制、印制花纹、后处理（蒸化和水洗）等几个工序。

棉印花布由白坯棉布经印花加工而成，有丝光和本光两类。这类布根据印花方式不同，其外观效果也不同，多为正面色泽鲜艳，反面较暗淡，适合制作妇女、儿童服装。

从印花工艺上分为直接印花、拔染印花、防染印花和涂料印花。

(1) 直接印花　印花色浆直接印在白地织物或浅地色织物上，该印花工序简单，适用于各类染料，可应用于各类棉织物上，见图 9-25。

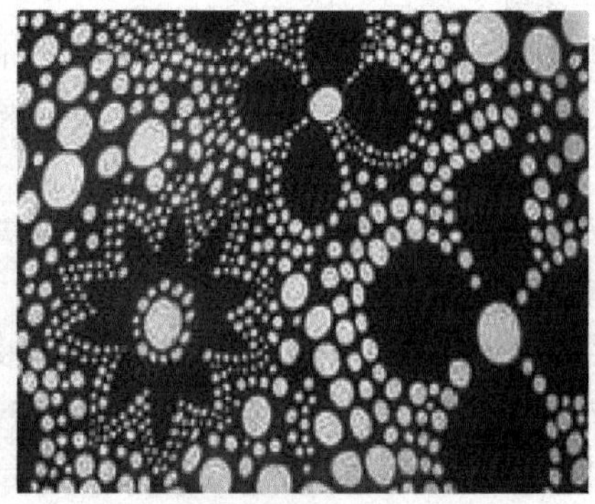

图 9-25　纯棉印花布

(2) 拔染印花　在已经经过染色的织物上，印上含有还原剂或氧化剂的浆料将其地色破坏而局部露出白地或有色花纹。

(3) 防染印花　在织物上先印以防止地色染料上染或显色的印花色浆，然后进行染色而制得色地花布的印花工艺过程。印花色浆中防止染色作用的物质称为防染剂。用含有防染剂的印花浆印得白色花纹的，称为防白印花；在防染印花浆中加入不受防染剂影响的染料或颜料印得彩色花纹的，称为色防印花。

(4) 涂料印花　是用涂料直接印花，该工艺通常也叫做干法印花，以区别于湿法印花(或染料印花)。涂料不同于染料，它对纤维没有直接性，不能和纤维结合，它只是一种不溶性的有色粉末，它在纤维上“着色”的原理是借助于一种能生成坚牢薄膜的合成树脂，固着在纤维表面，因此它对各种纤维的织物都能印花。涂料印花织物，有明亮艳丽的色泽，光照稳定性好，可赋予织物丰满、干爽及柔软的手感，特别是摩擦牢度优异，正确使用干湿摩牢度可达到≥4 级（仅参考），水洗牢度优良，织物的透气性好；印花色浆化学、物理稳定性优良，不受印浆组分的影响，透网性好，印花机易清洗。

涂料印花和染料印花区别：通过比较同一块织物上印花部位和未印花部位的硬度差异，可以区别涂料印花和染料印花。涂料印花区域比未印花区域的手感稍硬一些，也许更厚一点。如果织物是用染料印花的，其印花部位和未印花部位就没有明显的硬度差异。

## 第四节　常见麻织物的特点及应用

**知识与技能目标**

- 了解麻织物的种类；
- 掌握常见麻织物的特点和应用；
- 掌握常见麻织物的洗涤方法。

麻织物是以麻纤维纯纺或与其他纤维混纺制成的纱线织成的织物，也包括各种含麻的交织物。麻织物具有吸湿放湿快、断裂强度高、弹性差、断裂伸长小等特性。麻的范围很广，品种繁多，不下百余种，其纤维性能相差悬殊，因此，麻纺织物须从其原料进行区分。我国麻类作物可归纳为八大类，即苎麻、亚麻、黄麻、洋麻、苘麻、大麻、剑麻、蕉麻。其中前六类为韧皮纤维，后两类为叶纤维。此外，还有列为野杂纤维的胡麻与罗布麻等。

麻织物具有吸湿透气性好、天然抑菌、冬暖夏凉的优良性能。为了突出麻织物的风格，采用较稀疏的经、纬密度，组织结构上采用重平、方子、提花等组织，以增加织物的透气性及长片段不匀；亦可加入各种短纤维，人为纺出很多不规则的大小节，以进一步突出麻的风格。由于苎麻织物手感较硬挺，线密度较高，布面显得粗糙，穿用初期有刺痒感。印染时，采用碱处理、液氨处理以及柔软整理等加工工艺，能使织物具有滑、挺、爽的手感，提高服用性能。

**一、麻织物的分类**

1. 按纤维种类不同分

（1）苎麻织物　可分为纯苎麻织物、苎麻交织物和苎麻混纺织物。如麻涤混纺织物、麻黏混纺织物、麻棉交织织物等。

（2）亚麻织物　可分为纯亚麻织物、亚麻交织物和亚麻混纺织物。

（3）其他麻类织物　黄麻织物、洋麻织物、苘麻织物、大麻织物、剑麻织物、蕉麻织物等。

2. 按加工方法分

（1）手工麻织物　又名夏布，是指手工渍麻成纱再用人工木织机织成的麻织物。

（2）机织麻织物　经机器纺纱和织造加工而成的麻织物。

3. 按外观色泽分

（1）原色麻织物　用未经漂白而带有原麻天然色素的麻纤维织成的麻织物，内销麻织物多为原色麻织物。

（2）漂白麻织物　经过漂练加工而成的本白麻织物或漂白麻织物，外销多为本白或漂白麻织物。

（3）染色麻织物　将麻匹经漂练后进行染色加工的麻织物。

（4）印花麻织物　经手工或机器印花加工的麻织物。

**二、麻织物的主要品种特点及应用**

1. 苎麻织物

（1）夏布　中国传统纺织品之一，是土法手工生产的苎麻布（见图 9-26）。主要品种有原色夏布、漂白夏布，也有染色和印花的。主要产地是江西、四川、湖南、广东、江苏等地。

夏布以苎麻作原料，手工织制，成品因多系土纺土织，故门幅宽窄不一，约 36～315cm，产品质量差异很大。有的产品纱支细而均匀，布面平整光洁，富有弹性，质地坚牢，色泽较白净，爽滑透凉。适于制作夏季衬衫，裤料。有的产品纱支粗细不一，条干不匀，组织稀松，手感粗硬，色泽黄暗，可用作蚊帐、窗帘和服装衬里等。

（2）爽丽纱　爽丽纱是纯苎麻细薄型织物的商业名称。因其具有苎麻织物的丝样光泽和挺爽感，又是细特单纱织成的薄型织物，略呈透明，宛如蝉翼，相当华丽，故取名爽丽纱（见图 9-27）。爽丽纱的经、纬向都是由苎麻精梳长纤维组成的 10～16.7tex 单纱。由于苎麻纤维刚性大，细纱表面的毛羽多而长，延伸度和耐磨性较差，给织造带来了困难，尤其是织造单纱织物的难度更大。过去多采取单纱烧毛、单纱上浆和大幅度降低织机速度等方法织造，生产效率很低，产量少。但在国际市场上属名贵紧俏产品，是制作高档衬衣、裙子、装饰用手帕和工艺抽绣制品的高级布料。

图 9-26　夏布

图 9-27　爽丽纱

近年来，研究成功将未经缩醛化的水溶性维纶与苎麻长纤维混纺，用一般织造方法织成坯布后，在漂白整理过程中溶除维纶获得纯麻细特薄型织物。两种纤维混纺后，改变了纯麻纱的物理性状，有利于织造的顺利进行，混纺比例一般为麻 65%～75%、维纶 35%～25%。

（3）麻的确良　以涤纶短纤维与苎麻精梳纤维混纺的纱线织制的织物称涤麻（麻涤）混纺织物。混纺比例中涤纶含量大于麻纤维的称涤麻布，麻纤维含量大于涤纶的称麻涤布。

涤麻（麻涤）混纺后，两种纤维性能可取长补短，既保持了麻织物的挺爽感，又克服了涤吸湿性差的缺点，是夏令及春秋季的高档衣料。其大宗产品有以涤纶 65%、苎麻 35%混纺的涤麻布，麻涤布一般以麻 55%、涤纶 45%或麻 60%、涤纶 40%混纺。

（4）涤麻混纺花呢　涤麻、麻涤混纺花呢是以苎麻精梳落麻或中长型精干麻等苎麻纤维与涤纶短纤维混纺织制成的中厚型织物。其产品大多设计成隐条、明条、色织、提花，染整后具有毛型花呢风格，故以花呢命名。织物中，涤纶含量大于 50%的，称涤麻花呢，反之则称麻涤花呢。

混纺用的苎麻纤维，一般用苎麻精梳落麻和中长型苎麻纤维（长 90～110mm）两种。混纺用的涤纶一般为 2.8～3.3dtex×65mm 的中长型散纤维。

涤麻或麻涤混纺花呢成品的缩水率在 0.5%～0.8%，适宜作春秋季男女服装的面料，其单纱织物也可用作衬衫料。

（5）涤麻派力司　涤麻派力司是按毛织“派力司”风格设计的涤麻混纺色织物。布面具有疏密不规则的浅灰或浅棕（红棕）色夹花条纹，平纹组织，形成了派力司独具的色调风格。

涤麻派力司采用的苎麻纤维是精梳长纤维，涤纶为 3.3dtex×(89～102)mm 的毛型纤维。产品可按色泽深浅的要求，以有色涤纶与本白涤纶相混成条，再和苎麻精梳条按涤麻混纺比进行条混，纺成夹花有色纱线后再织造。也可采用纱线扎染方法，染成间断条纹状色纱线后再织造。

涤麻派力司既具有苎麻织物吸湿放湿快、手感挺爽的特点，又具有快干易洗及免烫的特点，改善了一般化纤织物的穿着闷热感，宜作春末秋初及夏季男女服装用料。

（6）鱼冻布　鱼冻布是我国古代用桑蚕丝与苎麻交织的织物，又名鱼涑绸。据明代屈大钧《广东新语》记载，这种交织物起始于广东东莞一带，当时从捕鱼的破旧渔网中拆取苎麻纱（渔网原用苎麻编织而成）与桑蚕丝交织。丝经麻纬，桑蚕丝柔软，苎麻坚韧，两者均有光泽，织成布后“色白如鱼冻，愈浣则愈白”。

（7）麻交布　麻交布泛指麻纱与其他纱线交织的布。现在专指苎麻精梳长纤维纺制的纱线（长麻纱线）与棉纱线交织的布。“麻交布”作夏令西服面料曾风行一时，目前已很少见。还有迄今为止最细薄的麻交布，它是用10tex纯苎麻纱与棉纱交织的，制成手帕，在国际市场上作为高档装饰用巾，但细特纯麻纱的生产难度较大。麻交布都为棉经麻纬交织而成，其织造工艺技术与纯棉布基本相同。

（8）麻棉混纺织品　麻棉混纺织物是以麻棉混纺纱为原料，经机织或针织制成的织物。麻棉混纺纱及其织物的外观与耐用情况均不如纯棉，这种织物含有麻纤维（主要是苎麻精梳落麻，一般含麻比例超过纯棉纤维）而成一定的“麻”风格，以中厚型机织物占多数。

2. 亚麻织物

（1）亚麻细布　亚麻细布一般泛指细特、中特亚麻纱织制的麻织物，是相对厚重的亚麻帆布而言的，包括纯麻织物、棉麻交织布、麻混纺布，见图9-28、图9-29。

图9-28　亚麻细布

图9-29　亚麻提花布（亚麻凉席）

亚麻交织布为亚麻纱线与其他纤维纱线交织的织物，常用以棉纱作经纱，亚麻纱作纬纱。产品仍能发挥亚麻的特点，且织造较纯亚麻方便，成本低，所以几乎每类产品中都有棉麻交织产品，其中棉约占40％、麻占60％，以便更好发挥出亚麻的特点。也有与化学纤维交捻成纱或化纤与亚麻纱交织的产品。

亚麻细布具有竹节纱形成的麻织物的特殊风格，具有吸湿散湿快、有柔和的光泽、不易吸附尘埃、易洗、易烫等特点。

亚麻细布包括服装用布、抽绣工艺用布、装饰用布（如亚麻窗帘、亚麻床单）、巾类用布等。这类织物可以是亚麻原色，也有半白原色、漂白、印花、染色布。织物多数由湿纺纱织制，少量可由干纺纱织制（如巾类织物），还可织造一些工业用布，如胶管衬布。

亚麻细布的紧度中等，一般坯布经、纬向的紧度均为50％左右，组织以平纹为主，部分外衣织可用变化组织，装饰品多用提花组织，巾类织物与装饰布大多用色织。

亚麻服装用布包括外衣用布和内衣用布两类。

内衣用布一般用40tex以下的细号纱织制，要求纱的条干均匀、麻粒少。常用平纹组织，经纬紧度均为50％左右。为增加紧度和改善尺寸稳定性，可用碱缩工艺成丝光。除用纯麻外，也可用棉麻交织，以改善触感（尤其是刺痒感）。

外衣用亚麻布有原色、半白、漂白、染色、印花等品种。织物组织从平纹组织发展到人字纹、隐条、隐格等。用纱较粗，通常在70tex以上，股线则用35tex×2以上。要求纱的条干均匀，麻粒子少。一般用长麻湿纺纱或精梳短麻湿纺纱织制。有些亚麻外衣的风格要求粗犷，则用200tex的短麻干纺纱织造，对条干要求则稍低。亚麻纱强度虽高，但伸长小，织造紧密织物有困难，故一般织物紧度在50%左右（经向或纬向），但在后工序可采用碱处理，使织物收缩，增加紧度。亚麻织物易皱、尺寸稳定性差，用碱处理和树脂整理或用涤纶混纺纱织制可改善这种性能。合成纤维（涤纶）混入量一般在20%～70%。

(2) 苎亚麻格呢　苎亚麻格呢是用苎麻与油用种亚麻混纺纱织成的织物。采用平纹变化组织，布面呈现隐隐约约的小格效应，较好地掩盖了苎亚麻混纺纱条干不匀的缺陷。织物光洁、平整、挺括而滑爽，保持了苎麻、亚麻的良好风格，具有一定的特色。如在后整理时印上深本色的格型图案，更增添了织物粗犷、豪放及较强的色织感。苎麻采用经脱胶后的精干麻，线密度在0.67tex以下，单纤维平均长度约80mm，强度为0.44N/tex。亚麻则是将打成麻再经过纺前脱胶，但仍呈纤维束状（不完全脱胶），其线密度在1.67～2tex，纤维束平均长度50～60mm，束纤维强度约0.17N/tex。苎亚麻混纺纱的混纺比为苎麻65%、亚麻35%，纱的线密度为31.3tex，再加捻成31.3tex×2股线进行整经、浆纱等常规工艺路线而织造。

(3) 亚麻帆布　包括亚麻苫布、帐篷布、亚麻油画布、地毯布、麻衬布、橡胶衬布和包装布，见图9-30。

图9-30　亚麻帆布

亚麻苫布、帐篷布均为较厚重的品种，具有透气性能好、撕裂强力高的特点，但稍笨重。一般为160～180tex干纺纱作经纱，300tex左右干纺短麻纱作纬纱，以双经单纱单纬的经重平组织织制，紧度是拒水苫布的关键，织物经向紧度约为110%，纬向紧度约为60%。亚麻苫布、帐篷布因在露天使用，所以需经防腐、防霉和拒水整理。作帐篷的还需经防火整理。

亚麻油画布采用120～200tex干纺纱，平纹组织，要求布面平整，只作干整理、剪毛与轻压光等。因其具有强度大、不变形、易上油色等特点，所以为油画布中最好的品种。

3. 其他麻织物

(1) 大麻织物　大麻织物是以大麻的韧皮纤维为原料加工制成的麻织物。目前大麻尚未成为我国纺织工业的主要纤维原料，在欧洲则为亚麻的代用品，以亚麻的工艺设备生产较粗的大麻纺织物。

大麻纺织物是用脱胶后的大麻精干麻切段后与棉混纺。一般纺55.6tex的大麻棉混纺纱、线，用以织制大麻棉混纺布或作为棒针纱线，织成各种款式的棒针衣衫，产品别具风格，热销国际市场。但是，大麻纤维的结构与苎麻不同，残胶较多，故大麻不宜混在苎麻内与其他纤维混纺。否则，在染整时易形成色花、横档等疵点。

用大麻制作的保健凉席具有良好的吸湿透气、抗菌防腐抗静电性能、无刺痒感、易洗快干易存放等特征，既实用又有装饰性，柔软舒适，耐磨透气，是当今崇尚的中高档的床上用品，见图 9-31。

图 9-31　大麻保健凉席

（2）剑麻织物　剑麻织物有剑麻布、剑麻地毯等，见图 9-32。

图 9-32　剑麻织物

剑麻布质地结实，耐摩擦，耐腐蚀，是制作抛光轮的好材料。

剑麻地毯采用优质剑麻纤维经梳理、纺纱和制造而成。具有透气易干、防虫蛀、耐酸碱、尺寸稳定、无静电、阻燃耐磨耐用等特点。有天然本色及各种艳丽色彩，有螺纹、鱼骨纹、平纹、巴拿马纹、多米诺纹等图案花纹，用作室内装饰材料。

（3）黄麻织物　黄麻织物为以半脱胶的熟黄麻及其代用品熟洋麻或熟苘麻纤维为原料制成的织物。黄麻织物能大量吸收水分且散发速度快，透气性良好，断裂强度高，主要用作麻袋、麻布等包装材料和地毯的底布。由于织物粗厚，用作麻袋等包装材料时在储运中耐摔掷、挤压、拖曳和冲击而不易破损，如搬运使用手钩时，当拔出手钩后，麻袋孔会自行闭塞，不致泄漏或洒散袋装物资。用黄麻麻袋盛装粮食等物，临时受潮能很快散发，对物资起保护作用。黄麻织物如长期受潮湿或经常洗涤，未脱尽的一部分胶质将分解殆尽，暴露出其长度仅 2～5mm 的单纤维性状，会全然失去其强度。所以黄麻织物不宜作经常洗涤的衣着用织物。

黄麻织物有黄麻麻袋布、黄麻麻布和地毯及地毯底布三大类。

**三、麻织物的洗涤方法**

1. 选用碱性洗涤剂

麻纤维的耐碱性比较好，使用含纤维素酶的碱性洗涤剂洗涤麻织物，可使其表面平整、光滑、柔软、保护织物自身的颜色，并起到去污增白的效果。

2. 洗涤液温度不能过高

麻织物的着色性差，洗涤温度过高容易引起织物掉色，使其失去原有的色泽。一般洗涤温度选择40℃为宜。

3. 揉搓、不绞拧

麻织物的抱合力较差，如果洗涤时所用力度过大，就会使面料的组织结构发生位移，使麻织物容易起毛。用洗衣机洗涤时，水量要大一些，要轻洗，甩干时间要短，从而可以减少麻织物与容器壁之间的摩擦，起到保护纤维的作用。在漂洗时要避免绞拧，否则容易引起织物组织发生滑移变形，影响其外观效果。洗涤时间不宜太长，以10～15min为宜。

## 第五节　常见丝织物的特点及应用

**知识与技能目标**

- 了解丝织物的种类；
- 掌握常见丝织物的特点和应用；
- 掌握常见丝织物洗涤方法。

丝织物是指以蚕丝（桑蚕、柞蚕和其他蚕丝）和化学纤维长丝（黏胶丝、涤纶丝、尼龙丝、铜氨丝、醋酸丝等）为纺织原料制织而成的织品。主要包括纯织和交织两大类。我国素有丝绸之国的美称，丝绸生产的历史悠久，品种繁多，既有几千年历史的优秀传统品种，也有随着新型纤维的出现、生产工艺的改革而创新的品种。

**一、丝织物的分类**

1. 按商业习惯分类

(1) 真丝绸类　以真丝为原料生产的绸缎，是用桑蚕丝加工成绸缎的统称。

(2) 绢丝绸类　用绢丝（用养蚕、制丝、丝织中产生的疵茧、废丝制成的丝线）为原料的织品，如绢丝纺。

(3) 柞丝绸类　以柞蚕丝为主要原料的织品，如柞丝纺、千山绸等。

(4) 人造丝绸类　采用再生纤维如黏胶长丝、醋酸丝、铜氨长丝为主要原料的各种丝织物，如美丽绸、人造丝古香缎、人造丝软缎等。

(5) 合纤绸类　采用涤纶、尼龙或其他合成长丝为主要原料的各种丝织物，如尼龙丝织物、涤纶双绉、涤纶乔其纱等。

(6) 交织物类　经纬采用不同原料的丝线交织而成的织物，如桑蚕丝与人造丝交织的织锦缎，尼龙与人造丝交织的尼龙软缎等。

(7) 被面类　专门用做被面的特制丝织物，有整幅被面，四周素边，按条出售；也有被面绸，其经向没有素边，出售时在连续的花纹图案上直接裁剪，如真丝被面、软缎被面等。

2. 按织物结构形态分类

(1) 绡类织物　采用平纹或假纱罗等组织，经、纬都加捻且捻度较大，但经纬密度小，整体质地，轻、薄、透孔。

(2) 纺类织物　应用平纹组织，经纬纱线无捻或弱捻，采用白织或半色织的工艺，外观平整，缜密。最常见的就是电力纺，现在发展为砂洗电力纺，有绒毛感。

(3) 绉类织物　组织点为平纹，但有时也很少有变化平纹，经纬都加强捻，外观呈现明显的绉效应，有弹性，爽滑，如双绉。

(4) 缎类织物　采用缎纹组织，外观平滑、光亮。

(5) 锦类织物　采用斜纹、缎纹组织，经纬是无捻或弱捻，绸面呈多彩绚丽的提花织物。

(6) 绫类织物　为采用斜纹组织或斜纹变化组织，是外观具有明显斜向纹路的素、花丝织物。一般采用单经单纬，且均不加捻或加弱捻，质地轻薄，亦有中型偏薄的。

(7) 绢类织物　真丝短纤绢丝织物，绢丝纺（真丝短纤）。

(8) 纱类织物　全部或部分采用纱组织，绸面呈现清晰纱孔的组织。很细密。

(9) 罗类织物　全部或部分采用罗组织，绸面呈现横条或条状。

(10) 绨类织物　平纹组织，各种长丝作经线，纬线为短纤、棉或蜡线、人造棉等，体现的质地为粗、厚。

(11) 葛类织物　平纹或斜纹的变化组织、急斜纹、缓斜纹。有比较明显的横棱纹织物。

(12) 绒类织物　绒类织物是采用经或纬起绒组织，表面全部或局部有明显绒毛或毛圈的丝织物。它们外观华丽，手感糯软，光泽美丽、耀眼，是丝绸中的高档产品。属于生织练熟织物，悬垂感很强。

(13) 呢类织物　采用绉组织、平纹、斜纹等组织，应用较粗的经纬丝线制织的质地丰厚似呢、表面粗犷而不光亮的丝织物，称为呢类丝织物。一般以长丝和短纤纱交织为主，也有采用加中捻度的桑蚕丝和粘胶丝交织而成。

(14) 绸类织物　是指采用桑蚕丝、人造丝、合纤丝等纯织或交织而成的无上述13类丝织物特征的各种花、素丝织物，都可归为绸类。

**二、丝织物的主要品种特点及应用**

1. 绸类织物

绸类织物是丝织物的一个大类，它所概括的范围较广，除纱罗组织和绒组织外，其他各种组织的丝织品如无其他特征均可列入此类。织物纹地采用平纹或各种变化组织，或同时混用几种基本组织和变化组织（纱、罗、绒组织除外）。绸类织物可采用桑蚕丝、黏胶丝、合纤丝纯织或交织。按织造工艺可分为生织（白织）、熟织（色织）两大类。绸类织物轻薄、厚重不同，轻薄型的质地柔软、富有弹性，常做衬衣、裙料。厚重型的质地平挺厚实，绸面层次丰富，宜做各种高级服装等面料，见图9-33。

(1) 双宫绸　双宫绸是用普通桑蚕丝做经，双宫桑蚕丝做纬的平纹丝织物。因纬粗经细，双宫丝丝条有不规则地分布着疙瘩状竹节，因此，织物别具风格。根据染整加工情况，可分成生织匹染和熟染两种。熟织中又有经纬互为对比色的闪色双宫绸和格子双宫绸等。双宫绸表面粗糙不平，质地紧密挺括，色光柔和。主要用作夏令男女衬衫、裙子和外套的面料等，见图9-34。

(2) 花线春　花线春俗称大绸（花大绸），为全桑蚕丝制品。可用厂丝、土丝或绢丝织造，属生丝绸，可染练成各种色泽。以平纹组织为地，起满地小提花，花纹多采用几何图案，正面花纹明亮，质地厚实柔软。

(3) 鸭江绸　鸭江绸是柞蚕丝绸织物中的一个大类品种。鸭江绸以普通柞蚕丝作经，以

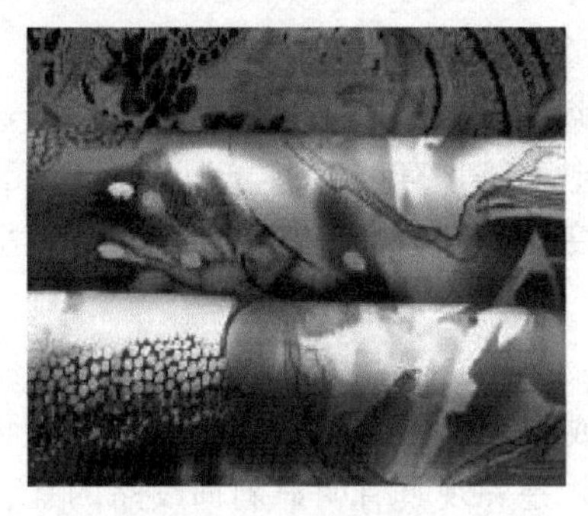
图 9-33 绸类织物

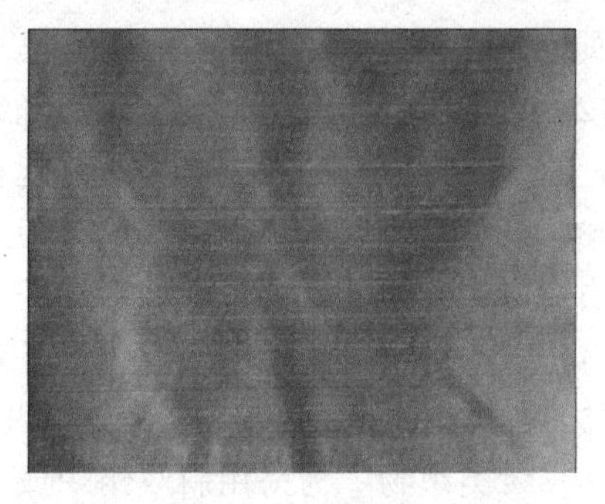
图 9-34 双宫绸

特种工艺丝（以手工纹制，丝条上形成粗细、形状不同的疙瘩）作纬，也可将两种丝间隔排列作经纬，或经纬均采用特种工艺丝。织物有平纹素色和提花两种。提花鸭江绸常用平纹双层表里换层组织交织，呈现双面浮雕效果。鸭江绸品种较多，有平素、条格、提花、独花等品种。织物质地厚实粗犷，绸面散布大小形状不一的粗节，风格别致，织物紧密，富有弹性，坚牢耐用。提花织物的花型大方，立体感强。主要用作男女西装、套装面料。提花品种常用作高档服装面料。

(4) 绵绸　绵绸又称疙瘩绸，是以桑蚕丝为原料的平纹织物。由于丝为绢纺产品，粗细不匀，使织物表面具有粗糙不平的独特外观。也有用䌷丝和棉纱交织的绵绸，织物经染色成杂色。绵绸质地坚韧，光泽柔和，富有弹性，悬垂性与透气性良好，手感厚实。主要用作衬衣、睡衣裤、练功服面料等。

2. 缎类织物

缎类织物的全部或大部分采用缎纹组织，经丝加弱捻，纬丝一般不加捻，用经面缎纹制织的称经面缎，用纬面缎纹组织制织的称纬面缎。缎类织物质地紧密柔软，绸面平滑，光泽富丽明亮，是具有悠久历史的丝织品。缎类织物可采用桑蚕丝、黏胶丝和其他化纤长丝制织。用作各种衣料、工艺品、装饰品、被面等。

(1) 软缎　软缎是桑蚕丝作经、黏胶丝作纬的经面缎纹生织绸，是缎类织品中最简单的一种。因两种纤维的染色性能有差异，匹染后经纬异色。软缎有素、花之分。素软缎采用八枚经面缎纹组织，花软缎则在八枚经面缎纹地上起纬花。花型图案以自然花卉为多。若经纬均用黏胶丝，则称人造丝软缎。软缎地纹平整光滑，质地柔软，缎面光泽明亮。主要用作妇女的服装面料及服装镶边、被面、婴儿斗篷、儿童服装和帽料等。

(2) 绣锦缎　绣锦缎是独花织锦旗袍面料，经线采用有捻桑蚕丝，纬线为有光黏胶丝，经线为一组，纬线为三组，在五枚经面缎纹地上起出纬花。全幅为自由花纹，根据旗袍要求在前片的胸部和前、后片下摆处织人花纹，其余均为缎地，所织人花纹如同绣花。此面料精细、夺目、新颖别致，具有中国民族特色和东方美的风格，见图 9-35。

图 9-35 绣锦缎

(3) 库缎　库缎又称贡缎，原为清代进贡入库供皇室选用的织品，故名库缎，是全真丝熟织的传统缎类丝织物。库缎织物的经、纬紧密度较大，成品质地紧密，挺括厚实，缎面平整光滑，富有弹性，色光柔和。主要用作少数民族的服装面料或服装镶边等。

（4）薄缎　薄缎是纯桑蚕丝白织薄型缎类丝织物。成品具有质地轻盈、柔软平滑、缎面光泽柔和悦目的特点，是缎类中最轻薄的品种，常作羊毛衫衬里或工艺装饰用品。

（5）涤美缎　涤美缎为涤纶仿真丝绸提花缎类丝织物，手感滑糯，富有弹性，具有免烫，洗即穿的优良特性。经丝采用半光弱捻涤纶丝，纬丝用异形截面的涤纶丝，在八枚缎组织地上起纬花，花纹光泽明亮、晶莹闪烁，宜作女用衣料。

3. 纺类织物

纺的主要特征是经纬丝均不加捻，应用平纹组织生织后再经练、染或印花等处理，构成绸面平整细洁、质地轻薄的花、素、条、格丝织物。纺类织物又称纺绸，可采用桑蚕丝、黏胶丝、合纤丝或用合纤丝作经，黏胶纱、绢纺纱作纬。纺类织物属中、低档丝绸，适用范围较广。

（1）电力纺　桑蚕丝生织纺类丝织物，因采用厂丝和电动丝织机取代土丝和木机制织而得名。电力纺品种较多，按织物每平方米质量不同，有重磅（40g/m$^2$ 以上）、中等、轻磅（20g/m$^2$ 以下）之分；按染整加工工艺的不同，有练白、增白、染色、印花之分；电力纺产品常接地名命名，如杭纺（产于杭州）、绍纺（产于绍兴）、湖纺（产于湖州）等。

电力纺织物质地紧密细洁，手感柔挺，光泽柔和，穿着滑爽舒适。重磅的主要用作夏令衬衫、裙子面料及儿童服装面料；中等的可用作服装里料；轻磅的可用作衬裙、头巾等。

（2）绢丝纺　又称绢纺，是用桑蚕绢丝织制的平纹纺类丝织物。其手感柔软，有温暖感，质地坚韧，富有弹性。主要用作内衣、衬衫、睡衣裤、练功服等。

（3）尼龙纺　又称尼丝纺，为尼龙长丝制织的纺类丝织物。织物平整细密，绸面光滑，手感柔软，轻薄而坚牢耐磨，色泽鲜艳，易洗快干。主要用作男女服装面料。涂层尼龙纺不透风、不透水，且具有防羽绒透出，用作滑雪衫、雨衣、睡袋、登山服的面料。

（4）富春纺　富春纺是黏胶丝（人造丝）与棉型黏胶短纤纱交织的纺类丝织物。这种织物绸面光洁，手感柔软滑爽，色泽鲜艳，光泽柔和，吸湿性好，穿着舒适。主要用作夏季衬衫、裙子面料或儿童服装，见图 9-36。

图 9-36　富春纺

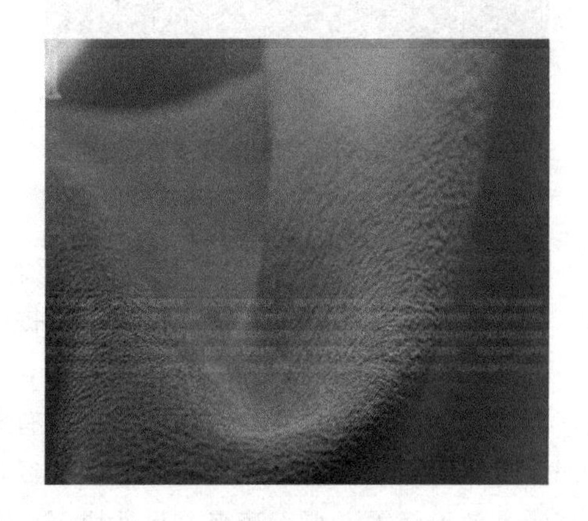

图 9-37　双绉织物

（5）涤丝纺　涤丝纺成品作运动服、滑雪衣、阳伞或装饰用面料等。

4. 绉类织物

绉类织物以平纹组织或绉组织作地，运用组织结构和各种工艺的作用（如经纬均加强捻，或经加强捻、纬加弱捻，或经不加捻、纬加强捻，以及利用张力大小不同，或原料强伸强缩的特性等）进行生织，织成后再经练、染、印等处理，使织物表面呈现皱纹效应。

（1）双绉　薄型绉类丝织物，以桑蚕丝为原料，经丝采用无捻单丝或弱捻丝，纬丝采用强捻丝。织造时纬线以两根左捻线和两根右捻线依次交替织入，织物组织为平纹，这种织物又称双纡绉。其织物表面起绉，有微凹凸和波曲状的鳞形绉纹，手感柔软滑爽，富有弹性，绸面轻薄，光泽柔和，抗皱性能好，穿着舒适凉爽。主要用作男女衬衫、绣衣、裙子等，见图 9-37。

（2）碧绉　经线无捻，纬线采用碧绉线。碧绉所用的纬丝是几根合并加 S 捻的丝再同一根丝合并加 Z 捻，使前者退捻而围绕于后者形成螺旋形绉线（称碧绉线）。碧绉织物绸面有细小皱纹，伴有粗斜纹状，质地紧密细致，手感柔软滑爽，皱纹自如，光泽柔和，弹性好，轻薄透气。主要用作夏令男女衬衫、妇女衣裙、中式衣衫等。

（3）乔其纱　又称乔其绉，强捻桑蚕丝经纬线白织的绉类丝织物。经线和纬线采用 S 和 Z 两种不同捻向的强捻，2 根相间排列，并配置稀松的经纬密度。坯绸经精练后，致使扭转的绉线扭力回复，形成绸面颗粒微凸，结构稀松的乔其绉。质地轻薄透明，手感柔爽富有弹性，外观清淡雅洁，具有良好的透气性和悬垂性，穿着飘逸舒适。适于制作妇女连衣裙、高级晚礼服、头巾、宫灯工艺品等。

（4）留香绉　留香绉是桑蚕丝、黏胶丝交织的提花绉类丝织物，绸面具有水浪形的绉地上呈现出两色花纹的特征，其质地柔软，富有弹性、花形饱满、光泽明亮，花纹雅致，色泽鲜艳。主要用作妇女春、秋冬季衣服面料、旗袍面料，见图 9-38。

图 9-38　留香绉

图 9-39　莨纱绸

5. 纱类织物

纱类织物是指应用纱罗组织在绸面布满整齐等距的绞纱孔眼的花素丝织物。根据提花与否，分为素纱和花纱。花纱指在地组织上提绞经花组织，或在绞经地组织上提平纹等花组织。

（1）莨纱绸　莨纱绸为广东丝绸特产，一百多年来闻名国内外。莨纱绸又名香云纱、黑胶绸，即莨纱、莨绸的合称。它是用一种特有天然植物薯莨的液汁对蚕桑丝织物涂层泡浸、经过淤泥涂封、太阳暴晒等特殊处理而成。现经过现代工艺砂洗软处理，手感舒爽，肌理独特，乌黑亮泽，冬天轻柔，夏天清爽，易洗快干，不沾皮肤，且穿、洗的越久，手感会越好，是一种目前很受欢迎的绿色环保面料。由于香云纱生产加工的特殊性，布面上面会有少量不规则斑点、花纹及白痕，乃属正常现象。表面漆状物耐磨性较差，揉搓后易脱落，洗涤时宜用清水浸泡洗涤。莨纱绸宜作东南亚亚热带地区的各种夏季便服、旗袍、香港衫、唐装等，见图 9-39。

（2）夏夜纱　夏夜纱是以桑蚕丝作经，黏胶丝、金银线作纬，平纹地组织、绞纱组织作花的色织提花纱组织织物。织物地部亮而平挺，花部暗而透孔，花地相映宛若夏夜繁星。织物质地平整挺爽，花纹纱孔清晰，地纹金银光闪烁，高贵华丽，宜作妇女高档衣料、装饰品等。

(3) 涤纶绸　使用涤纶纤维织成，表面光滑，抗皱性良好，绸面孔松透明，质地松薄柔软，宜作服装、窗帘、装饰绸等。

6. 罗类织物

罗类织物是指以罗组织构成等距或不等距的条状纱孔的花素织物。用合股丝以罗组织组成，质地较薄，手感滑爽。外观似平纹绸，具有经纬纱绞合而成的有规则的横向或纵向排孔，花纹美观雅致，兼又透气。提花者为花罗，不提花者为素罗。根据纱孔排列方向分为横罗、直罗。

(1) 杭罗　杭罗因产于浙江杭州，故名杭罗。杭州的杭罗因与江苏的云锦、苏缎并称为中国的“东南三宝”而驰名中外。杭罗织造技艺已于 2009 年 9 月 30 日经联合国教科文组织批准列入世界级非物质文化遗产名录。

杭罗为纯桑蚕丝白织罗织物，纯桑蚕丝以平纹和纱罗组织联合构成，绸面具等距规律的直条纹或横条纹菱形纱孔，孔眼清晰，质地刚柔滑爽，穿着舒适凉快透气，耐穿，耐洗。十分适合闷热多蚊虫天气，既挺刮、透气，又可防止蚊虫叮咬，这也是杭罗在古代作为宫廷御用衬衣面料的原因。宜作夏令男女衬衫、深色宜作夏季裤料。

(2) 帘锦罗　帘锦罗是桑蚕丝色织的提花罗类丝织物，地部采用平纹组织，每隔 50 经配有直罗一条，在有规律的直条罗纹中缀织经花和少量陪衬纬花。帘锦罗表面具有直条形罗纹孔眼，质地轻薄挺括，悬垂性好，主要作夏季服装或窗帘装饰等。

7. 绫类织物

绫类织物是以斜纹或变化斜纹组织为地，织物表面有明显斜纹纹路或由不同斜向纹路构成各种几何型花纹的花素丝织物。素绫由斜纹或变化斜纹构成；花绫则在斜纹地上起斜纹暗花，花纹常为传统的吉祥动物、文字、环花等。

(1) 桑丝绫　又称真丝斜纹绸，是纯桑蚕丝白织丝织物。采用 2/2 斜纹组织织制。根据织物每平方米质量，分为薄型和中型。根据后加工不同，分为染色、印花两种。真丝绫质地柔软光滑，光泽柔和，手感轻盈，花色丰富多彩，穿着凉爽舒适。主要用作夏令衬衫、睡衣、连衣裙面料以及头巾等。

(2) 美丽绸　又称美丽绫，是纯黏胶丝平经平纬丝织物。采用 3/1 斜纹组织或山形斜纹组织制织。织坯经练染。织物纹路细密清晰，手感平挺光滑，色泽鲜艳光亮。是一种高级的服装里子绸，美丽绸缩水率大。

(3) 羽纱　又称棉纬绫。以人造丝为经，棉纱为纬交织而成的斜纹织物。一般染成素色，织物纹路清晰，手感柔软，富有光泽，也用作服装里子。羽纱缩水率大。

(4) 桑䌷绫　桑䌷绫是纯桑䌷丝白织平素绫类丝织物，以四枚斜纹组织制织，由于䌷丝纱表面具有不规则的绵粒，绸面满布细小疙瘩，质地丰厚坚牢，光泽柔和，斜纹纹路隐约可见，宜作各种服装或装饰用料。

(5) 尼丝绫　尼丝线是纯尼龙丝白织平素绫类丝织物，采用 1/2 斜纹组织。其绸面织纹清晰，质地柔软光滑，拒水性能好，经防水处理常用作滑雪衣、雨衣、雨具面料等。

8. 绢类织物

绢类织物采用平纹或重平纹组织织的色织或半色织花素丝织物，常采用桑蚕丝、黏胶丝纯织，或桑蚕丝同黏胶丝或其他化纤长丝交织。绢类织物绸面细密、平整、质地轻薄，布身挺括。经纬丝不加捻或加弱捻。

(1) 塔夫绸　英文 taffeta 的译音，含有平纹织物之意，又称塔夫绢。用优质桑蚕丝经过脱胶的熟丝以平纹组织织成的绢类丝织物，经纱采用复捻熟丝，纬丝采用并合单捻熟丝。塔夫绸紧密细洁，绸面平挺，光滑细致，手感硬挺，色泽鲜明，色光柔和明亮，不易沾灰。主要用作妇女春、秋服装，节日礼服，羽绒服面料等，见图 9-40。

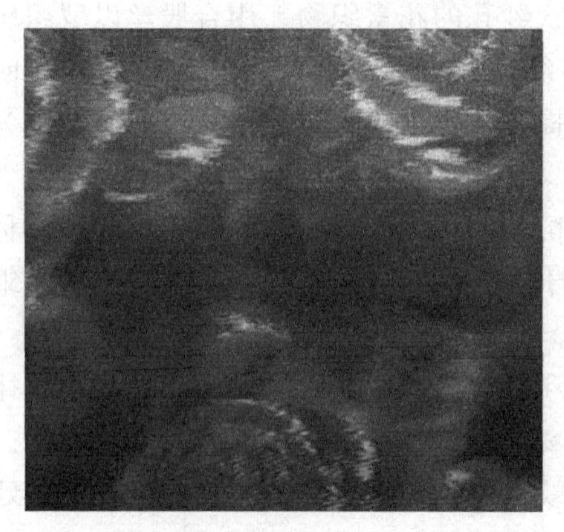

图 9-40　塔夫绸

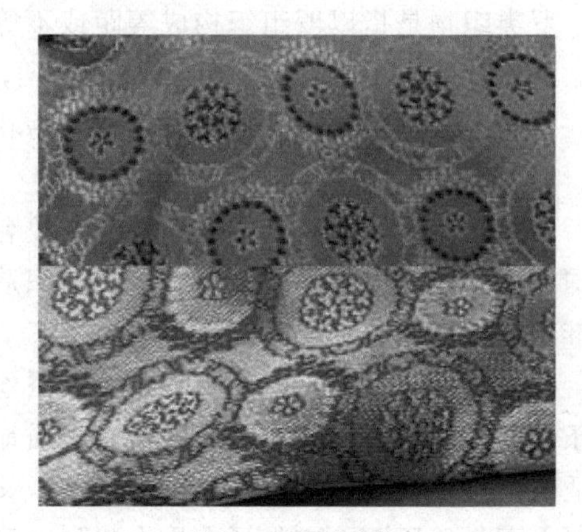

图 9-41　天香绢

(2) 天香绢　天香绢又称双纬花绸，是一种桑蚕丝与黏胶丝交织的半色织提花丝织物。经丝为桑蚕丝，纬丝一种为染色黏胶丝，另一种为本色黏胶丝。地部为平纹组织，花部为缎纹组织。常以中型写实或变形花卉为提花纹样。绸面有闪光明亮的缎花。织后再经精练、套染。绸面细洁雅致，织纹层次较丰富，质地紧密，轻薄柔软。主要用作春、秋、冬季妇女服装，婴儿斗篷面料等，见图 9-41。

(3) 桑格绢　桑格绢是纯桑蚕丝色织绢类丝织物，经纬均采用 A 级桑蚕线，经线用两色以上条子排列，纬线用两色按格形排列。采用平纹组织制织质地细洁精致，爽滑平挺，格形图案美观大方，是一种高级熟丝织物，常用作外衣、礼服或毛毯镶嵌滚边等。

(4) 画绢　画绢是用未脱胶的桑蚕丝制织的不需精练的绢类丝织物，其结构紧密，表面平洁，专为书画、裱糊扇面、扎刷彩灯等用，在古代常用作抄诗写赋、记载文献经文等。

9. 呢类织物

呢类织物是以绉组织、平纹组织、浮点较小的斜纹组织或其他混合组织作地，采用较粗的有捻或无捻经纬丝制织的花素丝织品，呢类织物质地丰满、布面无光泽。

(1) 博士呢　素博士呢织纹精致，光泽柔和，富有弹性。提花博士呢地部光泽柔和，织纹雅致，花部缎面光亮，图案古朴端庄，手感爽挺、弹性好，是优秀传统品种之一。多用作春秋服装和棉袄面料。

(2) 大伟呢　大伟呢是桑蚕丝平经、绉纬白织小提花呢类丝织物，是中国传统品种之一。采用变化斜纹组织制织、织物经精练、染色后，形成光泽柔和、隐约可见且具有雕刻效果的绉地暗花。大伟呢花纹素静，光泽柔和，质地紧密，手感厚实柔软，有毛料感，坚实耐用。主要用作秋、冬季男女夹衣、棉衣面料等。

(3) 丝毛呢　柞蚕丝、羊毛混纺纱制织的呢类织物，混纺比一般为 S/W 55/45 以 2/2 方平组织制织，织物质地厚实而富有弹性，有较强的毛型感。宜做西服面料或套装，见图 9-42。

10. 绒类织物

绒类丝织物采用起绒组织，表面呈现耸立或平排的紧密绒毛，是一种高级丝织物。丝绒织物品种繁多，按织造方式分有采用双层组织，织成后分割为上下两层丝绒的双层起绒织物；将织物表面的绒经或绒纬浮长线割断而形成的通绒；用起毛杆使绒经形成毛圈或绒毛的杆起绒等。

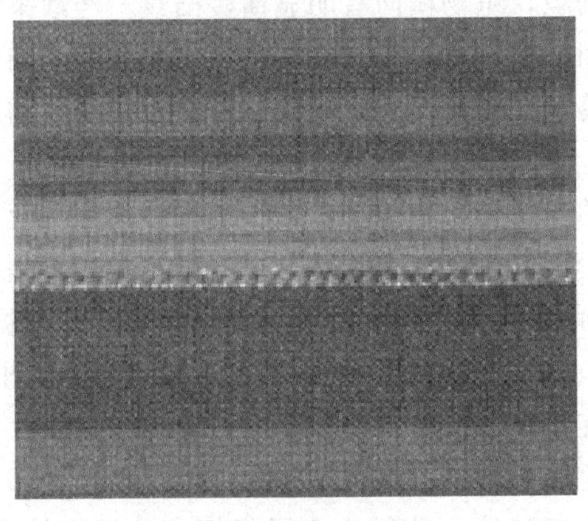

图 9-42　丝毛呢

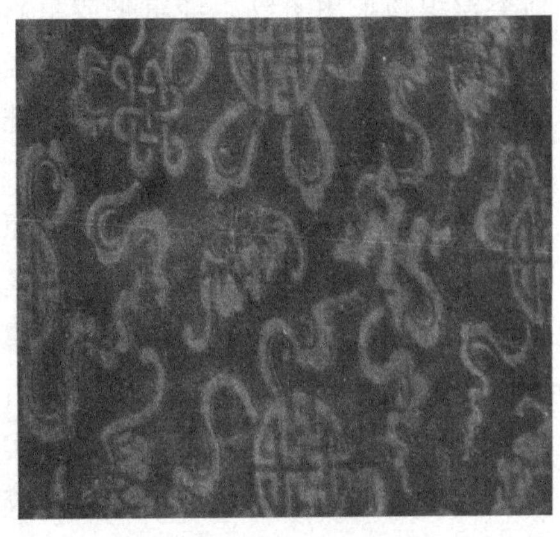

图 9-43　漳绒

(1) 漳绒（天鹅绒）　漳绒是中国传统丝织物之一，是采用杆起绒织造法织制，织物表面有绒圈或绒毛的单层经起绒丝织物。所用原料为纯桑蚕丝，或以桑蚕丝、棉纱作地经、地纬，桑蚕丝作绒经。织造中每织入四纬或三纬织入一根起绒杆，有绒杆处绒经绕于绒杆而高出地组织，若织后绒杆全部抽出，则有绒杆处便形成绒圈，成为素漳绒；若先在绒杆处按设计的花纹图案进行绘印，然后将花纹部分绒圈割开成绒毛，再抽出绒杆，便形成绒毛或绒圈浓密耸立，光泽柔和，质地坚牢，色光文雅，手感厚实。主要用作妇女高级服装、帽子的面料等，见图 9-43。

(2) 乔其绒　乔其绒为桑蚕丝与黏纤丝的交织品。它为双层分割法起绒织物，采用强捻真丝作地经、地纬，黏纤丝作绒经起绒，织成织物后经割绒机剖割成为两块起绒毛的织物，最后经练熟成为成品（见图 9-44）。因其地布与乔其纱相似，故得名。

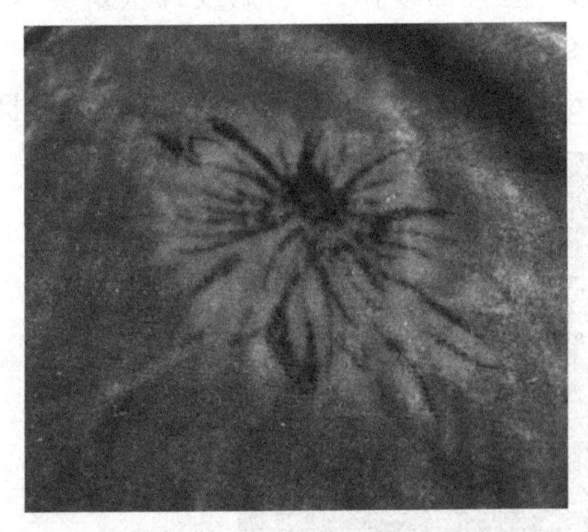

图 9-44　乔其绒

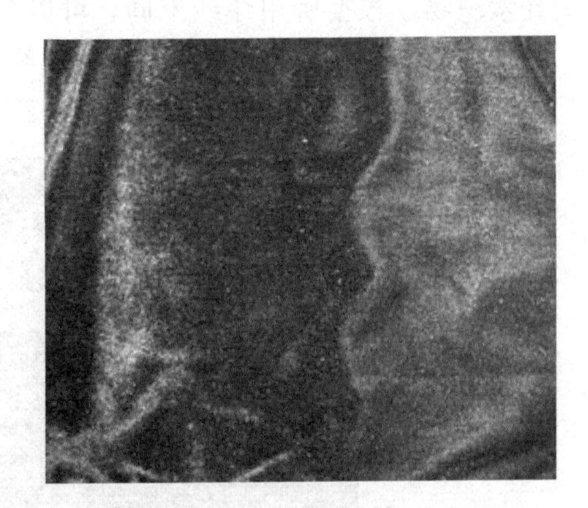

图 9-45　金丝绒

乔其绒正面绒毛丛密，短且平整，竖立不倒。面料质地柔软，光泽和顺，富丽堂皇，手感滑糯，富有弹性。主要作妇女晚礼服、长裙、围巾等服饰面料。

(3) 金丝绒　金丝绒与乔其绒类似，也是双层起绒组织（图 9-45）。地经采用桑蚕丝，绒经采用有光黏纤丝；纬丝采用桑蚕丝，也有用黏纤丝的。织成织物后需经割绒工序。金丝绒的绒毛浓密且长度较长，因此绒毛有顺向倾斜，不如乔其立绒那么平整，面料质地滑糯、柔软而富有弹性，色光柔和，绒毛浓密耸立略显倾伏。主要作妇女衣、裙及服饰镶边等。

11. 葛类织物

葛类丝织物采用平纹、经重平或急斜纹组织制织，织物横向有明显横棱凸纹。经纱采用黏胶丝，纬纱采用棉纱或混纺纱；也有经纬均采用桑蚕丝或黏胶丝的。葛类织物一般经细纬粗，经密纬稀，质地较厚实。葛有不起花的素织葛和提花葛两类。提花葛是在有横菱纹的地组织上起经缎花，花形突出别具风格。

(1) 文尚葛　文尚葛是经纬用两种原料交织的丝织物。经用真丝、纬用棉纱的为真丝文尚葛；经用黏纤丝、纬用棉纱的为黏纤丝文尚葛。素文尚葛在多臂机上织造。花文尚葛是在横菱纹地组织上提经花，需在提花机上织制。文尚葛重为 230～239$g/m^2$，属厚型丝织物。织物正面形成明显的横向菱纹，反面则由浮长较长的经丝组成光滑的背面，花纹明亮突出，质地精致紧密且较厚实，色泽柔和，结实耐用，宜作春、秋、冬季服装面料等。

(2) 金星葛　金星葛是桑蚕丝和黏胶丝金银丝交织的填芯双层高花葛类丝织物。地部里层为平纹，表层为变化组织，地部外观具有粗犷的横棱纹，花部为双层袋织填芯组织结构。织物表面形成立体感较强的高花效果。织物质地坚牢，花地凹凸分明，金银丝闪烁炫目，是一种高级装饰沙发面料。

(3) 素毛葛　采用黏胶与人造毛纱或棉纱交织的平纹类葛类织物。其经纬密相差很大，经密约为纬密的 4 倍，故绸面横凸纹明显，质地厚实，光泽柔和，类似于文尚葛。常用作春秋装或棉袄面料。

(4) 明华葛　采用纯黏胶丝织成的经细纬粗、经密纬疏、平地经起花葛类织物。其绸面具有明显横凸纹效应，且呈现隐约花明地暗的效果，质地较柔软。主要用作春秋服装或冬季棉袄面料。

12. 绨类织物

绨类丝织物是采用有光黏胶丝作经纱，棉纱（棉线、蜡线）作纬纱，以平纹组织作地组织的花素织物。根据所用纬纱不同，可以分为线绨（丝光棉纱作纬）、蜡线绨（蜡线作纬）等。根据提花与否，又分为素线绨和花线绨，见图 9-46。

(1) 花线绨　纬丝采用丝光棉线的白织小提花绨类丝织物称为线绨，花线绨在提花机或

图 9-46　线绨

多臂机上织出花纹，大花纹的线绨多用作被面；小花纹线绨一般用作衣料，织物平整紧密，花点清晰，色泽匀净，主要用作夹衣袄料等。

（2）蜡线绨　纬丝采用上蜡棉纱的称为蜡纱绨。绸面光洁，手感滑爽。多用作秋、冬季服装或被面、装饰绸等。

（3）素绨　采用铜氨丝作经，蜡光棉纱作纬交织成平素绨类织物，其经密约为纬密的两倍，平纹组织制造。具有质地粗厚缜密、丝纹简洁清晰、光泽柔和的特点，常以元色、藏青、酱红、咖啡为多，是制作男女棉袄的适宜面料。

13. 绡类织物

绡类织物一般采用平纹或变化平纹组织制织轻薄透明、有清晰孔眼的丝织物。绡类织物按加工方法不同，可分为平素绡、条格绡、提花绡、烂花绡和修花绡等。

（1）真丝绡（素绡）　是以桑蚕丝为经纬的绡，经、纬丝均加一定捻度，以平纹组织织制，经、纬密均较稀疏，织物轻薄。织坯经半精练（仅脱去部分丝胶）后再染成杂色或印花，也有色织的。织物刚柔糯爽，手感平挺略带硬性。主要用作妇女晚礼服、婚纱、戏装等，见图 9-47。

（2）尼巾绡（锦丝绡）　尼龙单丝作经纬纱的平纹组织白织绡类丝织物，坯绸经印染成各种鲜艳的色泽，织物轻薄透明，孔眼方正，晶莹闪亮，质地平挺细洁，手感柔软有弹性。主要用作妇女头巾、围巾、婚纱等。

图 9-47　真丝绡

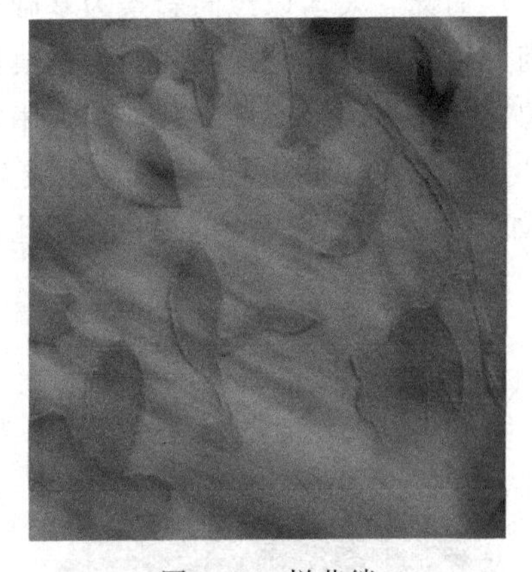

图 9-48　烂花绡

（3）烂花绡　地经与纬纱均为尼龙单丝，花经为有光黏胶长丝，采用平纹地五枚经缎花组织。由于尼龙丝和黏胶丝具有不同的耐酸性能，经烂花后，花、地分明，织物花地分明，地部轻薄透明爽挺，花纹光泽明亮。宜作窗纱、披纱、裙料等，见图 9-48。

（4）条花绡　在平纹地组织上织上条带状小花形经缎花，织物质地平挺，孔眼清晰，条子图案大方，光泽鲜艳。宜作妇女衣裙料。

14. 锦类织物

锦类织物是中国传统的高级多彩熟织提花丝织物。经纬无捻或加弱捻，采用斜纹、缎纹为基础，重经组织经丝起经花称经锦，重纬组织纬丝起纬花称纬锦，双层组织起花称双层锦。锦类织物常采用精练、染色的桑蚕丝为主要原料，也常与彩色黏胶丝、金银丝交织。锦类织物质地较丰满厚实，外观五彩缤纷，富丽堂皇，花纹精致古朴。宋锦、蜀锦、云锦、壮锦被称为中国四大名锦。

（1）宋锦　是中国传统丝织物之一，产地在苏州。织造上一般采用“三枚斜纹组织”，两经三纬，经线用底经和面经，底经为有色熟丝，作地纹；面经用本色生丝，作纬线的结接经，染色需用纯天然的天然染料，先将丝根据花纹图案的需要染好颜色才能进入织造工序。染料挑选极为严格，大多是植物染料，也有部分矿物染料，全部采用手工染色而成。织物结构精细，古色古香，淳朴雅典，华丽端庄，光泽柔和，绸面平挺，富有民族特色，图案精致，被赋予中国“锦绣之冠”，见图 9-49。

图 9-49　宋锦

图 9-50　蜀锦

（2）蜀锦　大多以经向彩条为基础起彩，并彩条添花，其图案繁华、织纹精细，质地坚韧丰满，织纹细腻，光泽柔和，配色典雅，独具一格，是一种具有民族特色和地方风格的多彩织锦，常作为高级服饰和其他装饰用料，见图 9-50。

（3）云锦　喜用金线、银线、铜线及长丝、绢丝，各种鸟兽羽毛等用来织造云锦（图 9-51）。如在皇家云锦绣品上的绿色是用孔雀羽毛织就的。每个云锦的纹样都有其特定的含义。

图 9-51　云锦小唐包

图 9-52　壮锦

（4）壮锦　是广西壮族自治区的民族传统织锦工艺品。以棉、麻线作地经、地纬平纹交织，用粗而无捻的真丝作彩纬织入起花，在织物正反面形成对称花纹，并将地组织完全覆盖，增加织物厚度。其色彩对比强烈，纹样多为菱形几何图案，结构严谨而富于变化，具有浓艳粗犷的艺术风格，见图 9-52。

（5）织锦缎　其纹样多采用梅、兰、竹、菊、八仙、福、禄、寿、禽鸟动物和波斯纹样。造型古朴端庄而又不失活泼，质地丰满，绸面光洁精致、富丽豪华。常用作棉袄、旗袍以及各种服饰面料等，见图9-53。

图9-53　织锦缎

### 三、丝织物的洗涤保养方法

（1）真丝或人造丝织物可以洗涤。有些丝织物品种不宜水洗，如花软缎、织锦缎、古香缎等花织熟货绸缎；有些品种只宜干洗，如立绒、漳绒、花漳缎、乔其绒等。

（2）洗涤丝织物最好选择中性洗涤剂，不可用洗衣粉和碱性洗涤剂，中性洗涤剂不会伤害真丝纤维。同色泽的衣物可以在一起洗，如果色泽不一样一定要分开洗涤，因为真丝织物容易退色，如果搭色很难去掉。

（3）丝织物的颜色多数是用酸性染料染成的，色牢度不高，因此洗涤液的温度不宜高，30℃以下最好，否则会促使丝织物严重退色，而且丝织物原有的天然光泽也会受影响。

（4）丝织物质地细薄，洗涤时稍不注意就会出现翻丝、并丝、花色、色绺等问题，在洗涤时要注意做到“四保护”，即保护质料，保护纹路，保护天然光泽，保护鲜艳颜色。具体操作时，应该是洗一件泡一件，放入优质中性洗涤剂水溶液中，用手工轻轻揉搓。重点部位可铺在洗衣板上用软棕刷轻轻刷洗，一定要做到“三平一均”，即洗衣板要放平，衣服要铺平，刷子要走平，用力要均匀。而且要顺着纹路轻刷，不能横刷，也不能逆刷。

（5）丝织物手洗较好，若使用机洗，应采用弱洗，或减慢搅拌速度，缩短时间。

（6）丝织物洗完后需用清水冲洗，去净洗涤液，否则会影响原有的丝绸光泽。出水时不能用力拧绞，不宜在日光下暴晒，宜在通风荫凉处晾干。晾干后用蒸气熨斗熨烫，熨烫时垫白布，避免极光。如果污渍较多，不易水洗的真丝衣物最好到专业干洗店去洗。

（7）收藏前应洗净、熨烫、晾干，最好叠放，用布包好；不宜放置樟脑丸，否则白色衣物会泛黄；忌与粗糙或酸、碱物质接触。

## 第六节　常见呢绒织物的特点及应用

**知识与技能目标**

- 了解呢绒织物的种类；
- 掌握常见呢绒织物的特点和应用；
- 掌握常见呢绒织物洗涤方法。

以羊毛或特种动物毛为原料，以及羊毛与其他纤维混纺交织的制品，统称为毛织物，又称呢绒，其中主要是羊毛织物。从广义角度讲，毛织物也包括纯化纤仿毛型织物。毛织物的原料有：绵羊毛、山羊绒、兔毛、马海毛、骆驼毛、骆驼绒、牦牛绒、牦牛毛、人造毛、合成羊毛。

**一、呢绒织物的分类**

（1）按纺纱工艺分　可分为精纺呢绒和粗纺呢绒。

精纺呢绒用精梳毛纱织制，所用原料纤维较长而细，梳理平直，纤维在纱线中排列整齐，纱线结构紧密，多数产品表面光洁，织纹清晰。粗纺呢绒用粗梳毛纱织制，因纤维经梳毛机后直接纺纱，纱线中纤维排列不整齐，结构蓬松，外观多茸毛，多数产品经过缩呢，表面覆盖绒毛，织纹较模糊，或者不显露。

（2）按织物原料分　可分为全毛织物、混纺毛织物、纯化纤仿毛织物、交织毛织物。

（3）按染整加工分类　可分为匹染产品、匹套染产品、条染产品。

（4）按加工色泽分类　可分为单色织物、混色织物、印花织物。

（5）按织物用途分类　可分为服用织物、装饰织物、工业用织物。

（6）按织物组织分类　可分为简单组织、复杂组织、大提花组织。

**二、呢绒织物的特点**

呢绒织物是众所周知的高档服装面料，具有如下特点。

（1）呢绒面料的成分多为羊毛纤维，因此吸湿性很好，染色性能优良，色牢度好，色泽多以深色居多。

（2）呢绒织物弹性大，导热性小，保温性能很好，与羊毛纤维具有天然卷曲、蓬松含气量大也有一定关系。

（3）呢绒织物耐酸不耐碱，羊毛属蛋白质纤维，因此对酸较稳定，一般稀酸对其不起破坏作用，在有机酸中也不会造成不良影响，但对碱较敏感，在5%苛性纳溶液中煮几分钟就可使之溶解，可利用这一点进行毛织品的鉴别。

（4）呢绒织物不耐高温，在100～105℃温度下长时间放置会使纤维受到破坏，颜色变黄，甚至强力下降。

（5）呢绒织物的燃烧性能同丝织物，具有烧毛臭味，且燃烧后的灰烬为疏松的黑色小球，可压成粉末。

（6）呢绒织物的耐光性较差，紫外线对羊毛有破坏作用，故不宜暴晒。

（7）呢绒织物具有缩绒性，也就是毛纤维在湿热条件下，经机械外力的反复作用，纤维集合体逐渐收缩紧密，并相互穿插纠缠，交编毡化，这一性能称为毛纤维的缩绒性。通过缩绒处理，可使羊毛织物紧密，绒面丰满，增加耐用性和保暖性，但缩绒性的存在，也影响织物使用时的尺寸稳定性，所以有些产品需进行防缩处理。

（8）呢绒织物的防虫蛀性差，易被蛀虫蛀食，强力下降，甚至在呢面形成破洞。

**三、呢绒织物主要品种的特点及应用**

1. 精梳呢绒

（1）凡立丁　凡立丁是素色夏令品种，平纹组织，按原料有全毛和混纺之分，混纺有毛黏混纺和毛涤混纺等。其匹染产品颜色鲜艳、漂亮，以浅米、浅灰色为多。其条染产品分素色、条子、格子、隐条、隐格等。呢面织纹清晰，光洁平整，经直纬平，手感柔软而有弹性，滑爽不糙而有身骨，不板不烂，透气性好，光泽自然柔和，呢面光泽柔和。一般采用优质原料，经纬多用双股线，纱支细、捻度大，常见质量170～200g/m²，经纬密之比为0.88～0.9。

（2）派力司　派力司是夏令衣着用料。精纺毛织物中最轻薄的品种之一，条染混色双经单纬的薄型平纹织物，从原料上有纯毛派力司、毛涤派力司、纯化纤派力司。派力司的呢面光洁平整，不起毛，织纹清晰，经直纬平，手感滋润、滑爽，不糙不硬，柔软有弹性，有身骨。一般经纱为14.3×2～16.7×2tex，纬纱为20～25tex，纬经密度比为0.8～0.82，常见质量140～160g/m²。

（3）哔叽　哔叽是精纺产品基本品种，通常采用2/2斜纹组织（也有采用2/1斜纹，称为单面哔叽）。斜纹角度在45°～50°，斜纹纹道的距离宽，正、反面纹路相似。按原料分有全毛哔叽、毛混纺哔叽、纯毛型化纤哔叽3类。其中，毛混纺以毛涤、毛黏居多；毛型化纤以毛型涤纶、黏纤等为多。光面哔叽产品呢面光洁、平整，纹路清晰，不起毛。纱线线密度：16.7×2～33.2×2tex，质量190～390g/m²，纬经密度比为0.84～0.9，见图9-54。

（4）啥味呢　混色斜纹织物，常用2/2斜纹组织，织物紧密适中，与哔叽相似。织物质量为220～320g/m²，一般经缩绒整理，呢面有短而均匀的绒毛，织纹隐约可见，色泽以银灰到黑灰的各档混色灰为主，也有其他时尚漂亮色。啥味呢是条染产品，若混用一定比例的印花毛条，则混色效果更为和谐匀净。适用于裤料和春秋季休闲装，见图9-55。

图9-54　哔叽

图9-55　啥味呢

（5）华达呢　该织物为有一定防水性的紧密斜纹织物，也称轧别丁。织物表面呈现陡急的斜纹条，角度约63°，属右斜纹，常用2/2斜纹组织，重270～320g/m²。质地轻薄的用2/1斜纹组织，称单面华达呢，重220～290g/m²。质地厚重的用缎背组织，称缎背华达呢，重330～380g/m²。华达呢呢面平整光洁，织纹纹路清晰，细致饱满，手感挺括结实，色泽多为素色，也有闪色和夹花等。华达呢的经密约为纬密的2倍，经向强力较高，坚牢耐用，但穿着后长期受摩擦的部位因纹路被压平，容易形成极光，适用于风雨衣、制服、便装等，见图9-56。

图9-56　华达呢

（6）花呢　花呢是呢绒产品中变化最多的品种，一般为条染产品。常利用不同线密度、不同捻度、不同捻向的纱线，用不同颜色的毛纱、混色毛纱、异色合股花线、花式纱线以及变化经纱的穿筘密度，不同的经纬密度比采用各种不同的嵌条等，再配上变化的花纹组织，织成多种多样的花色品种。

花呢的呢面和手感风格分两类：一类呢面光洁，采用光洁整理，织纹清晰，光泽滋润，手感偏于紧密挺括；另一类呢面有绒毛，采用缩绒整理，织纹随缩绒程度的轻重而渐趋隐蔽，光泽柔和，手感偏于丰满柔糯。

花呢的主要品种有粗支平纹花呢、海力蒙、板司呢、单面花呢、凉爽呢、条花呢、格子花呢等，适用于制作西装、便装、西裤等。

① 单面花呢　单面花呢为双层平纹组织的中厚花呢，俗称牙签条花呢。经纱有两个系统，一作表经，一作里经，纬纱则上下换层，在换层处构成纤细的沟纹。用纱较细，重260～310g/m$^2$。单面花呢系双层织物，正反面都呈平纹，呢面花型以条子为主，有立体感，外观细洁、手感厚实，别具特色。适用于套装、上衣等。

② 板司呢　板司呢为方平组织的花式织物，常用2/2方平组织，重270～320g/m$^2$。通常是条染色织的，并利用色纱与组织的配合构作花样。常见的有深浅对比满天星的“针点格”，梯子形曲折的“阶梯花”，4个小花型联成的大方格（格林格）等。板司呢呢面平整，手感丰厚，柔糯、有弹性，花样细巧。适用于西装套、西裤等，见图9-57。

图9-57　板司呢

图9-58　海力蒙

③ 海力蒙　海力蒙为破斜纹组织的花式织物，常用2/2斜纹作基础组织，相邻两条斜纹的宽狭相同，斜向相反，在斜纹换向处相“切破”，恰如鲱鱼骨，重250～290g/m$^2$。以色织为主，多用浅色经深色纬，使织纹更显清晰。海力蒙是传统的花呢，花样细洁，稳重大方。适用于西装套、西裤等，见图9-58。

④ 凉爽呢　凉爽呢为羊毛与涤纶混纺的薄花呢，又名的确良。以平纹组织为主，常用混合比例为：涤纶55%，羊毛45%，重120～190g/m$^2$。

凉爽呢轻薄、透凉、滑爽、挺括、弹性良好，褶裥持久，易洗快干，尺寸稳定，且有一定的免烫性，穿着舒适，坚牢耐用。适用于春夏季男女套装、裤料、衬衫等。

（7）女衣呢　精纺女装用料统称女衣呢，其一般特征是质量轻，结构松，手感柔软，色彩艳丽，立体感较好，并且在原料、纱线、织物组织、染整工艺等方面，充分运用各种变化组合技法，具有引人入胜的装饰美感。

女衣呢所用原料范围较广，成品有时含有多种纤维，并无统一规定，成品重以180～200g/m$^2$较多见。

女衣呢的呢面风格有光洁平整的，也有绒面的、透孔的、凹凸的、起皱的、带枪毛的等多种变化。传统的品种有彩色女衣呢、彩条女衣呢、彩格女衣呢、小提花女衣呢、大提花女衣呢、绉纹女衣呢、印花女衣呢、仿麻女衣呢、珠圈女衣呢、双面女衣呢、麦司林、巴厘纱、乔其纱、雪丽纱、泡泡纱等。适用于女装衫裙以及上衣、外衣等。

（8）贡呢　贡呢为紧密细洁的缎纹中厚型毛织物。采用缎纹组织、缎纹变化组织或急斜纹组织，其中以五枚加强缎纹为主。贡呢呢面平整，手感挺括、滑糯，织物紧密，光泽自然、明亮。呢面纹路倾斜角在63°～75°的称直贡呢，斜纹角度在14°左右的称横贡呢。一般以直贡呢为多，颜色多为深色，以黑色为主，又称礼服呢。织物用纱多为14.3×2～20×2tex，纬纱为单纱时，宜用25～33.3tex，其成品密度分别为300～700根/10cm，适宜作西服和大衣面料。

（9）马裤呢　厚型急斜纹织物，采用变化急斜纹组织，经密比纬密高1倍以上，经纱的浮线较长，经过光洁整理，织物表面呈现粗壮突出斜条纹，凸纹斜度在63°。呢面光洁，手感厚实，坚牢耐磨。色泽以黑灰、深咖、暗绿等素色或混色为多，也有闪色、夹丝等。适用于大衣、制服、猎装裤料等。

（10）巧克丁　织物外观呈现针织物那样的明显罗纹条，每两根细斜纹条组成一组，同一组内的两根由经浮点构成的斜凸条距离近，条与条之间沟纹浅，组与组之间由纬浮点构成的凹槽距离宽，沟纹明显，恰好两根一组的罗纹，斜纹角度在63°左右。用纱较细，经纱常用股线，纬纱常用单纱，重270～320g/m²。结构细洁紧密，呢面光洁平整，条纹清晰，以匹染素色为主。适用于男女便装、制服、风衣、西裤等。

（11）弹力呢绒　弹力织物为有一定弹性的面料，它能适应人的活动，穿着轻快、舒适，活动自如。大多精纺呢绒都能做成弹力产品，有轻薄的和厚重的，有纯毛的和混纺的，有经向带弹力的和纬向带弹力的。弹力织物有两种加工方法，通常的方法是使用氨纶包芯纱，在织造和整理过程中要控制纱线和织物的伸长，一般弹力伸长在10%～15%，弹力持久，多次洗涤后弹力不变，织物中氨纶含量在2%左右。另一种加工方法是采用特种整理，利用羊毛的定形特性，在松弛状态下定形，使织物中纱线的屈曲度增大而具有弹力，但此法只限于部分品种。

2. 粗纺呢绒

（1）麦尔登　麦尔登是以细支羊毛为原料的重缩绒不经起毛的、质地紧密的高档织物，其特点是呢面丰满、平整、光洁、不露底、不起球、身骨紧密而挺实、手感富有弹性、耐磨性好。

麦尔登按原料不同分为纯毛麦尔登和混纺麦尔登。纯毛产品常采用品质支数60～64支羊毛或采用80%以上的一级改良毛和20%以下的精梳短毛构成。混纺产品则用品质支数60～64支或一级毛50%～70%、精梳短毛20%以下、黏胶纤维及合成纤维20%～30%混纺而成。常用线密度为62.5～100tex，重360～480g/m²。织物组织一般为2/2斜纹、2/2破斜、2/1斜纹、平纹等。其染色方法有毛染和匹染两种，颜色以藏青、元色等深色为主。高档麦尔登采用两次缩呢法，低档麦尔登常用一次缩呢法。麦尔登属厚重织物，适于制作冬季服装，见图9-59。

（2）海军呢　海军呢为海军制服呢的简称，用料等级比麦尔登稍差，使用细支羊毛，是经缩绒或缩绒后拉毛的素色织物。呢面丰满、平整，质地紧密，有身骨，手感挺实、有弹性。海军呢有全毛和混纺之分。纯毛海军呢的原料配比为：品质支数58支羊毛或二级以上毛 70%，精梳短毛 30%。混纺海军呢则采用品质支数 58 支羊毛或二级以上毛 50%，精梳短毛 20%～30%，黏胶纤维 20%～30%。常见线密度为 76.9～125tex，重 390～500g/m$^2$。织物组织为气 2/2 斜纹、2/2 破斜纹。颜色以匹染藏青为主，也有墨绿、草绿等色。

图 9-59 麦尔登

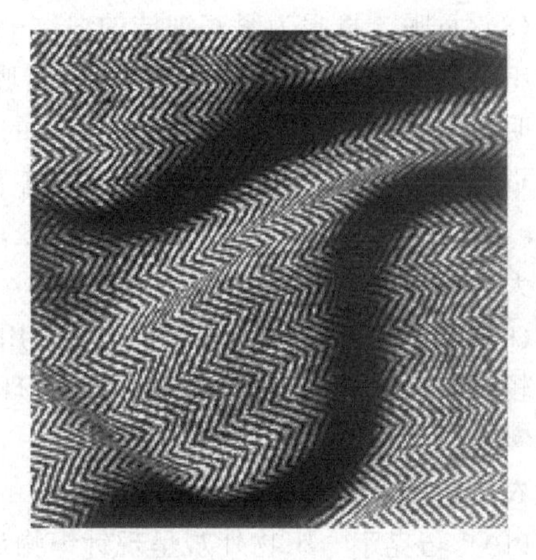

图 9-60 人字女式呢

(3) 女式呢 女式呢一般为匹染、素色，也有混色和花色，手感柔软，有弹性，因主要用作女装而得名。常用变化原料线密度等手段适应女装多变的需要，常用线密度为 55.6～100tex，重 300～420g/m$^2$，织物组织有 1/2 斜纹、2/2 斜纹、1/3 破斜纹、皱组织、小花纹或平纹等，见图 9-60。

(4) 制服呢 制服呢属重缩绒，不起毛或轻起毛，经烫蒸整理的呢面织物。要求呢面匀净、平整，无明显露纹，不易起毛起球，质地较紧密，手感不糙硬。按原料分有纯毛制服呢和混纺制服呢。纯毛制服呢的原料配比为：三级、四级毛 70%以上，精梳短毛 30%以内。混纺制服呢的原料构成为：三级、四级毛 40%以上，精梳短毛 30%以下，黏胶纤维 30%左右。常用线密度为 111.1～166.7tex，组织为 2/2 斜纹，重 400～520g/m$^2$。颜色为素色匹染，深色为主。

(5) 大衣呢 大衣呢质地丰厚，保暖性强，为缩绒或缩绒起毛织物。根据生产工艺和外观不同，可分为以下几种。

① 平厚大衣呢 平厚大衣呢是缩绒或缩绒起毛织物，其质地丰厚，呢面平整、匀净，不露底，手感丰满，不板硬，耐起球。高档的以使用一级以上羊毛为主；中档的以使用二级至三级羊毛为主；低档的以使用三至四级羊毛为主。每档中均可掺入适量的精梳短毛、再生毛和化纤。常用线密度为 83.3～250tex，重 430～700g/m$^2$，单层织物组织采用 2/2 斜纹、4/2 斜纹或破斜纹。双层织物组织采用 1/3 纬二重组织等。平厚大衣呢可以匹染或毛染，也可混色。

② 立绒大衣呢 立绒大衣呢是缩绒起毛织物，呢面上有一层耸立的浓密绒毛，要求绒面丰满，绒毛密立、平齐，手感柔软，有弹性，不松烂，光泽柔和。立绒大衣呢按原料分有纯毛和混纺之分。纯毛产品的原料配比为品质支数 48～64 支羊毛 80%以上，精梳短毛 20%以下。混纺产品则用品质支数 48～64 支 40%以下，精梳短毛 20%以下，黏胶纤维或腈纶 40%以下。纱线线密度为 71.4～166.7tex，重 420～780g/m$^2$，经向紧度为 75%～80%，纬向紧度为 80%～90%，织物组织为 5/2 纬面缎纹、2/2 斜纹、1/3 破斜

纹。产品可匹染，也可毛染。原料使用范围较广，除羊毛外，还可采用兔毛、驼毛、马海毛等特种绒毛及特殊截面化纤，见图 9-61。

图 9-61　立绒大衣呢

图 9-62　拷花大衣呢

③ 顺毛大衣呢　顺毛大衣呢绒面均匀，绒毛平顺、整齐，手感顺滑、柔软，不松烂，不脱毛。其原料选配与立绒大衣呢相同，纱线线密度为 71.4～250tex，重 380～780g/m$^2$，经向紧度为 70%～80%，纬向紧度为 62%～90%。常用组织为 5/2 纬面缎纹、2/2 斜纹、1/3 破斜纹、六枚变则缎纹。顺毛大衣呢采用散毛染色工艺，其丰满的绒面来自于缩绒和起毛。原料除羊毛外，还可采用山羊绒、兔毛绒、驼绒、牦牛绒等。

④ 花式大衣呢　花式大衣呢分纹面和绒面两种。花式纹面大衣呢包括人字、条格等配色花纹组织，纹面均匀，色泽谐调，花纹清晰，手感不糙，有弹性。花式绒面大衣呢包括各类配色花纹的缩绒起毛大衣呢，绒面丰满、平整，绒毛整齐，手感柔软。

按原料分，花式大衣呢有纯毛和混纺两种。混纺花式大衣呢一般采用品质支数为 48～64 支羊毛或一至四级毛 20%以上。纯毛花式大衣呢一般采用品质支数为 48～64 支羊毛或一至三级毛 50%以上，精梳短毛在 50%以下。常用线密度为 62.5～500tex，重 360～600g/m$^2$。织物组织有 2/2 斜纹、3/3 斜纹、小花纹、平纹、1/3 纬二重、2/2 双层。

⑤ 拷花大衣呢　拷花大衣呢最早出现于德国，是粗纺产品中的高档织物，技术含量较高。这种织物由底布与长浮的毛纬线组成，毛纬按一定织纹规律分布在织物表面，经起毛拉断后形成纤维束，再由剪毛机剪到一定高度，然后经搓呢机加工，使纤维束形成凸起耸立的毛绒效应。又因织纹分布的关系，显出有规律的组织沟纹，使外观优美，富有立体感。拷花呢的风格分立绒和顺毛两种。立绒型要求绒毛纹路清晰、均匀，有立体感，手感丰满，有弹性。顺毛型要求绒毛均匀、密顺、整齐，手感丰厚而有弹性，见图 9-62。

原料配比常用品质支数为 58～64 支羊毛或一至二级羊毛及少量羊绒。纱线线密度为 62.5～125tex，重 580～840g/m$^2$。拷花大衣呢的织物组织较为复杂，它采用纬起毛组织，以一组经纱和两组纬纱构成，地组织有单层、二重、双层等。单层组织的底布常用平纹、1/2斜纹或缎纹。二重组织的底布常用 2/1 或 3/1 斜纹。双层组织底布的表层或里层可用平纹、2/1、2/2 或 2/2 斜纹。在二重组织或双层组织的底布中，毛纬仅与表经交织。拷花大衣呢用散毛染色或混色，颜色以原色、藏青、咖啡色为主。

（6）法兰绒　国内一般是指混色粗梳毛纱织制的具有夹花风格的粗纺毛织物。其呢面有一层丰满细洁的绒毛覆盖，不露织纹，手感柔软平整，身骨比麦尔登呢稍薄。织物组织有平纹、斜纹等，经缩绒、拉毛整理而成。呢面绒毛细洁、丰满，混色均匀，不露或稍露纹底，手感柔软而有弹性；颜色柔和，以中、浅、深灰色为主；重 260～320g/m$^2$。法兰绒适用范围较广，可用作西装、夹克、大衣、西裤、裙子、童装等，见图 9-63。

(7) 粗花呢　是粗纺呢绒中独具风格的品种，其外观特点就是“花”。与精纺呢绒中的薄花呢相仿，是利用两种或以上的单色纱，混色纱、合股夹色线、花式线与各种花纹组织配合，织成人字、条子、格子、星点、提花、夹金银丝以及有条子的阔、狭、明、暗等几何图形的花式粗纺织物。粗花呢采用平纹、斜纹及变化组织。按呢面外观风格分为呢面、纹面和绒面三种。呢面花呢略有短绒，微露织纹，质地较紧密、厚实、手感稍硬，后整理一般采用缩绒或轻缩绒，不拉毛或轻拉毛。纹面花呢表面花纹清晰，织纹均匀，光泽鲜明，身骨挺而有弹性，后整理不缩绒或轻缩绒。绒面花呢表面有绒毛覆盖，绒面丰富，绒毛整齐，手感较上两种柔软，后整理采用轻缩绒、拉毛工艺，见图 9-64。

图 9-63　法兰绒

图 9-64　粗花呢

粗花呢重 250～420g/m$^2$，适于春、秋、冬季男女上装、裙子及童装。特别是中低档混纺产品，价廉物美，深受消费者青睐。

(8) 大众呢　又称学生呢，利用细支精梳短毛或再生毛为主的重缩绒织物。品质要求呢面细洁、平整均匀，基本不露底，质地紧密有弹性，手感柔软，呢面外观风格近似麦尔登。原料品质较低，呢面较粗糙；色泽不够匀净，半露纹底；重 400～500g/m$^2$；穿着中易起球、落毛、露底。因价格较便宜，主要用作学生制服和秋冬季外衣。

**四、呢绒洗涤保养方法**

高档全毛料、毛与其他纤维混纺的衣物、夹克类及西装类最好干洗，不宜水洗，浸洗会使衣物走样、泛色。

一般的羊毛织品可用丝毛洗涤剂洗涤。洗涤前，先用冷水浸泡 30min，切不可用热水，以防缩水或弹性下降。将呢绒衣料放入丝毛洗涤液中，10min 后用手挤压，使脏水溢出，对领口、袖口等易脏部位，多捏、多挤几次。切忌用搓衣板搓洗，清水过净后，手挤，不可拧绞；平摊阴干或折半悬挂阴干，勿暴晒；洗衣时将下摆和袖口往里卷一些，可以防止毛衣松散。

机洗勿用波轮洗衣机，建议先用滚筒洗衣机，应选择轻洗档。

忌与尖锐、粗糙的物品和碱性物品接触。阴凉通风处晾晒，干透后方可收藏，并应放置适量的防霉防蛀药剂，收藏期中应定期打开箱柜，通风透气，保持干燥。高温潮湿季节，应晾晒几次，防止霉变。

# 第七节　常见化纤织物的特点及应用

**知识与技能目标**

- 了解化纤织物的种类；
- 掌握常见化纤织物的特点和应用；
- 掌握常见化纤织物洗涤方法。

用来生产纺织品的原料中，以棉、麻、丝、毛（羊毛）的历史最悠久。但是天然资源毕竟有限，棉花的产量约每亩84.0kg，养蚕吐丝也要种桑树，增产羊毛则要发展畜牧业。因此，化学家开始研究，利用价格更便宜、来源更丰富的原料来纺纱织布，它们便是化学纤维。

化学纤维是用天然高分子化合物或人工合成的高分子化合物为原料，经过制备纺丝原液、纺丝和后处理等工序制得的具有具有强度高、耐磨、密度小、弹性好、不发霉、不怕虫蛀、易洗快干等优点。但其缺点是染色性较差、静电大、耐光和耐候性差、吸水性差。

**一、化纤织物的分类**

1. 按原料组成分

（1）纯化纤织物　纯化纤织物是以化纤纯纺纱、纯化纤长丝为原料纺织而成的织物，如尼龙绸、涤纶纺丝绸等。

（2）化纤混纺织物　化纤混纺织物包括化学纤维与天然纤维混纺的织物以及不同种类化学纤维混纺织物，如涤棉织物、涤/黏/锦仿毛花呢等。

2. 按纤维长度来分

（1）棉型纤维织物　纤维长度在30～40mm，在这个长度的纤维构成的纱线为棉型纱线（为了与棉纤维混纺，化纤要切成这个长度——棉型化纤）。用这种纱线构成的织物为棉型织物。

（2）毛型纤维织物　羊毛的长度大概在75～150mm（不同品种相差比较大），在这个长度的纤维构成的纱线为毛型纱线（为了与毛纤维混纺，化纤要切成这个长度——毛型化纤）。用这种纱线构成的织物为毛型织物。

（3）中长纤维织物物　把长度和线密度介于棉和毛之间（长度51～76mm，线密度2～3dtex）的化学纤维或混纺织制的织物称中长纤维织物。如涤/黏中长织物、涤/腈中长织物等。

3. 按加工工艺来分

天然织物具有自然柔和的外观，且每类天然纤维织物都具有明显的特点。用纯化纤仿制天然型织物，也就是仿真风格的织物，已成为当今面料发展的趋势。

（1）仿毛织物　由化学纤维织制的具有天然毛型风格的织物，其毛型风格具有以下几方面。

① 纤维性能　采用异形化纤、复合纤维、变形纱、网络丝等取得蓬松、丰满、光泽柔和的效果。

② 织物组织　仿毛织物的组织与所仿纯毛品种的组织相同，也可开发新组织。

③ 整理加工　为提高毛型感，可采取松式、蒸呢、树脂、定形等整理，使外观更接近纯毛织物织物。

(2) 仿丝织物　由化学纤维织制的具有天然丝绸风格的织物称仿丝织物。原料以涤纶丝为主，其丝绸感来自以下几个方面。

① 纤维性能　采用三角形、四边形、五叶形、六边形、八边形等异形丝，能获得较好的光泽和悬垂性；使用细特化纤丝，能获得柔软、细薄的外观；对纤维进行化学改性，可改善吸湿性、抗静电性和光泽效果。

② 整理加工　运用仿丝整理，使织物具有真丝的手感和外观。如碱减量处理、酸减量处理，可使纤维的空隙增大，赋予织物柔软、光滑的手感。

(3) 仿麻织物　以非麻原料（主要是化纤）织制成的具有天然麻型风格的织物称仿麻织物。麻型风格取决于原料、纱线、组织、后整理等因素的共同作用。

① 原料　运用异形纤维或改变纤维表面形状，使纤维表面产生粗糙感、凹凸感。

② 纱线　运用粗特纱线、粗细纱搭配、竹节纱、疙瘩纱，利用粗细不匀产生麻型感。

③ 组织　运用平纹变化组织，产生高低、粗细不平的粗犷效果。

④ 后整理　增加硬挺度、干爽感。

**二、主要品种的特点及应用**

1. 再生纤维类织物

(1) 黏胶纤维织物

① 人造棉　棉型黏胶称为人造棉，以黏胶短纤纱织制的平纹布，光泽和悬垂感有点像丝绸，故又称棉绸。布面洁净、光滑而柔软，密度中等，吸湿、透气。但易折皱，不耐水洗，保形性差，易缩水。品种有漂白、什色人造棉、印花人造棉、色织条格黏纤布及新型后整理的人造棉等产品。人造棉是较好的夏季服装和春秋衬衫面料，亦可作被面、装饰布等，见图 9-65。

图 9-65　人造棉印花布

② 黏/棉平布　以黏胶短纤维和棉混纺织制的平纹布。手感柔软，质地细洁，具有棉织物和黏纤织物的优点。耐磨性、湿强度比人造棉好，最适宜做夏季的衬衫、裙子等。除平纹外，还有黏纤与棉混纺的细布、纱卡其、华达呢等品种，织物品种与纯棉织物相似。

③ 羊毛与人造毛混纺的织物　毛型黏胶称为人造毛，在羊毛与人造毛混纺的织物中羊毛含量在 70%以上的织物。手感、光泽、弹性与羊毛织物近似。若羊毛含量在 30%以下，织物光泽较呆板，弹性、抗皱性、丰满性较差，缩水也较大。常见品种有羊毛、人造毛混纺的花呢、华达呢、哔叽、啥味呢及女衣呢等精纺产品，还有羊毛、人造毛混纺的大众呢、海军呢、麦尔登、法兰绒等粗纺产品。

④ 中长型黏胶纤维织物　一般用中长黏胶纤维与合成中长纤维混纺织制中长织物。这类织物在染整时采用仿松式加工，具有类似毛织物的外观，手感丰厚，抗折皱性较好，易洗、免烫，价格低廉，坚牢耐用。主要品种有 65%中长涤纶与 35%中长黏纤混纺的中长平纹呢、中长啥味呢、中长板司呢、中长隐条呢、中长法兰绒等。

(2) 纤维（天丝）织物　Tencel 是 Lyocell 纤维的商标名称，在我国注册的中文名为天丝。它与黏胶纤维同属纤维素纤维，被称为继棉、毛、丝、麻之后的第五种纤维，它的主要成分是自然界森林中的纤维素。利用对人体和环境无害且可回收利用的胺氧化物作溶剂来溶解纤维素浆粕，进行纺丝生产。其生产过程是先把木浆粕溶解于氧化胺溶剂中，经除杂直接纺丝。采用此工艺进行生产，工艺流程短，从投入浆粕到纤维卷曲、切断，整个工艺流程约需 3h。而黏胶纤维或铜氨纤维的生产约需 24h，单位时间相比，天丝纤维的产量可提高 6 倍左右。更为重要的是在天丝纤维生产中所使用的氧化胺溶剂对人体完全无害，并可完全回收(99.5%以上)。反复使用，生产中原料浆粕所含的纤维素分子不起化学变化，无副产物，无废弃物排出，不污染环境，属绿色生产工艺。

天丝织物具有纤维素纤维的所有天然性能，吸湿性好，穿着舒适，光泽好，缩水率很低，尺寸稳定性较好，具有洗可穿性有极好的染色性能，可完全生物降解，不会造成环境的污染。

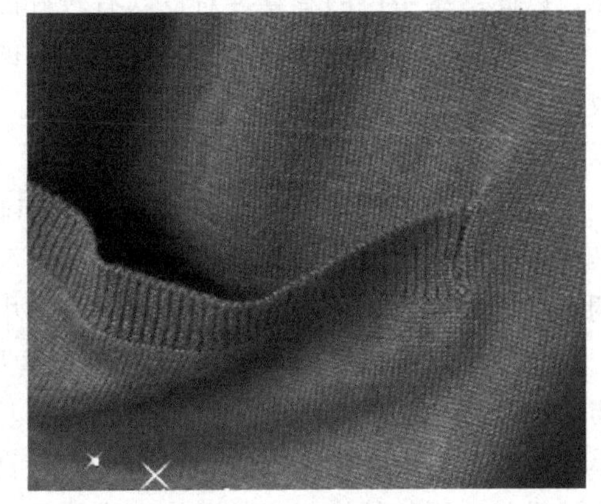

图 9-66　天丝针织物

天丝纤维可加工成机织物、针织物和非织造布，不仅有纯纺织物，还可与棉、麻、丝交织。主要用于制作牛仔裤、男衬衫、夹克衫、套装、连衣裙、高尔夫球裤、窗帘、被单、睡衣；平针针织物主要用于制作套衫、运动衫、各种内衣等；在工业和非织造布中主要用于特种纸张、过滤纸、工业过滤布、帘子线、高档抹布、人造麂皮、涂层基布、医用药签、医用材料基布、香烟过滤嘴芯、纱布及用即弃织物等，见图9-66、图 9-67。

图 9-67　柔软光滑天丝连衣裙

图 9-68　竹纤维毛巾

图 9-69　竹纤维 T 恤

(3) 竹纤维织物　生产竹纤维的竹子生长在远离使用农药的山区。竹纤维能够 100%降解，是无污染的环保型纤维。在生产过程中采用高科技手段，使之成为无任何化学助剂残留的天然纤维。它是一种可降解的纤维，在泥土中能完全分解，不会对周围环境造成损害，因而市场前景相当好。

竹纤维是目前唯一的凉爽型天然纤维，此纤维为天然中空，横截面为梅花形排列，透气性极强，保暖性好，避免了传统圆柱形纤维透气性差的弊端，填补了天然凉爽型纤维的空白。

竹纤维天然含有竹蜜和果胶成分，该成分对皮肤健康是有益的。竹纤维的抗紫外线能力强，以此纤维生产的春夏装对皮肤有较好的抗紫外线作用。

由于竹子的天然韧性，以竹纤维生产的织物有较强的稳定性和防皱性，具有可机洗和免熨烫的良好性能，极大地方便了消费者。竹纤维染色性能好，易着色，色牢度在3.5级以上。

竹纤维与丝绸完美组合，使丝绸更加时尚化。竹纤维的天然挺括、抗皱防缩、吸湿凉爽、可机洗、易染色等效果与丝绸交织或混纺后，极大地改善了丝绸产品的自身缺陷，使丝绸产品更加时尚化，将进一步扩大丝绸在中高档时尚服饰领域的消费。

竹纤维既可以纯纺，也可以与棉、丝及合成纤维混纺或者交织生产各种机织物、针织物。竹纤维产品可以广泛用于内衣、衬衫、运动装和婴儿服装，也是制作夏季各种时装及床单、被褥、毛巾、浴巾等的理想面料。将真丝和竹纤维混纺生产高档纺织物也是一个很好的设计思路，用竹纤维与真丝混纺织成的面料，可以弥补纯真丝织物抗皱性能差、不挺括、不能机洗的缺憾，还能使吸湿性、导湿性和透气性均得到加强。采用真丝（绢丝）与竹纤维混纺，因各种纤维所占的比例不同，手感也有区别。竹纤维含量高，手感爽滑，质感较硬；竹纤维含量低，手感比较柔软。竹纤维和真丝混纺而成的丝竹面料不仅可以改善传统真丝绸产品的性能，提高其档次，也顺应了消费者回归自然、追求绿色消费的理念。

目前已开发出丝竹花绸、丝竹缎、丝竹绉、丝竹弹力绉。且其产品多样，可制成西装、衬衫、袜子、针织内衣等，图9-68、图9-69。

（4）牛奶纤维织物　新型再生纤维面料使内衣更加健康、舒适，牛奶纤维面料就是其中一种。牛奶纤维是将液态牛奶去水、脱脂、制成牛奶浆，再制成牛奶长丝后制成面料。

牛奶纤维织物质地轻盈、柔软、滑爽，具有特殊的生物保健功能，它比棉、丝强度高，比羊毛防霉、防蛀性能好，具有天然的抑菌功能。通过保湿因子作用，有保养与改善皮肤的作用，是内衣的上佳面料。

① 100%牛奶纤维织造的针织面料，质地轻盈、柔软、滑爽、悬垂，穿着透气、导湿，织物光泽优雅，色彩艳丽。具有生物保健和抑菌消炎功能，贴身穿着，犹如牛奶沐浴，起到润肌养肤和抑菌消炎、洁肤的功效。十分适宜制作男女T恤、内衣等休闲家居服装。

② 由牛奶纤维和真丝交织而成的牛奶纤维真丝缎、牛奶纤维真丝纺、牛奶纤维真丝绢、牛奶纤维真丝绉，集牛奶纤维和真丝的优点于一体，既有牛奶纤维厚实、爽滑、悬垂感好的特性，又具有真丝柔中带韧、光洁艳丽的风格。特别适宜制作唐装、旗袍、晚礼服等高级服装。

③ 牛奶纤维加入氨纶织造的牛奶纤维弹力面料是特殊的复合型面料。其柔软、弹力适度、具有牛奶纤维独有的特性，非常适合制作运动装、健身服和美体内衣，穿着柔软、舒适。

④ 牛奶纤维与羊绒混纺，既解决了羊绒纤维强力不足的问题，又减轻了织物的掉毛起球，同时又保持了羊绒的手感和保暖性，而且色泽更牢固，其织物可与羊绒衫相媲美。这种

产品还能大大降低产品的成本，扩大产品的消费人群。

⑤ 牛奶纤维与麻纤维混纺或交织，织物既有麻纤维良好的透气性，又具有牛奶纤维的绒性特征。可开发的产品有T恤衫、床上用品、沙发面料、外衣面料、衬衣面料等。

⑥ 牛奶纤维与棉纤维混纺或交织，可提高织物的柔软性和亲肤性，增加悬垂性和织物光泽。牛奶纤维也适合与竹纤维、黏胶纤维、莫代尔纤维混纺，可开发的织物有混纺针织内衣、梭织内衣、床上用品、休闲服饰等产品。

(5) 大豆纤维织物　大豆纤维面料具有真丝般的光泽，其悬垂性也极佳，给人以飘逸脱俗的感觉。用细特纱织成的织物，布面纹路细洁、清晰，手感柔软、滑爽、质轻，有真丝与山羊绒混纺感觉。其吸湿性与棉相当，而导湿、透气性远优于棉，保证了穿着的舒适与卫生；颜色鲜艳，有光泽，而且染色牢度好，不易退色；在常规洗涤条件下不缩水，抗皱性非常出色，易洗快干；大豆蛋白纤维与人体皮肤亲和性好且含有多种人体所必需的氨基酸，具有良好的保健作用，见图9-70、图9-71。

图9-70　大豆纤维

图9-71　大豆纤维针织衫

① 大豆纤维纯纺面料　用大豆纤维纯纺纱或加入极少量氨纶的大豆纤维纱制作的针织面料。手感柔软、舒适，用其制作内衣、T恤、沙滩装、休闲服、运动服、时尚女装，极具时尚和休闲风格。

② 大豆蛋白纤维与羊毛混纺面料　大豆蛋白纤维与羊毛混纺生产精纺类毛织物，能保留精纺面料的光泽和细腻感，增加手感的滑糯性，是生产时尚、轻薄、柔软型高级西装和大衣的理想面料。其外观硬朗、潇洒，有种特殊的吸引力。

③ 大豆纤维与羊绒混纺面料　大豆纤维的手感与羊绒非常接近，用50%以上的大豆纤维与羊绒混纺成细特纱，可用于春、夏、秋季薄型绒衫。其织物与纯羊绒一样滑椿、轻盈、柔软，比纯羊绒产品更易于护理。产品极具新颖性及价格竞争优势。

④ 大豆蛋白纤维与真丝产品混纺面料　大豆蛋白纤维具有桑蚕丝的柔亮光泽。用大豆蛋白纤维与真丝交织或与绢丝混纺制成的面料，既能保持亮泽、飘逸的特点，又能改善其悬垂性，并能消除吸湿后贴肤的缺点。是制作睡衣、衬衫、晚礼服等高档服装的理想面料。

⑤ 大豆蛋白纤维与麻纤维混纺面料　大豆蛋白纤维具有较强的抗菌性能，经上海市预防医学研究院检验，大豆蛋白纤维对大肠杆菌、金黄色葡萄念珠苗等致病细菌有明显抑制作用。用大豆蛋白纤维与亚麻等麻纤维制成的面料，是制作功能性内衣及夏季服装的理想面料。

⑥ 大豆蛋白纤维与棉混纺面料　大豆蛋白纤维能有效改善棉织物的手感，增加织物的

柔软性和滑爽感，提高织物的舒适度。用大豆蛋白纤维与棉混纺的细特纱面料，是制作高档衬衫、高级床上用品、内衣、毛巾、婴幼儿服饰的理想面料。

⑦ 大豆纤维与化纤混纺面料　大豆纤维能与氨纶、涤纶、尼龙等纤维混纺生产各种组分的面料，提高了织物的舒适性、透气性和抗皱性能。适用于制作运动服、T恤、内衣、休闲服装、时尚女装等。此类面料保留了大豆纤维柔软、舒适及亲肤的特点，也利用化纤的不同特性突出了面料的不同风格。

2. 合成纤维类织物

(1) 涤纶织物

① 棉型涤纶织物　涤纶可与棉混纺，织制具有棉布风格的棉型织物。一般为65%的涤纶与35%的棉花混纺，布身细洁，手感柔软而有身骨，强力和耐磨性都较好，织物缩水小，尺寸稳定性好，不易折皱，易洗快干，免烫。如涤棉府绸、涤棉细纺、涤棉麻纱、涤棉卡其、涤棉泡泡纱、涤棉烂花布、涤棉桃皮绒等，还有多种涤黏混纺的棉型织物，可广泛应用衣料、床上用品等。

② 毛型涤纶织物　可用涤纶加工成具有呢绒风格的毛型织物，既有涤纶短纤维或涤纶长丝纯纺织物，也有涤纶短纤维与羊毛或其他化学纤维的混纺织物。织物挺括，抗皱，耐磨，坚牢，易洗快于，洗可穿性好，且不虫蛀，价格低廉，是较好的春秋外衣面料。

纯涤纶毛型织物有涤纶低弹长丝毛型织物（如低弹涤纶仿毛直贡呢和花呢)、涤纶网络丝毛型织物（如涤纶网络丝华达呢和哔叽)、涤纶短纤维精纺毛型织物（如纯涤纶凡立丁和华达呢)。

涤纶混纺毛型织物有涤纶与羊毛混纺的织物（如涤毛和毛涤的华达呢、派力司和花呢)、涤纶与其他化纤的混纺织物（如涤腈黏、涤毛黏花呢）等。

③ 中长型涤纶织物　以中长型涤纶与其他中长纤维混纺的织物，如涤黏或涤腈65/35的中长平纹呢、中长啥味呢、中长派力司、巾长华达呢、中长板司呢、中长绉纹呢、中长花呢、中长法兰绒、中长大衣呢等。这类织物具有毛织物的外观和手感，可制作春秋外衣。

④ 丝型涤纶织物　丝型涤纶织物是以涤纶长丝纯织或与其他长丝或短纤纱交织的具有丝绸风格的织物。织物光泽明亮，轻薄滑爽，飘逸悬垂，具有耐磨、抗皱、易洗快于、免烫的特点。但吸湿、透气性和柔软性不如天然丝绸，所带静电较大。

纯涤纶丝绸常见品种有涤丝纺、涤丝绫、涤纶花缎、涤纶乔其纱、特纶绉、弹涤绸、涤纶塔夫绢、涤纶纱等。各类涤纶绸与相应种类的真丝绸组织结构和外观相似，抗皱性较好，不缩水，但手感偏硬，光泽欠柔和。缺点是穿着有闷热感，遇火星易熔融。可用于制作男女衬衫、夏季套装、裙子等。

a. 涤纶交织织物　主要品种有涤纶丝与桑蚕丝交织的条春绉，点点绉；涤纶丝与绢丝交织的涤绢绸；涤纶丝与涤棉纱交织的涤纤绸、涤棉绸、涤闪绸、涤爽绸；涤纶丝与涤黏纱交织的华春纺、华格纺；涤纶丝与尼龙丝交织的涤尼绸；涤纶、黏纤、绢三合一的涤欢绸。薄型织物可做夏季衬衫、童装、枕套，中厚型织物可做春秋外衣。

b. 涤棉纬长丝织物　织物经向用涤棉混纺纱，纬向用三叶型涤纶长丝，用平纹与小提花组织织制，纬向长丝在布面的纬浮长构成明亮突出的小花纹，与平纹地形成明暗对比。也可采用平纹绉地和经纬缎纹联合组织得到明暗条格或网格。纬长丝织物光泽好，轻薄、滑爽，丝型感强，是较好的男式衬衫面料。

⑤ 麻型涤纶织物

a. 纯涤纶麻型织物　用涤纶仿麻变形丝可织制麻型织物，与纯麻织物相比其强力高、弹性大、不起皱、洗可穿、不缩水。织物有薄型、中型、厚型等品种，织物正面粗犷如麻，反面光滑如丝，贴身穿无粗糙感。

b. 涤纶与麻混纺织物　涤麻混纺织物具有爽、挺、牢的特点，既有麻织物吸湿、散热、不沾身的优点，又有涤纶织物弹性好、挺括、抗折皱、免烫的长处，服用性能较好。厚型织物有70%涤纶与30%亚麻的涤麻平纹布，布面有粗节疙瘩，风格粗犷，可作外衣面料；薄型织物有涤麻纬长丝布，用84%涤纶与16%苎麻混纺纱作经，涤纶长丝作纬，布面较光洁，有提花图案；涤麻派力司，采用65%涤纶与35%苎麻混纺、混色纱织制，具有毛、麻双重风格，挺括，凉爽；涤麻布是65%涤纶与35%苎麻或70%涤纶与30%苎麻混纺织制而成的平纹织物，有漂白、染色、印花、色织等品种。涤麻布线密度较低，吸湿、透气，易于散热。薄型涤麻织物是较好的夏季面料。

（2）尼龙织物

① 丝型尼龙织物

a. 纯尼龙丝绸　尼龙绸，又名尼龙纺。是用尼龙长丝织制的纺类丝织物，平纹组织。织物表面细洁、光滑，质地坚牢、挺括，密度较高。织物有染色和印花两种，中厚型织物可作服装及包装、提包用料，薄型织物经防水处理可作滑雪衫、雨衣、伞面用料。

锦纹绉是经纬向用半光尼龙加捻丝织制，表面有细微绉纹，色光柔和，轻薄挺爽衣料或外衣面料。

此外，还有尼丝缕、隐光罗纹绸、尼龙塔夫绸等纯尼龙织物。

b. 尼龙与丝的交织物　锦益缎是尼龙丝与黏纤丝交织的提花缎类丝织物，在八枚经面缎纹上起纬花，缎面光亮。锦合绉是尼龙丝和黏纤丝交织的绉类丝织物，平纹组织。质地轻盈，绉纹细微、清晰，光泽较好，以素色为主。可作夏季裤、裙面料。

尼龙交织丝绸还有尼龙丝与涤纶丝交织的环涤绸；尼龙丝与黏胶纤丝交织的锦绣绸、青云绸；尼龙丝、金银线和棉纱交织的色织提花绸、锦云绸等。

② 毛型尼龙织物　尼龙短纤维多与羊毛或其他化学纤维混纺织制毛型织物，强度高，耐磨，吸湿性较好，价格便宜。主要品种有羊毛50%、毛型黏纤37%、尼龙13%混纺的毛黏锦华达呢；尼龙40%、毛型黏纤40%、羊毛20%混纺的锦黏毛哔叽；羊毛70%、毛型黏纤15%、尼龙15%混纺的毛锦黏海军呢；毛型黏纤75%、尼龙25%混纺的凡立丁等。这些织物的规格与纯毛织物相同，手感与光泽有所差异。可作春、秋、冬外衣和裤子的面料。

（3）腈纶织物

① 腈纶纯纺织物　用腈纶织制的织物，多为毛型风格，轻便，保暖，易洗，免烫，价格便宜。

a. 腈纶精纺花呢　采用100%的腈纶纤维制成。如用100%毛型腈纶纤维加工的精纺腈纶女式呢，具有松结构特征，其色泽艳丽，手感柔软有弹性，质地不松不烂，适合制作中低档女用服装。

b. 腈纶膨体女衣呢　是以腈纶膨体纱为原料织制的仿毛女衣呢，色泽鲜艳、手感柔软、蓬松、干爽，比较挺括，毛型感强，适宜做春秋女式上衣、连衣裙、童装等。

c. 腈纶膨体大衣呢　用腈纶膨体纱织制的仿毛大衣呢，以平纹、斜纹色织套格和提花组织为主，通过后整理使织物表面有一层丰满整齐的绒毛，手感蓬松而温暖，质地丰厚而有弹性，花式线的运用更增添了织物的装饰效果。此类织物有毛圈套格提花膨体大衣呢、双色毛圈彩星膨体大衣呢等。可制作女式秋冬大衣、外套、套裙等。

② 腈纶混纺织物　腈纶与棉混纺织物主要是50%腈纶与50%棉花混纺的棉腈细布，平纹组织。布面细洁、平整，挺括、免烫。

a. 腈纶与羊毛混纺织物　主要品种有哔叽、啥味呢、凡立丁、花呢等。一般腈纶占50%～70%，羊毛30%～50%。织物挺括，抗皱，强度好，轻柔，保暖，色泽新鲜、明亮，较纯毛织物耐晒。适宜做春秋外衣、西装、运动服等。

b. 腈纶与涤纶混纺织物　采用50%腈纶中长纤维与50%涤纶中长纤维混纺织制的具有毛型感的织物。外观挺括，手感丰满，富有弹性，尺寸稳定性较好，抗皱免烫，缩水小。主要品种有涤腈华达呢、平纹呢、隐条呢等，适合制作男女外衣。

c. 腈纶与黏胶混纺织物　以50%腈纶与50%的黏胶纤维混纺织成的毛型织物，如腈黏华达呢、女衣呢、花呢等，色彩鲜艳，质地柔软，保暖性好。但耐磨性稍差，易起毛、起球。织物可制作外衣、长裤等。

③ 腈纶毛皮　以腈纶织制的人造毛皮，外观与天然毛皮相似。腈纶毛皮以棉纱作地、腈纶作绒毛针织而成。织物质地柔软，轻便，保暖，绒毛不蛀。但绒毛易打结，易沾污。织物多用于大衣、防寒服里胆，也可作大衣、童装、帽子等的面料。

④ 腈纶驼绒　以腈纶为原料的针织驼绒产品，织物手感丰满、柔软，轻暖、舒适，伸缩性好，色泽鲜艳。有素色和条子驼绒，主要用作冬装里胆及领口、袖口、帽子面料。

（4）维纶织物　维纶织物通常是指维纶与棉纤维或与黏胶纤维混纺织制成的织物。

① 维纶与棉混纺织物　主要有维纶50%与棉50%的棉维细布、平布、府绸、卡其、灯芯绒等。织物的耐磨性和强度比纯棉布好，吸湿透气性也较好，布身较细洁，光泽好于纯棉布。但颜色不如纯棉布鲜艳，易起皱、沾污，属中档产品。多用于衬衫、内衣、被单布及童装。

② 维纶与黏纤混纺织物　大多采用50%维纶与50%黏胶纤维混纺织制，比较细薄。主要有维黏华达呢，2/2加强斜纹组织，质地紧密、厚实，光泽较好，可做外衣裤。维黏凡立丁，平纹组织，线密度细，捻度、密度较大，质地轻薄，手感较柔软。可作衬衫、外衣等的面料。这类织物缩水率较大，易折皱变形，影响织物外观。

（5）丙纶织物　丙纶织物通常是指丙纶与棉纤维或与黏胶纤维混纺织制成的织物。丙纶织物服用性能不良，多用于工业和室内装饰，少量用于服装材料。一般是毛巾、毛毯、蚊帐、装饰布。

① 色织丙纶吹捻丝粗纺花呢　化纤粗纺毛织物的一种，以丙纶吹捻丝为原料。色织丙纶吹捻丝织物手感粗涩，风格粗犷仿毛效果较好，只是不够柔糯。主要品种有法兰绒、钢花呢、银枪大衣呢、条格花呢等。

② 棉丙细布、棉丙平布、棉丙麻纱　这类棉型织物的混纺比一般为棉50%、丙纶50%。织物具有质地轻盈、耐磨性好定、弹性良好、易洗快干的特点，与涤棉织物相似，价格便宜，可制作衬衫及军需用品。

③ 丙棉烂花布　采用丙纶包芯纱织制的烂花布，织物风格与涤棉烂花布相似。织物主要用作装饰布，如窗帘、台布、床罩等。

④ 超细丙纶丝织物　采用细特、超细特丙纶长丝织制，具有疏水导湿、手感柔软、滑爽、透气、快干的特点，改善了普通丙纶织物的舒适性和卫生性，易制作运动服和内衣。

（6）氨纶织物　氨纶织物的最大特点是室温条件下具有极高的弹性伸长和弹性回复能

力。拉伸外力去除后，织物仍可回复到原形，保形性好。氨纶的断裂伸长率可达500%～700%。当变形200%时，弹性回复率可达95%～99%。因此穿着氨纶织物既合身贴体，又能运动自如，且服装不变形。氨纶织物的染色性和色牢度较好，耐腐蚀，耐汗，耐海水，但强度低，吸湿性差。

氨纶一般不单独使用，而是少量掺入到纱线中，起到弹性作用。通常用棉、毛、黏纤丝、尼龙丝包覆氨纶制成包芯纱，织制弹性织物。织物既具有外层纤维的吸湿性、染色性、耐磨性、强度等，又具有高弹性，舒适合体，适用于弹性胸衣、内衣、运动装、泳装、紧身衣裤、牛仔裤、袜类等。

**三、化纤织物的洗涤方法**

1. 黏胶织物的水洗

纯黏胶织物有人造棉、人造丝、人造毛三种。

黏胶纤维织物悬垂性大，抗褶皱力很差，不耐磨，着色牢度较低。黏胶纤维遇水变化较大，伸长率达35%，耐拉强度下降53%。黏胶纤维织物水洗不仅易变形，同时也很容易破损。所以洗涤时不能施用较大的机械力，也不适宜用洗衣机洗涤，只能采用人工揉搓法洗涤。其中人造毛织物遇水后，纤维会极力膨胀变粗变硬，再加静电感较强的原因，污垢与纤维结合得很牢固。因此，对其污染严重的部位只能用刷洗的方法进行洗涤。

洗涤黏胶织物，对洗涤剂的要求并不严格。水温在30～40℃之间为宜。要用冷投法漂洗。总之，在洗涤黏胶织物的过程中，用力要轻要均匀，避免使衣物损伤或变形。

2. 合成纤维织物的水洗

合成纤维织物组织结构紧密，亲水性较差，不耐高温。合成纤维的种类很多，要根据各自不同纤维的性质和特点，选用不同的方法来进行洗涤。

(1) 的确良、涤纶绸服装的洗涤　的确良衬衫的面料是由涤纶和棉混纺织成的，它的强度比棉高几倍，耐磨耐穿，受到人们欢迎。涤纶绸表面光滑，抗皱性良好。用涤纶绸制作的夏装，笔挺流畅，别有风韵。

洗涤时，温度为30～40℃，用肥皂和洗衣粉均可，可用揉搓法，也可以用洗衣机。但对污染的重点部位要用刷洗法处理，漂洗要干净，可用脱水筒脱水。

(2) 毛涤服装的洗涤　毛涤织物是羊毛与涤纶纤维的混纺织物。它具有纯羊毛织物的天然光泽，又具有涤纶织物抗皱性的特点，是当代服装中的主要面料。

毛涤服装吸湿性相对较差，遇水后不易变形。洗涤毛涤服装，应选用优质中性洗涤剂。洗涤温度在30～40℃之间。洗涤时间可稍长一些，一般为5min，但也要根据辅料的性质而定。洗涤时，可先用洗衣机冷浸预洗2～3min，然后再对重点部位进行刷洗，最后再用洗衣机洗涤。漂洗要干净彻底，漂洗后要进行浸酸处理，脱水后要整形，然后挂在通风处阴干。

(3) 人造毛皮服装的洗涤　人造毛皮大衣、仿兽皮童装和女装，美观大方，价格便宜，是受人们欢迎的冬装。

洗涤这种服装，对洗涤剂的要求不严格，用一般的洗衣粉就可以。洗涤温度30～40℃之间为宜。洗涤时，先把衣服预洗2～3min，然后用揉搓法对污染严重的部位进行搓洗，还要用刷洗法对衣服的衬里进行刷洗，重点在下摆处，最后放入洗衣机洗涤5～10min。漂洗要进行多次，要彻底洗干净。脱水后要将衣服毛朝里挂起阴干，阴干后用软毛刷将皮毛理顺，使其恢复到原来状态即可。

(4) 羽绒服装的洗涤　羽绒服装的面料，多数选用尼龙绸或涤棉织物。这些织物组织结构紧密，对羽绒的封闭性较好，污垢多数附于表面而无法进入内部。因此在洗涤时润湿也较为困难，为此在洗涤前要预先进行浸泡。水温不宜过高，防止出现皱纹或脱色，直到浸透为止。可选用去污力较强的洗涤剂，把浸透的衣物放入洗衣机内洗涤20min，水温为40℃。洗后将衣服取出平铺在洗衣板上，用软毛刷洗一遍。把衣服里、面都刷净后再放入洗衣机洗涤3～5min，洗净后用温水漂洗两次，用冷水漂洗一次，再用醋酸进行浸酸处理，用脱水桶脱水。脱水后，将衣服抖散、拉平、挂起阴干。衣服晾干后再用藤棍敲打，使鸭绒蓬松，使其恢复原采状态。对带有套面的羽绒服装，可以将其分开后分别进行洗涤。

（5）人造皮革、绒面革服装的水洗　这类服装面料是以棉纱布为底坯涂上聚氯乙烯等化工材料经加工而成的。外观近似真皮革，可以达到以假乱真的地步。价格便宜，并具有一定的保暖性。但它在遇热后马上冷却就会变硬，时间久了容易老化。这类衣物不能干洗，只能水洗。洗涤时，将衣物用温水浸泡后，用软毛刷蘸洗衣粉，对污染严重部位进行去渍处理，然后用40℃温水加入洗衣粉将衣物进行机洗。洗涤时间不宜过长，一般5min即可。用温水漂净后用脱水筒脱水。脱水后用毛巾擦去衣物上残留的水珠，避光挂在通风处阴干。晾干后对带绒毛的衣物可用软刷进行整理。这类衣物不能熨烫，晾干后就可穿用。

## 思考与练习

1. 简述常规棉、麻、丝、毛、化纤织物的特点和用途。
2. 观察你身边人的着装用料、面料特点。
3. 你喜欢穿着什么原料制作的服装？为什么？

# 实践篇

● 第十章　纱线与面料分析实践

# 第十章 纱线与面料分析实践

## 第一节 纱线分析实践

知识与技能目标

- 掌握混纺纱线成分鉴别的方法；
- 了解混纺纱线成分含量的鉴别步骤；
- 了解纱线线密度的检测原理及检测步骤；
- 能正确操作使用缕纱测长仪及烘箱；
- 掌握干燥质量的确定方法及线密度的计算方法。

未知纱线分析包括纱线成分鉴别和纱线细度测定两部分。

**一、成分鉴别**

纱线成分的鉴别一般包括纱线成分的定性分析和定量分析，定性分析就是鉴别纱线中纤维的种类，一般是对于纯纺纱线品种而言，而定量分析就是在鉴别纱线中纤维种类的基础上，还要分析鉴别出各种纤维的含量比例，也就是通常所说的混纺纱线品种的混纺比例。工厂中常用的纱线成分的鉴别方法主要是溶解法，即利用纤维在不同的化学溶剂中表现出不同的溶解性能，来对纤维的种类及纤维的含量做出鉴别。

1. 鉴别步骤

纱线成分的鉴别，关键是要先对所鉴别的纱线进行大致的分类，即首先区分出是纯纺纱线还是混纺纱线。一般先利用目测及手感的方式，必要时还应将待鉴别的纱线解捻分离出单根纤维，依据纱线的外观形态并结合纤维的特征（长度、细度、颜色、光泽等）做出初步的判断。如果分离出的纤维外观特征基本一致，则可判断为纯纺纱线；如果分离出来的纤维呈现有多种类型特征，则可初步判断为混纺纱线。在初步分类的基础上，再利用溶解法加以验证即可准确鉴别出构成纱线的纤维成分。

（1）纯纺纱线的鉴别　对于纯纺纱线可先依据手感目测法或燃烧法初步识别出纱线的成分是天然纤维还是化学纤维。如是纯棉纱、纯麻纱、纯毛纱或是纯化纤纱，一般纯棉纱手感柔软，麻纱手感粗硬，毛线较粗，手感柔软，结构一般较松散，而化纤纱光泽较明亮，然后再利用溶解法，依据不同种类的纤维在不同化学溶剂中表现出来的溶解性能来做出准确鉴别。由于化学溶剂的浓度和加热温度不同时，对纤维的溶解性能会有不同的表现，因此在利用溶解法鉴别纤维时，应严格控制化学溶剂的浓度和加热温度，同时还要注意观察纤维在化学溶剂中的溶解速度。此外，由于一种溶剂往往能溶解多种纤维，有时要连续几种溶剂进行验证，才能正确地鉴别出纤维的成分。常见纤维在不同溶剂中的溶解性能见表 10-1。

（2）混纺纱线的鉴别　混纺纱线的鉴别除了要鉴别纱线的纤维成分外，还要鉴别出各纤维成分的比例含量。通常有两组分混纺纱线和三组分混纺纱线的鉴别。

**表 10-1　常见纤维在不同溶剂中的溶解性能**

| 纤维＼溶剂 | 盐酸（20%、24℃） | 盐酸（37%、24℃） | 硫酸（75%、24℃） | 氢氧化钠（5%、煮沸） | 甲酸（85%、24℃） | 次氯酸钠（24℃） |
|---|---|---|---|---|---|---|
| 棉 | I | I | S | I | I | I |
| 麻 | I | I | S | I | I | I |
| 羊毛 | I | I | I | S | I | S |
| 蚕丝 | I | I | S | S | I | S |
| 黏胶纤维 | I | S | S | I | I | I |
| 涤纶 | I | I | I | I | I | I |
| 尼龙 | S | S | S | I | S | I |
| 腈纶 | I | I | SS | I | I | I |
| 维纶 | S | S | S | I | S | I |
| 丙纶 | I | I | I | I | I | I |

注：S—溶解；SS—微溶；I—不溶解。

① 混纺纱线的纤维成分鉴别　混纺纱线的纤维成分鉴别比较简单，一般也是在手感目测的基础上先对纤维成分做一个初步的分类判断，再利用溶解法来加以验证。如果是两组分混纺的纱线，选择一种相应的溶剂一次溶解，观察纤维的溶解性能即可得到鉴别的结果，如果是三组分及以上的混纺纱线，则需要选择几种溶剂多次溶解方能判断出纤维的成分。常见混纺纱线溶液法鉴别的使用溶剂、溶解性能及判定见表 10-2。

**表 10-2　常见混纺纱线溶液法鉴别所使用溶剂、溶解性能及判定**

| 混纺纱线＼溶剂、溶解性能 | 第一次 | | 第二次 | | 第三次 | | 剩余纤维 |
|---|---|---|---|---|---|---|---|
| | 溶剂 | 被溶纤维 | 溶剂 | 被溶纤维 | 溶剂 | 被溶纤维 | |
| 涤纶/棉 | 75%硫酸 | 棉 | | | | | 涤纶 |
| 涤纶/麻 | 75%硫酸 | 麻 | | | | | 涤纶 |
| 涤纶/羊毛 | 1mol/L 次氯酸钠 | 羊毛 | | | | | 涤纶 |
| 涤纶/黏胶 | 75%硫酸 | 黏胶 | | | | | 涤纶 |
| 黏胶/棉 | 甲酸-氯化锌 | 黏胶 | | | | | 棉 |
| 黏胶/腈纶 | 浓盐酸 | 黏胶 | | | | | 腈纶 |
| 羊毛/棉 | 1mol/L 次氯酸钠 | 羊毛 | | | | | 棉 |
| 羊毛/腈纶 | 1mol/L 次氯酸钠 | 羊毛 | | | | | 腈纶 |
| 棉 / 氨纶 | 二甲基甲酰胺 | 氨纶 | | | | | 棉 |
| 丝 / 棉 | 1mol/L 次氯酸钠 | 丝 | | | | | 棉 |
| 丝/羊毛 | 75%硫酸 | 丝 | | | | | 羊毛 |
| 羊毛/黏胶/棉 | 1mol/L 次氯酸钠 | 羊毛 | 甲酸-氯化锌 | 黏胶 | | | 棉 |
| 羊毛/尼龙/黏胶 | 1mol/L 次氯酸钠 | 羊毛 | 80%甲酸 | 尼龙 | | | 黏胶 |
| 羊毛/黏胶/尼龙/涤纶 | 1mol/L 次氯酸钠 | 羊毛 | 20%盐酸 | 尼龙 | 75%硫酸 | 黏胶 | 涤纶 |
| 桑蚕丝/黏胶/棉/涤纶 | 1mol/L 次氯酸钠 | 桑蚕丝 | 甲酸-氯化锌 | 黏胶 | 75%硫酸 | 棉 | 涤纶 |

② 混纺纱线的成分含量鉴别　混纺纱线的成分含量鉴别则比较复杂，首先在确定纤维成分的基础上，再利用溶解法选择适当的溶剂来溶解纤维，通过计算被溶解掉的纤维质量或剩余纤维的质量，最后确定混纺纱线的含量百分比。

2. 鉴别方法

（1）纯纺纱线的鉴别　利用溶解法鉴别纯纺纱线时，将待鉴别的纱线放入烧杯中，选择相应的溶剂加入烧杯中，并用玻璃棒搅拌，观察纱线的溶解情况。对照表 10-1 对纤维的成分做出鉴别。鉴别时，要注意所用溶剂的浓度，有的溶剂需要加热的，还要注意控制好温度，以免造成错误的判断。

（2）混纺纱线的鉴别

① 混纺纱线的成分鉴别　混纺纱线的成分鉴别方法与纯纺纱线相同，鉴别时，一般根据混纺组分的不同，需要将待鉴别的纱线样本分成几组分别放入到不同的烧杯中，分别选择相应的溶剂加入至烧杯中，观察纱线在溶剂中的溶解情况。根据表10-2对混纺纱线的成分做出鉴别。

利用溶解法鉴别混纺纱线，有时还可结合显微镜来进行观察。鉴别时，可取少量待检的纱线样本放置在凹面的载玻片上，滴上相应的溶剂，盖上盖玻片，直接在显微镜中观察纤维的溶解情况。同样要根据混纺组分来分别选择溶剂重复上述操作，最终依据溶解情况对照溶解性能表对纤维的成分做出鉴别。

② 混纺纱线的含量鉴别　以涤棉混纺纱为例，介绍混纺纱线的含量鉴别方法。依据国家标准GB 2910—82二组分纤维混纺产品定量化学分析法的规定来进行。其分析原理是用75%硫酸溶解棉纤维，剩余涤纶纤维，将剩余的纤维进行烘干，称重，计算涤纶纤维的净干含量百分率，棉纤维的净干含量百分率则从差值中求出。具体方法如下。

第一步，化学试剂、试样的准备。

a. 化学试剂为石油醚、75%硫酸溶液、稀氨水溶液等。

b. 试样预处理　取试样5g左右（从各个纱管上绕取），用石油醚和水萃取，去除试样上的非纤维物质（如油脂、蜡以及其他水溶性物质等）；将预处理过的试样烘干、冷却、称重（在2s内称完），称出1g左右的试样。

第二步，化学分析。

a. 将烘干称好质量的试样放入三角烧瓶中，每克试样加入100mL75%的硫酸溶液，盖紧瓶塞，晃动烧瓶使试样浸湿。

b. 将三角烧瓶放入恒温水浴锅内，温度保持在40～50℃，每隔2～3min晃动一次，加速溶解，30min后，棉纤维完全溶解。

c. 取出三角烧瓶，将全部剩余纤维倒入已知质量的玻璃滤器内过滤，并抽干。用同温度同浓度的硫酸洗涤3次（洗时用玻璃棒搅拌，洗后再抽干），再用同温度水洗4～5次，用稀氨水溶液中和2次，然后用水洗至用指示剂检查呈中性为止（甲基橙指示剂不呈红色或pH试纸不变色）。每次洗后必须用真空抽吸排液。

d. 将不溶的涤纶纤维连同玻璃滤器放入烘箱，烘至质量不变，取出放入干燥器冷却后，称重（在2s内称完），即得纤维干燥质量，称重精确至0.0002g。

第三步，结果计算。

a. 净干含量的计算　经硫酸溶剂处理后，不溶的涤纶纤维和溶解的棉纤维的净干含量，按以下公式计算：

$$p_1 = \frac{m_1 d}{m_0} \times 100\%$$

$$p_2 = 1 - p_1$$

式中　$p_1$——不溶纤维（涤纶）的净干含量，%；

$p_2$——溶解纤维（棉）的净干含量，%；

$m_1$——剩余的不溶纤维（涤纶）干重，g；

$m_0$——预处理后的试样干重，g；

$d$——经试剂处理后，不溶纤维质量变化的修正系数。涤纶的$d$值为1.00。

b. 结合公定回潮率含量的计算　当考虑各组分纤维的公定回潮率时，可按以下公式计算纤维含量：

$$p_m=\frac{p_1(1+w_1)}{p_1(1+w_1)+p_2(1+w_2)}\times 100\%$$

$$p_n=1-p_m$$

式中 $p_m$——不溶解纤维结合公定回潮率的含量，%；

$p_n$——溶解纤维结合公定回潮率的含量，%；

$w_1$——不溶纤维的公定回潮率，%；

$w_2$——溶解纤维的公定回潮率，%；

$p_1$——不溶纤维净干含量，%；

$p_2$——溶解纤维净干含量，%。

做混纺纱线的含量分析时，纱线的试样份数，至少取两份，每份重至少 1g，结果以两份试样的平均值表示。两份试验结果差异不得超过 1%，否则应予重试。试验结果计算至小数点后两位。二组分纤维混纺产品定量化学分析采用试剂及修正系数见表 10-3。

**表 10-3　二组分纤维混纺产品定量化学分析采用试剂及修正系数**

| 编号 | 混纺产品的纤维组成 | | 化学分析试剂 | 修正系数 d 值 |
|---|---|---|---|---|
| | 第一组 | 第二组 | | |
| 1 | 棉 | 涤纶或丙纶 | 75%硫酸溶解棉 | 涤纶和丙纶 为1.00 |
| 2 | 羊毛 | 棉、亚麻、苎麻、黏胶、腈纶、涤纶、尼龙或丙纶 | 用碱性次氨酸钠熔解羊毛 | 棉为1.03，亚麻、苎麻、黏胶、腈纶、涤纶、尼龙或丙纶均为1.00 |
| | | 棉、苎麻、黏胶、腈纶、涤纶、尼龙或丙纶 | 用2.5%氢氧化钠熔解羊毛 | 棉为1.02，苎麻、黏胶为1.01，涤纶为1.04，维纶、腈纶、尼龙和丙纶均为1.00 |
| 3 | 麻 | 涤纶或丙纶 | 用75%硫酸溶解亚麻或苎麻 | 涤纶或丙纶均为1.00 |
| 4 | 丝 | 棉、苎麻、黏胶、腈纶、涤纶、尼龙或丙纶 | 用碱性次氯酸钠熔解桑蚕丝、柞蚕丝或木蚕丝 | 棉为1.03，苎麻、黏胶、腈纶、涤纶、尼龙或丙纶均为1.00 |
| 5 | 丝 | 羊毛 | 用75%硫酸溶解丝 | 羊毛为0.97 |
| 6 | 黏胶 | 棉或麻 | 用甲酸-氯化锌溶解黏胶 | 棉为1.02，亚麻为1.07，苎麻为1.00 |
| 7 | 黏胶 | 涤纶或丙纶 | 用75%硫酸溶解黏胶 | 涤纶和丙纶均为1.00 |
| 8 | 维纶 | 棉或黏胶 | 用20%盐酸溶解维纶 | 棉为1.01，黏胶为1.00 |
| 9 | 腈纶 | 棉、羊毛、麻、丝、黏胶、涤纶或丙纶 | 用90～95℃二甲基甲酰胺溶解腈纶 | 涤纶为1.01，棉、羊毛、桑蚕丝、苎麻、柞蚕丝、木蚕丝、黏胶和丙纶均为1.00 |
| | | 棉、羊毛、亚麻、苎麻、黏胶、涤纶或丙纶 | 用50%硫氰酸钠溶解腈纶 | 棉、羊毛为1.01，黏胶为1.02，亚麻、苎麻、涤纶和丙纶均为1.00 |
| 10 | 尼龙 | 棉、黏胶、腈纶、涤纶和丙纶 | 用80%甲酸溶解尼龙 | 棉、黏胶、腈纶、涤纶或丙纶均为1.00 |
| | | 棉、亚麻、苎麻、黏胶、腈纶、涤纶和丙纶 | 用20%盐酸溶解尼龙 | 亚麻为1.005，棉和苎麻为1.01、黏胶、腈纶、涤纶和丙纶均为1.00 |

三组分混纺纱线的成分含量鉴别依据国家标准《三组分纤维混纺产品定量化学分析方法》(GB 2911—82) 来进行。

**二、纱线细度的测定**

细度是表示纱线粗细程度的重要指标，纱线细度不同纺纱时所用原料的规格、质量不同，纱线的用途及纺织品的物理机械性能、手感、风格也会不同。在实际生产及商品贸易中，常用的纱线细度指标有线密度和英制支数，线密度是法定计量单位。在实际应用中，通常是采用缕纱称重法测出纱线的线密度，再根据定义及换算关系计算出英制支数。

1. 检测原理

纱线线密度是指 1000m 长的纱线在公定回潮率时的质量 (g)。通过测定一定长度纱线的干燥质量，再根据定义利用计算式折算成公定回潮率时的质量从而得到纱线的线密度。

2. 测定方法

依据标准《纱线线密度的测定　绞纱法》(GB/T 4743—1995) 的规定来进行。

(1) 样品准备　按标准抽取管纱或筒纱至少 10 个，在缕纱测长机上摇取 100m 长度的纱线。摇纱时要注意控制摇纱的速度和摇纱的张力，保证张力秤上的指针处于平衡状态，如不处于平衡状态下摇取的缕纱要作废。

(2) 烘燥及确定干燥质量　将摇取好的纱样放入至八篮恒温烘箱（有普通烘箱和快速烘箱两种）内进行烘燥。烘干温度控制在 (105±3)℃，烘燥一定时间后（一般普通烘箱烘 75min，快速烘箱烘 25min）关闭电源。1min 后进行箱内第一次称重；第一次称重完毕后，重新启动电源；再续烘一段时间（一般普通烘箱烘 15min，快速烘箱烘 5min）后关闭电源，1min 后进行箱内第二次称重；如果两次称重有较大的差异，则要继续烘。重复上述操作直至达到恒量为止（如果前后连续两次称重的质量差异小于 0.05%，则可认为已经烘干至恒重，以后一次称重为准），即可得到试样的干燥质量 $G_0$（称重精确至 0.01g）。

(3) 检测结果计算　依据纱线在公定回潮率 ($W_k$) 时的质量 $G_k$ 与干燥质量 $G_0$ 的关系：

$$G_k = G_0(1+W_k)$$

$$\text{纱线的实际线密度}\ T_t = \frac{1000G_k}{L}$$

式中　$W_k$——纱线的公定回潮率，%；

$G_k$——纱线的公定质量，g；

$G_0$——纱线样品的干燥质量，g；

$L$——纱线样品的长度，m；

$T_t$——纱线的线密度，tex。

如果干燥质量是在非标准大气条件下测定，则需将其修正到标准大气条件下的干燥质量。计算结果按数字修约规则进行修约，线密度保留三位有效数字。常见纱线的公定回潮率见表 10-4。

**表 10-4　常见纱线的公定回潮率**

| 纱线类别 | 公定回潮率/% | 纱线类别 | 公定回潮率/% |
|---|---|---|---|
| 棉纱线 | 8.5 | 腈纶纱 | 2.0 |
| 棉缝纫线(含本色、丝光、上蜡、染色) | 8.5 | 尼龙纱 | 4.5 |
| 精纺毛纱 | 16.0 | 涤/棉(80/20)混纺纱 | 2.0 |
| 粗纺毛纱 | 15.0 | 涤/棉(65/35)混纺纱 | 3.2 |
| 羊绒纱 | 15.0 | 涤/黏(65/35)混纺纱 | 4.8 |
| 苎麻纱、亚麻纱 | 12.0 | 棉/涤(55/45)混纺纱 | 4.9 |
| 桑蚕丝、柞蚕丝 | 11.0 | 棉/腈(50/50)混纺纱 | 5.3 |
| 黏胶纱 | 13.0 | 棉/黏(50/50)混纺纱 | 10.8 |
| 涤纶纱 | 0.4 | | |

在实际应用中，可将测定的纱线线密度的结果依据换算关系，计算出纱线的公制支数或英制支数。

## 第二节　面料分析实践

**知识与技能目标**

- 了解面料分析的步骤和方法；
- 掌握面料分析各步骤的原理；
- 掌握面料分析各步骤的操作方法。

由于织物所采用的组织，色纱排列，纱线的原料及特数，纱线的密度，纱线的捻向和捻度以及纱线的结构和后整理方法等各不相同，因此形成的织物在外观上也就不一样。

为了生产、创新或仿造产品，就必须了解和掌握织物成分、组织结构特点等资料。因此要对织物进行周到和细致地分析，以便获得正确地分析结果。

为了能获得比较正确地分析结果，在分析前要计划分析的项目和先后顺序。操作过程中要细致，并且要在满足分析的条件下尽量节省布样用料。

织物分析一般按取样、确定织物的正反面、确定织物的经纬向、测定织物的经纬纱密度、测定经纬纱缩率、测算经纬纱特数、鉴定经纬纱原料、概算织物重量、分析织物的组织及色纱的配合的顺序进行。

通过本实践，能够了解织物分析的几个主要物理指标的内含，掌握几种检测织物物理指标的方法，提高综合分析能力，以便对所检测的织物做出正确的分析与评价。

### 一、取样

分析织物时，资料的准确程度与取样的位置，样品面积大小有关，因而对取样的方法应有一定的规定。由于织物品种极多，彼此间差别又大，因此，在实际工作中样品的选择还应根据具体情况来定。

1. 取样位置

织物下机后，在织物中因经纬纱张力的平衡作用，是幅宽和长度都略有变化。这种变化就造成织物边部和中部，以及织物两端的密度存在着差异。另外在染整过程中，织物的两端，边部和中部所产生的变化也各不相同，为了使测得的数据具有准确性和代表性，一般规定：从整匹织物中取样时，样品到布边的距离不小于 5cm，离两端的距离在棉织物上不小于 1.5～3m；在毛织物上不小于 3m；在丝织物上约 3.5～5m。

此外，样品不应带有显著的疵点，并力求其处于原有的自然状态，以保证分析结果的准确性。

2. 取样大小

取样面积大小，应随织物种类，组织结构而异。由于织物分析是消耗试验，应根据节约的精神，在保证分析资料正确的前提下，力求减小试样的大小。简单组织的织物试样可以取得小些，一般为 15cm×15cm。组织循环较大的色织物可以取 20cm×20cm。色循环大的织物（如床单）最少应取一个色纱循环所占的面积。对于大提花（如被面，地毯）因其经纬纱循环数很大，一般分析部分具有代表性的组织结构即可。因此，一般取为 20cm×20cm 或 25cm×25cm，如样品尺寸小时，只要比 5cm×5cm 稍大即可分析。

**二、确定织物的正反面**

对布样进行分析工作时，首先应确定织物的正反面。织物的正反面一般是根据其外观效应加以判断。下面列举一些常用的判断方法。

（1）一般织物正面的花纹，色泽均比反面清晰美观；

（2）具有条格外观的织物和配色模纹织物其正面花纹必然是清晰悦目的；

（3）凸条及凹凸织物，正面紧密而细腻，具有条状或图案凸纹，而反面较粗糙，有较长的浮长线；

（4）对起毛织物，单面起毛织物，其起毛绒一面为织物正面；双面起毛绒织物，则以绒毛光洁，整齐的一面为正面。

（5）观察织物的布边，如布边光洁，整齐的一面为织物正面。

（6）双层，多层及多重织物，如正反面的经纬密度不同时，则一般正面具有较大的密度或正面的原料较佳。

（7）对纱罗织物，纹路清晰绞经突出的一面为织物正面。

（8）对毛巾织物，以毛圈密度大的一面为正面。

多数织物其正反面有明显的区别，但也有不少织物的正反面极为近似，两面均可应用。因此对这类织物可不强求区别其正反面。

**三、确定织物的经纬向**

在决定了织物的正反面后，就需判断出在织物中哪个方向是经纱，哪个方向是纬纱，这对分析织物密度，经纬纱特数和织物组织等项目来说，是先决条件。

区别织物经纬向的主要依据如下。

（1）如被分析织物的样品是布边的，则与布边平行的纱线便是经纱，与布边垂直的则是纬纱。

（2）含有浆分的是经纱，不含浆分的是纬纱。

（3）一般织物密度大的一方为经纱，密度小的一方为纬纱。

（4）筘痕明显之织物，则筘痕方向为织物的经向。

（5）织物中若干纱线的一组是股线，而另一组是单纱时，则通常股线为经纱，单纱为纬纱。

（6）若单纱织物的成纱捻向不同时，则 Z 捻纱为经向，S 捻纱为纬向。

（7）若织物成纱的捻度不同时，则捻度大的多数为经向，捻度小的为纬向。

（8）如织物的经纬纱特数，捻向，捻向都差异不大，则纱线的条干均匀，光泽较好的为经纱。

（9）毛巾类织物，其起毛圈的纱线为经纱，不起毛圈的纱线为纬纱。

（10）条子织物其条子方向通常是经向。

（11）若织物有一个系统的纱线具有多种不同特数时，这个方向则为经向。

（12）纱罗织物，有扭绞的纱线为经纱，无扭绞的纱线为纬纱。

（13）在不同原料交织中，一般棉毛或棉麻交织的织物，棉为经纱；毛丝交织物中，丝为经纱；毛丝棉交织物中，则丝，棉为经纱；天然丝与绢丝交织物中，天然丝为经纱；天然丝与人造丝交织物中，则天然丝为经纱。

由于织物用途极广，因而对织物原料和组织结构的要求也是多种多样的。所以在判断时，还要根据织物的具体情况进行确定。

**四、测定织物的经纬纱密度**

在织物单位长度中排列的经纬纱根数，称为织物的经、纬纱密度。

织物密度的计算单位以公制计，是指 10cm 内经纬纱排列的根数。密度的大小，直接影响织物的外观，手感，厚度，强力，抗折性，透气性，耐磨性和保暖性能等物理机械指标，同时也关系到产品的成本和生产效率的大小。

经、纬密度的测定方法有以下两种。

1. 直接测数法

直接测数法是凭借照布镜或织物密度分析镜（图 10-1）来完成。织物密度分析镜的刻度尺长度为 5cm，在分析镜头下面，一块长条形玻璃片上刻有一条红线，在分析织物密度时，移动镜头，将玻璃片上红线和刻度尺上红线同时对准某两根纱线之间，以此为起点，边移动镜头边数纱线根数，直到 5cm 刻度线为此。织物密度镜结构见图 10-2。

图 10-1　织物密度分析镜

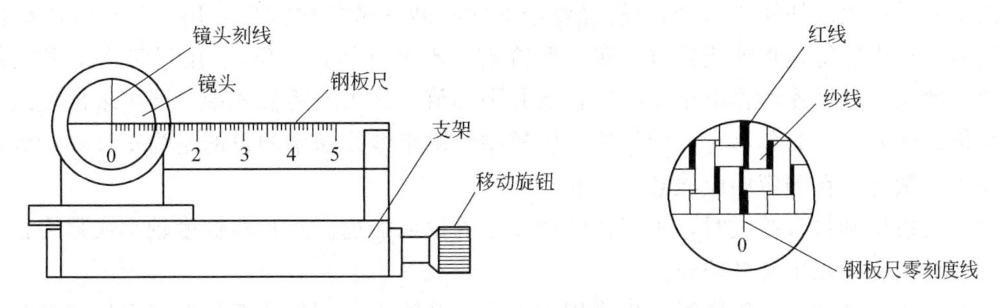


图 10-2　织物密度镜结构

在点数纱线根数时，要以两根纱线之间的中央为起点。若数到终点时，超过 0.5 根，而不足一根时，应按 0.75 根算；若不足 0.5 根时，则按 0.25 根算。织物密度一般应测得 3～4 个数据，然后取其算术平均值为测定结果（图 10-3）。

要求每块样品经纬向换不同位置数三遍以上，求平均值。

织物密度计算公式：

密度（根/10cm）＝5cm 的平均密度×2。

2. 间接测试法

这种方法适用于密度大的，纱线特数小的规则组织的织物。首先经过分析织物组织及其组织循环经纱数（组织循环纬纱数），然后乘以 10cm 中组织循环个数，所得的乘积即为经（纬）纱密度。

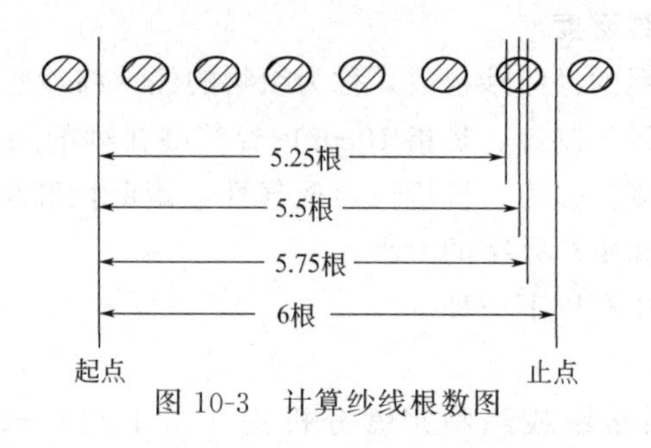

图 10-3　计算纱线根数图

**五、测定经纬纱缩率**

经、纬纱缩率是织物结构参数的一项内容。测定经纬纱缩率的目的是为了计算纱线的特数和织物用纱量等。由于纱线在形成织物后，经（纬）纱在织物中交错屈曲，因此织造时所用之纱线长度大于所形成织物的长度。因而我们把其差值与原长之比值称为缩率。

$$缩率=\frac{伸直的长度-试样中的长度}{伸直长度}\times 100\%$$

经纬纱缩率的大小，是工艺设计的重要依据，对纱线的用量，织物的物理机械性能和织物的外观均有很大的影响。

影响缩率的因素很多，如织物组织、经纬纱原料及特数，经纬纱密度及在织造过程中纱线的张力等的不同，都会引起缩率的变化。

分析织物时，测定缩率的方法，一般在试样边缘沿经（纬）向量取 10cm 的织物长度，并记上记号（试样小时，可量取 5cm 的长度）。将边部的纱缨剪短（这样可以减少纱线从织物中拔出来时产生以外伸长），然后轻轻将经（纬）纱从试样中拔出，用手指压住纱线的一端，用另一只手轻轻地将纱线拉直（张力要恰当，不可有伸长现象）。用尺量出记号之间的经（纬）纱长度这样连续作出十个数后，取其平均值，代入上述公式中，即可求出经或纬纱的缩率值。这种方法简单易行，但精确程度较差。测定纱线缩率的目的是为了计算纱线特数和织物用纱量等。在测定中应注意以下几点：

（1）在拔出和拉直纱线时，不能使纱线发生退捻或加捻。对某些捻度较小或强力很差的纱线，应经量避免发生意外伸长。

（2）分析刮绒和缩绒织物时，应先用剪刀或火柴除去表面的绒毛，然后再仔细地将纱线从织物中拔出。

（3）黏胶纤维在潮湿状态下极易伸长，故在操作时避免手汗沾湿纱线。

**六、测算经纬纱特数**

纱线是用特数来表示其细度的。纱线特数是 1000m 的纱线在公定回潮率时的质量（g）。计算公式如下：

$$T_t=\frac{1000G}{L}$$

式中，$T_t$ 为经或纬纱特数；$G$ 为在公定回潮率时的质量，g；$L$ 为长度，m。

纱线特数的测定一般有两种方法。

1. 比较测定法

此方法是将纱线放在放大镜下，仔细的与已知特数的纱线进行比较，然后决定经纬纱的特数。该方法测定的准确程度与试验人员的经验有关。由于做法简单迅速，工厂的试验人员往往乐于采用。

2. 称重法

在测定前必须先检验样品的经纱是否上浆，若经纱是上浆的，则应对式样进行退浆处理。

测定时从 10cm×10cm 织物中，取出 10 根经纱和 10 根纬纱，分别称其质量。测出织物的实际回潮率，在经纬纱缩率已知的条件下，经纬纱特数可用下式求出：

$$T_t = G\frac{(1-a)(1+W_k)}{1+W_s}$$

式中，$G$ 表示 10 根经纱或纬纱实际质量；$a$ 表示经或纬纱缩率；$W_s$ 表示织物的实际回潮率；$W_k$ 表示该种纱线的公定回潮率。

以下为各种纱线的公定回潮率：棉 8.5%；黏胶 13%；精梳毛纱 16%；粗梳毛纱 15%；腈纶 2 %；醋酯纤维 7%；绢丝 11%；涤纶 0.4%；尼龙 4.5%；维纶 5%；丙纶 0。

**七、鉴定经纬纱原料**

正确和合理的选配各类织物所用原料，对满足各项用途起着极为重要的作用。因此对布样的经纬纱原料要进行分析。主要有两个方面。

1. 织物经纬纱原料的定性分析

目的是分析织物纱线是什么原料组成，即分析织物是属纯纺织物、混纺织物，还是交织织物。鉴别纤维一般采用的步骤是先决定纤维的大类，属天然纤维素纤维，还是属天然蛋白质纤维或是化学纤维，再具体决定是哪一品种。常用的鉴别方法有手感目测法、燃烧法、显微镜法、化学溶解法以及系统鉴别法等，具体见第六章第一节。

2. 混纺织物成分的定量分析

这是对织物进行含量的分析。一般采用溶解法，它是选用适当的溶剂，使混纺织物中的一种纤维溶解，称取留下的纤维质量，从而也知道溶解纤维的质量，然后计算混合百分率。

具体方法同混纺纱线含量分析法。

**八、概算织物重量**

织物重量是指织物每平方米的无浆干重（g），它是织物的一项重要的技术指标，同时也是对织物进行经济核算的主要指标，根据织物样品的大小及具体情况，可分两种试验方法。

1. 称重法

用此方法测定织物的质量时，要使用扭力天平，分析天平等工具。在测定织物每平方米的质量时，样品的面积一般取 10cm×10cm。面积愈大，所得结果就愈正确。在称重前，将退浆的织物放在烘箱中烘干，至质量恒定，称其干重，则：

$$G=\frac{10000s}{Lb}$$

式中　$G$——样品每平方米无浆干重，g/m²；

$s$——样品的无浆干重，g；

$L$——样品长度，cm；

$b$——样品宽度，cm。

2. 计算法

在遇到样品面积很小、用称重法不够准确时，可以根据前面分析所得的经纬纱特数，经、纬纱密度，经、纬纱缩率进行计算，其公式如下：

$$G=\frac{P_j T_{tj}}{100(1-a_j)(1+W_{kj})}+\frac{P_w T_{tw}}{100(1-a_w)(1+W_{kw})}$$

式中　$G$——样品每平方米无浆干重，$g/m^2$；

$P_j$，$P_w$——样品的经、纬纱密度，根/10cm；

$a_j$，$a_w$——样品的经、纬纱缩率，%；

$W_{kj}$，$W_{kw}$——样品的经、纬纱公定回潮率，%；

$T_{tj}$，$T_{tw}$——样品的经、纬纱特数。

**九、分析织物的组织及色纱的配合**

对布样做了以上各种测定后，最后应对经纬纱在织物中交织规律进行分析，以求得此种织物的组织结构。在此基础上再结合织物经纬纱所用原料、特数、密度等因素正确地确定织物的上机图。在对织物的组织进行分析的工作中，我们常用的工具是照布镜、分析针、剪刀及颜色纸等。用颜色纸的目的是为在分析织物时有适当的背景衬托，少费眼力。在分析深色织物时，可用白色纸做衬托，而在分析浅色织物时，可用黑色纸做衬托。

由于织物种类繁多，加之原料、密度，纱特数等因素的不同，所以应选择适当的分析方法以使分析工作能得到事半功倍的效果。

常用的织物组织分析方法有以下几种。

1. 拆纱分析法

这种方法对初学者适用。此法应用于起绒织物、毛巾织物、纱罗织物、多层织物和纱特数低、密度大，组织复杂的织物。

这种方法又可分为分组拆纱法与不分组拆纱法两种。

(1) 分组拆纱法　对于复杂组织或色纱循环大的组织用分组拆纱法是精确可靠的，现将此法介绍如下。

① 确定拆纱的系统　在分析织物时，首先应确定拆纱方向，目的是为看清楚经纬纱交织状态。因而宜将密度较大的纱线系统拆开，利用密度小的纱线系统的间隙，清楚地看出经纬纱交织规律。

② 确定织物的分析表面　究竟分析织物哪一面，一般以看清织物的组织为原则。若是经面或纬面组织的织物，以分析织物的反面比较方便；若是表面刮绒或缩绒织物，则分析时应先用剪刀或火焰除去织物表面的部分绒毛，然后进行组织分析。

③ 纱缨的分组　在布样的一边先拆除若干根一个系统的纱线，使织物的另一个系统的纱线露出10mm的纱缨；然后将纱缨中的纱线每若干根分为一组，并将1、3、5……奇数组的纱缨和2、4、6……偶数组的纱缨，分别剪成两种不同的长度（如图10-4）。这样，当被拆的纱线置于纱缨中时，就可以清楚地看出它与奇数组纱和偶数组纱的交织情况。

填绘组织所用的意匠纸若每一大格其纵横方向均为八个小格，正好与每组纱缨根数相等，则可把每一大格作为一组，亦分成奇、偶数组与纱缨所分奇偶数组对应。这样，被拆开的纱线在纱缨中的交织规律，就可以非常方便的记录在意匠纸的方格上。

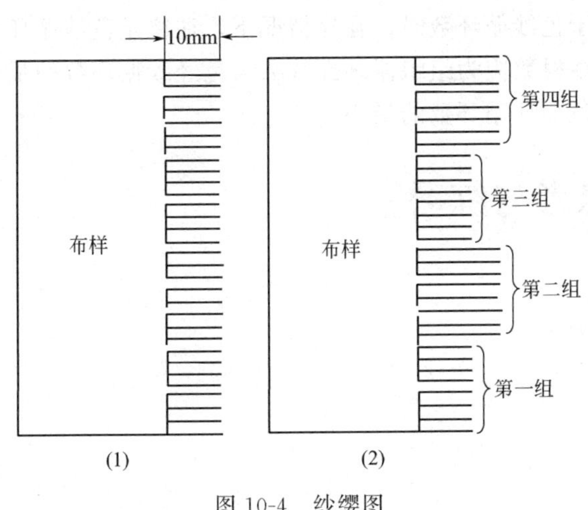


图 10-4　纱缨图

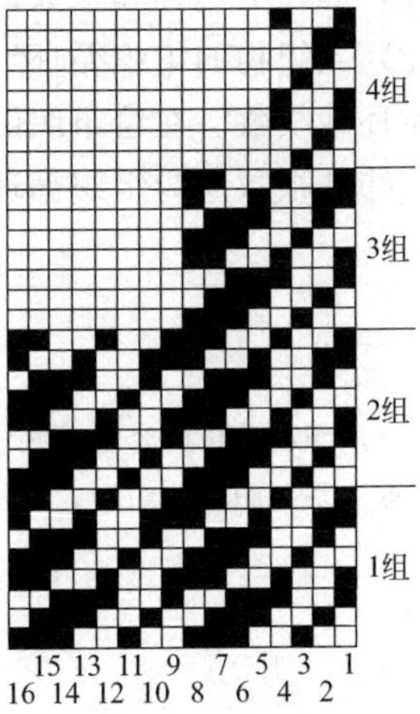

图 10-5　分组拆纱组织点记录

例如，某织物的布样，拆的是经纱，每组纱缨是由纬纱组成。从右侧起轻轻拨出第 1 根经纱，它与第一组纬纱的纱缨交织规律是：经纱位于三、四、七、八纬纱之上，与第二组纬纱的纱缨交织规律是：此经纱仍位于三、四、七、八纬纱之上，与第三组纬纱仍以此规律交织。于是将第 1 根经纱与各组纬纱交织的规律，分别填绘在意匠纸各组中的第一纵行上，如图 10-5 所示。然后再分析第 2 根经纱与各组纬纱交织的情况，并记录在意匠纸的第 2 纵行上，依此类推。当分析到 16 根经纱后，就可得出这块布样的组织和经纬纱循环数，其经纬纱的交织规律已有 2 个循环。

（2）不分组拆纱法　当了解了分组拆纱法后，不分组拆纱法就容易了解了。首先选择好分析面，拆纱方向与分组拆纱相同。此法不需将纱缨分组，只需把拆纱轻轻拨入纱缨中，在意匠纸上把经纱与纬纱交织的规律记下即可。

2. 局部分析法

有的织物表面，局部有花纹，地布的组织很简单，此时只需要分别对花纹和地布的局面进行分析；然后根据花纹的经、纬纱根数和地布的组织循环数，就可求出一个花纹循环的经纬纱数，而不必一一画出每一个经、纬组织点。需注意地组织与起花组织起始点的统一问题。

3. 直接观察法

有经验的工艺员或织物设计人员，可采用直接观察法，依靠目力或利用照布镜，对织物进行直接的观察，将观察的经纬纱交织规律，逐次填入意匠纸的方格中。分析时可多填写几根经纬纱的交织状况，以便正确的找出织物的完全组织来。这种方法简单易行主要是用来分析单层密度不大，纱特数较大的原组织织物和简单的小花纹组织织物。

在分析织物组织时，除要细致耐心外，还必须注意布样的组织与色纱的配列关系。对于白坯织物，在分析时不存在这问题。但是多数织物其风格效应，不光是由经纬交织规律来体现，往往是将组织与色纱配合而得到其外观效应。因而，在分析这类色纱与组织配合的织物（色织物）时，必须使组织循环和色纱排列循环配合起来，在织物的组织图上，要标注出色纱的颜色和循环规律。

在分析时大致有如下的几种情况。

（1）当织物的组织循环纱线数等于色纱循环数时，只要画出组织图后，在经纱下方，纬纱左方，标注上色称和根数即可。

（2）当织物的组织循环纱线数不等于色纱循环数时，在这情况下，往往是色纱循环大于组织循环纱线数。在绘组织图时，其经纱根数应为组织循环经纱数与色经纱循环数的最小公倍数，纬纱根数应为组织循环纬纱数与色纬纱循环数的最小。

## 思考与练习

1. 常用织物分析内容有哪些？
2. 取一块色织提花织物，分析其密度与组织。

# 参 考 文 献

[1] 张一心，朱进忠，袁传刚．纺织材料．北京：中国纺织出版社，2008.

[2] 邢声远，江锡夏，文永奋，邹渝胜．纺织新材料及其识别．北京：中国纺织出版社，2005.

[3] 徐蕴燕，仲岑然．织物性能与检测．北京：中国纺织出版社，2007.

[4] 蔡再生．纤维化学与物理．北京：中国纺织出版社，2004.

[5] 李栋高．纤维材料化学．北京：中国纺织出版社，2006.

[6] 任翼澧．染整材料化学．北京：高等教育出版社，2003.

[7] 蔡陛霞，荆妙蕾．织物结构与设计．北京：中国纺织出版社，2008.

[8] 朱进忠．实用纺织商品学．北京：中国纺织出版社，2008.

[9] 谢光银．纺织品设计．北京：中国纺织出版社，2005.

[10] 杭伟明．纤维化学及面料．北京：中国纺织出版社，2005.

[11] 张玉惕．纺织品服用性能与功能．北京：中国纺织出版社，2008.

[12] 蔡再生，闵洁．染整概论．北京：中国纺织出版社，2007.

[13] 贾丽华，陈朝晖．高洁亚麻纤维应用．北京：化学工业出版社，2006.

[14] 任冀澧．染整材料化学．北京：高等教育出版社，2002.

[15] 沈淦清．染整工艺：第一册．北京：高等教育出版社，2002.

[16] 沈淦清．染整工艺：第二册．北京：高等教育出版社，2002.

[17] 郁崇文．纺纱学．北京：中国纺织出版社，2009.

[18] 刘森．纺织染概论．第2版．北京：中国纺织出版社，2008.

[19] 徐少范．棉纺质量控制．北京：中国纺织出版社，2002.

# 参 考 文 献